职业教育校企合作创新示范教材

机械装调技术与实训

（第2版）

汪荣青◎主　编
汪　坚　胡　茜◎副主编

中国铁道出版社有限公司
CHINA RAILWAY PUBLISHING HOUSE CO., LTD.

内 容 简 介

本书按照机械装调技术的工作过程，结合 THMDZT-1 型实训装置和职业资格的有关要求，以及职业院校对机械装调技术与实训课程的要求进行编写，改版后增加视频和课件。本书分为走进机械装配与调试实训室、常用工量具的认识及正确使用、机械传动装置的安装与调试、减速器及其零部件安装与调试、二维工作台安装与调试、常用机构安装与调试、THMDZT-1 型实训装置安装与调试 7 个项目，附录部分是机械装调技术竞赛模拟题等相关内容，并列举实用的实训内容。本书采用项目驱动式，分模块分任务，兼顾理论，突出实践，各任务由浅入深，层层分析。每个任务配有知识链接、任务实施、任务评价、任务拓展（可选）等，满足各种不同层次的需求。附录中的历年竞赛的模拟试题，由长期从事竞赛的专家提供，旨在“以赛促教”。

本书适合作为职业技术院校机械装调技术与实训的教学用书、培训教材和机械装调工竞赛的参考书，也可供从事机械装调、设备管理人员参考。

图书在版编目（CIP）数据

机械装调技术与实训/汪荣青主编. —2 版. —北京：中国铁道出版社有限公司，2021.3（2024.8 重印）
职业教育校企合作创新示范教材
ISBN 978-7-113-27729-1

Ⅰ. ①机… Ⅱ. ①汪… Ⅲ. ①机械设备-装配（机械）-职业教育-教材②机械设备-调试-职业教育-教材 Ⅳ. ①TH17

中国版本图书馆 CIP 数据核字（2021）第 025725 号

书　　名：机械装调技术与实训
作　　者：汪荣青

策　　划：尹　娜　　编辑部电话：（010）51873206　　电子邮箱：624154369@qq.com
责任编辑：尹　娜
封面设计：刘　颖
责任校对：王　杰
责任印制：赵星辰

出版发行：中国铁道出版社有限公司（100054，北京市西城区右安门西街 8 号）
网　　址：http://www.tdpress.com
印　　刷：北京联兴盛业印刷股份有限公司
版　　次：2012 年 1 月第 1 版　2021 年 3 月第 2 版　2024 年 8 月第 5 次印刷
开　　本：787 mm×1 092 mm 1/16　印张：14.5　插页：3　字数：348 千
书　　号：ISBN 978-7-113-27729-1
定　　价：49.00 元

职业教育校企合作创新示范教材

前　言

本书第一版出版后，作为校企合作典型教材，深受广大机械装调专业老师和学生的喜欢，好评如潮。随着全国机械装调工种的竞赛开展，社会对机械装调技术的要求也越来越高。机械装调技术的培训和机械装调技术的课程如雨后春笋般在全国各地开展起来。本书更是作为参加全国机械装调技术竞赛和企业员工提升装调技术的必读教材之一。本书既满足培训需要，又满足中高职院校的课程要求、设备要求以及机械装调技术与实训的需要。

本书在第一版的基础上，进行了如下修订：

1.继续完善本书职业素养内容及功能，进一步将工匠精神等融入教材

以习近平新时代中国特色社会主义思想为指导，继续发挥本书承载的职业素养教育功能，在书中设置“职业素养思政目标”并对相关教学内容进一步细化、完善；对原有的教学内容和案例进行挖掘、改造、提高，对原有的教学案例库进行梳理，精选多个典型案例，建立起职业素养课程思政教育教学案例库；使教学对象在学习专业知识的同时，通过潜移默化的效果，把握各个职业素养教育映射点所要传授的内容。

充分发挥教材建设在提高人才培养质量中的基础性作用，融入专业精神、职业精神和工匠精神，努力培养德智体美劳全面发展的高素质劳动者和技术技能人才。将职业素养的内容融入到专业课程中，实现立德树人培养目标。

2. 纳入新技术、新工艺、新规范

深入企业进行调研和实践，引入前沿技术，吸收行业标准和企业先进技术标准，更新企业典型案例，将产业发展的新技术、新工艺、新规范纳入教材内容，反映典型岗位（群）职业能力要求，使教材内容更加紧密联系实际生产和社会实践，突出应用性和实践性，注重学生职业能力和职业精神的培养。突出以就业为导向的特色，以岗位所需要知识和能力培养为中心，体现理论和实践并重培养的要求。

3.完善数字化资源服务

进一步丰富和完善原有的配套资源，体现基础性、实用性、典型性和前沿性，并实时更新教学内容，促进产教深度融合，配套丰富的教学课件。增加了信息化环境下校企合作新型教学模式所需要的数字化等资源，为教与学提供“互联网+”的立体化的教学资源。

本书由浙江机电职业技术学院汪荣青任主编，杭州萧山第一中等职业学校汪坚和浙江机电职业技术学院胡茜任副主编、杭州第一技师学院朱云辉、浙江机电职业技术学院厉成、浙江天煌科技实业有限公司马传忠和李坚坚参与编写。具体编写分工如下：项目 7 由朱云辉编写，厉成、马传忠和李坚坚为本书的编写提供了素材，项目 1、项目 2 和项目 3 的视频由胡茜制作，项目 4、项目 5、项目 6 和项目 7 的视频由汪荣青制作，全书由汪荣青统稿，由温州机电技师学院邱建忠任主审。本书在编写过程中参阅了国内同行的相关文献资料、得到了许多专家和同行的支持与帮助，得到了浙江天煌科技实业有限公司的大力支特、在此一并表示惠心感谢。

限于编者水平，本书在内容取舍、编写方面难免存在不妥之处，敬请读者批评指正。

编　者

2020 年 12 月

序 言

职业技术教育的根本属性是它的实践性，其质量主要表现在学生专业技能技巧的熟练程度上。因此，实践教育是职业技术教育必不可缺的一种教学形式，加强学生操作技能的训练，在动手实践中练就过硬的本领，是缩短由学生到从业者之间距离的一个重要途径。

近年来，职业教育坚持“以服务为宗旨，以就业为导向”的办学方针，面向社会、面向市场办学，大力推进校企合作、工学结合、顶岗实习的人才培养模式，确立了为社会主义事业培养数以亿计的高素质劳动者和技能型人才的目标。为进一步深化教学改革，加强学生职业技能，提高人才培养质量，特组织编写了一套“职业教育校企合作创新示范教材”。

本套教材操作性很强，它紧扣职业院校培养目标和专业特点，在编写中，注重理论联系实际，突出学习（或培训）人员的能力本位、理论联系实际的要求，强化操作项目的权重，避免冗长乏味的叙述，行文简练、通俗易懂，以“实训项目”为核心重构理论和实践知识，让学生在真实的情景中，在动手做的过程中去感知、体验和领悟相关技能专业知识，从而提高学习兴趣，充分体现了“以学生为主体”的教学思想。

本套教材在编写过程中还力求突出以下几方面：

（1）依托实操载体，突出教材编写风格。结合专业实训装置的优势，将教学思想和教改模式融于教材中，突出了职业教育的特色，凸显了实践能力的培养。编写中坚持“依托实体、图文并茂、深入浅出、知识够用、突出技能”20字方针。

（2）依据项目教学，突出应用性和实践性。根据职业院校的教学实际，精简工作原理介绍，避免繁杂的教学推导和理论分析，打破以学科为中心、以知识为本位的教材体系，突出专业实用性，设置了情景导入、项目目标、知识链接、任务实施、任务评价、任务拓展，以及思考与练习等栏目。它不仅仅是传授知识，更为重要的是教会学生在工作场合如何运用所学的知识去解决实际的问题，充分体现“做中学”的职教特色。

（3）降低教学难度，提出职业技术教学的新方法。增加技术更新与产业升级带来的新知识、新技术、新材料、新工艺，使教学内容具有时代性和应用性。

（4）整合编写队伍，专业教师和工程人员共同参与。编写工作由来自职业院校有丰富教学经验和实践能力的专业教师、工程技术人员共同完成。本套教材适合作为职业院校相关专业的教材用书，也可作为相关专业的继续教育培训用书。

衷心祝愿本套教材成为职业院校相关专业学生学习的良师益友，能够受到广大读者的欢迎和青睐。

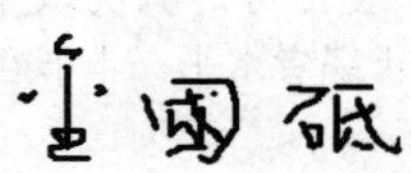

目录

项目 1

走进机械装配与调试实训室

情景导入

一部机械产品往往由成千上万个零件组成，机械装配与调试就是把加工好的零件按设计的技术要求，以一定的顺序和技术连接成套件、组件、部件，最后组合成为一部完整的机械产品，同时进行一定的测量、检验、调试，以可靠地实现产品设计的功能。因此，机械装配与调试是机器制造过程中最后一个环节，是决定机械产品质量的关键环节。

机械装配与调试是为加强学生对常用机械设备的拆装、测量、调试等应用能力的培养而开设的综合应用课程，是一门理论性和实践性都较强的专业技术课程。通过本课程的教学，培养学生具有机械产品安装与调试的基本知识和技能，确保机械产品安装质量，具备机械设备安装与维护岗位的职业素养，满足职业教育培养应用型技能人才的要求。

请走进机械装配与调试实训室，在这里可以领略机械装配与调试的相关基础知识，通过实习和训练熟练掌握和运用机械装配与调试的方法、步骤、技巧，努力使自己成为既有一定的专业理论基础，又具有熟练的操作水平的机械装配与调试工。

项目目标

- 了解机械装配与调试这一新职业产生的背景，领会其成为新职业的意义；
- 通过学习本文、参观企业或校内实训车间、场室，领会机械装配与调试工作的任务和内容；
- 了解机械装配与调试技术发展的简要历史，明确该项技术的发展趋势；
- 对 THMDZT-1 型机械装调技术综合实训装置的功能和主要组成部分有初步了解；
- 通过对“7S”的知晓和践行，领悟机械装配和调试操作规程，并逐渐养成良好的工作习惯，提升职业素养。

任务 1　领会机械装配与调试工作任务

知识链接

机械装配与调试的演变

一、新职业——机械装配与调试工

2009 年 11 月，人力资源和社会保障部在上海召开第十二批新职业信息发布

会，正式向社会发布我国生产操作和服务业领域产生的8个新职业的信息，其中包括工程机械行业的“工程机械装配与调试工”。

2010年9月，国务院审议并原则通过了《国务院关于加快培育和发展战略性新兴产业的决定》，确定七大新兴战略产业，包括节能环保、新一代信息技术、生物、高端装备制造、新能源、新材料和新能源汽车等。工程机械装配与调试工是其中一个新兴战略产业——高端装备制造相关的职业工种。

工程机械装配与调试是保证工程机械质量的重要环节。我国从事该项工作的人员已达20多万，这些人员的技术水平直接影响着工程机械产品的质量和工程机械企业参与国内外市场竞争的能力。随着自动控制技术、机电一体化等新技术在工程机械上的应用和机器人、数字检测调试工具在装配生产单元中的使用，对这一职业从业人员提出了越来越高的要求。

所谓工程机械装配与调试工，是指使用专用器具对工程机械进行装配和调试的人员，其主要工作任务包括：

（1）对工程机械部件和整机进行装配与调试；

（2）使用测试仪器和试验设备对工程机械进行性能检测与调试；

（3）操作工程机械进行性能试验；

（4）对工程机械装配工具、检测器具进行维护和保养；

（5）对工程机械装配、调试进行质量控制，提出质量改进方案。

二、机械装配与调试技术的发展

装配技术是随着对产品质量的要求不断提高和生产批量增大而发展起来的，经历了手工装配、半机械/半自动化装配、机械/自动化装配到柔性装配的发展历程。机械制造业发展初期，装配多依赖手工操作，对每个零件进行加工处理，再将零件配合和连接起来。18世纪末期，产品批量增大，加工质量提高，于是出现了互换性装配。如1798年，发明轧棉机的美国发明家伊莱·惠特尼承担了为国会制造一万支滑膛枪的制作合同。在其后的设计与生产过程中，惠特尼提出并尝试了“可替换零件”和“标准化生产”的生产理念，即将产品分解成独立的部件，用相同的标准将各部件分别制作并组装成产品。第一个成功地将可替换零件的理念演绎成实用的生产方式，因而他被誉为“美国规模生产之父”。19世纪初至19世纪中期，互换性装配逐步推广到时钟、小型武器、纺织机械和缝纫机等产品。在互换性装配发展的同时，还发展了装配流水作业，至20世纪初出现了较完善的汽车装配线。其中具有代表性的是美国汽车大王、汽车工程师与企业家、世界最大的汽车企业之一福特汽车公司于1913年开发出了世界上第一条装配流水线，其建立者亨利·福特也是世界上第一位将装配线概念应用于实际而获得巨大成功者。二战以后，随着机械制造业的飞速发展，自动化装配得到了进一步发展。近些年，在自动化装配技术发展日趋成熟的基础上，柔性装配技术蓬勃发展。柔性装配技术是一种能适应快速研制和生产及低成本制造要求、设备和工装模块化可重组的先进装配技术。它与数字化技术、信息技术相结合，形成自动化装配技术的一个新领域。

三、机械装配与调试技术的基本内容

一部机械产品往往由成千上万个零件组成，机械装配与调试就是把加工好的零件按设计的技术要求，以一定的顺序和技术连接成套件、组件、部件，最后组合成为一部完整的机械产品，同时进行一定的测量、检验、调试，从而可靠地实现产品设计的功能。因此，机械装配与调试是机器制造过程中最后一个环节，是机械制造中决定机械产品质量的关键环节。为保证有效地进行装配工作，通常将机器划分为若干个能进行独立装配的装配单元。其中零件是制造的单元，是组成机器的最小单元；套件是在一个基准零件上，装上一个或若干个零件构成的，是最小的装配单元；组件是在一个基准零件上，装上若干套件及零件而构成的；部件是在一个基准零件上，装上若干组件、套件和零件而构成的，并在机器中能完成一定的、完整的功能；总装是在一个基准零件上，装上若干部件、组件、套件和零件，最后成为整个产品。产品装配完成后需要进行各种检验和试验，以保证其装配质量和使用性能；有些重要的部件装配完成后还要进行测试。因此，即使是全部合格的零件，如果装配不当，往往也不能形成质量合格的产品。所以，机械装配和调试的质量，最终决定了机械产品的质量。

机械装配与调试技术训练一般以小型机械传动系统中机构的拆装与调试为例，认识要拆装的机构，分析其工作原理和组成结构。分析拆卸顺序及注意事项，列出工具清单，拆卸相应的机构。修整、清理和保养零件，检测零件的尺寸精度，确定零件的合格性。根据机构装配图纸的技术要求，装配零件。试运行机构，装配微调，检测机构的运行功能。装调工作完成后，整理工作台，对装配任务进行评价和总结。

任务实施

领会机械装配与调试的工作任务

参观学校合作企业或校内生产实训车间，在企业生产环境或校内仿真生产环境中，哪些需要用到机械装配与调试？通过观察、思考、分析、归纳，领会机械装配与调试工作任务。

任务评价

通过参观填写表格，以小组的形式完成。根据各同学的完成情况进行评价。评价表格如表 1-1-1 所示。

表 1-1-1　领会机械装配与调试的工作任务评分表

姓　　名		小组编号	
参观企业/车间名称		参观时间	
列举看到的零件、套件、组件和部件名称			
简单描述某一部件或机器的装配顺序			
列举看到的机械装配和调试的测试仪器（或工具）、试验设备（或量具）各五项以上			
简单描述机械装配和调试的主要任务			
小组评价（对以上参观后描述的范围、准确性评价）			
教师评价			

任务 2　认识 THMDZT-1 型机械装调技术综合实训装置

知识链接

一、机械装配与调试技能大赛概况

从 2010 年开始，全国职业院校技能大赛将装配钳工纳为现代制造技术中的项目，作为中职类的一个工种组织比赛。THMDZT-1 型机械装调技术综合实训装置是大赛指定的比赛装置，其中包含的知识、技能、职业素养等要素是机械装配和调试这一工种所必需的最基本的知识、技能和职业素养要求。图 1-2-1 所示是比赛场景。

认识 THMDZT-1 型机械装调综合装置

二、THMDZT-1 型机械装调技术综合实训装置概况

THMDZT-1 型机械装调技术综合实训装置（见图 1-2-2）是依据相关国家职业标准及行业标准，结合职业院校数控技术及其应用、机械制造技术、机电设备安装与维修、机械装配、机械设备装配与自动控制等专业的培养目标而研制，内含识读与绘制装配图和零件图、钳工基本操作、零部件和机构装配工艺与调整、装配质量检验等技能。学员通过有效实训，能提高在机械制造企业及相关行业一线工艺装配与实施、机电设备安装调试和维护修理、机械加工质量分析与控制、基层生产管理等岗位的就业能力。

图 1-2-1　比赛场景

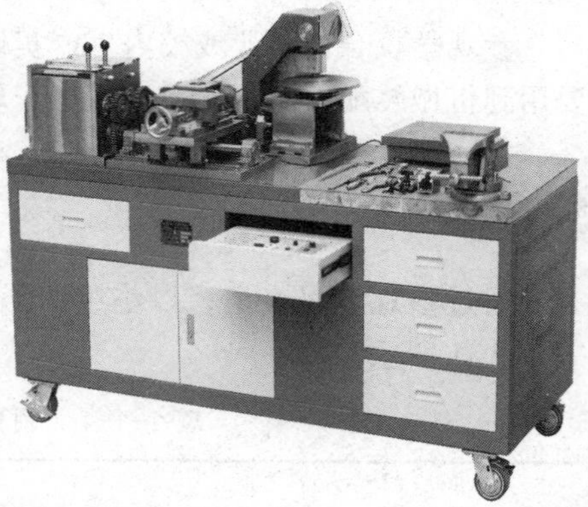

图 1-2-2　THMDZT-1 实训装置

三、THMDZT-1 型机械装调技术综合实训装置主要组成部分

THMDZT-1 型机械装调技术综合实训装置的机械装调对象主要由交流减速电动机—1、变速箱—2、齿轮减速器—3、二维工作台—4、间歇回转工作台—5、自动冲床机构—6 等组成（见图 1-2-3）。

1. 交流减速电机

如图 1-2-3 中 1 部分所示，功率：90 W；减速比：1∶25，它主要为机械系统提供动力源。

2. 变速箱

如图1-2-3中2部分所示，具有双轴三级变速输出，其中一轴输出带正反转功能。主要由箱体、齿轮、花键轴、间隔套、键、角接触轴承、深沟球轴承、卡簧、端盖、手动换挡机构等组成，可完成多级变速箱的装配实训。

3. 齿轮减速器

如图1-2-3中3部分所示，主要由直齿圆柱齿轮、角接触轴承、深沟球轴承、支架、轴、端盖、键等组成。它可完成齿轮减速器的装配实训。

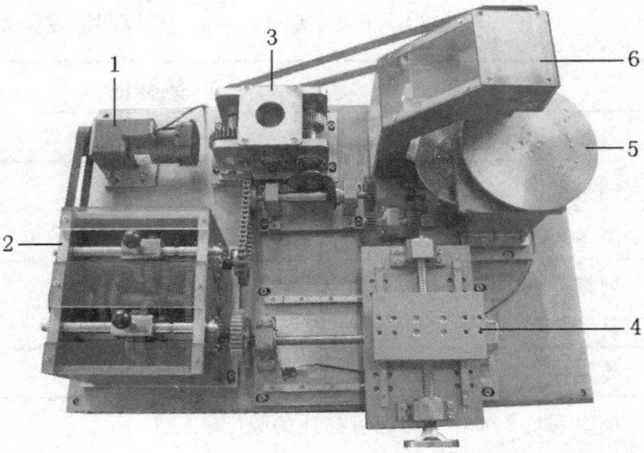

图1-2-3 THMDZT-1实训装置组成部分

1—交流减速电动机；2—变速箱；3—齿轮减速器；4—二维工作台；5—间歇回转工作台；6—自动冲床机构

4. 二维工作台

如图1-2-3中4部分所示，主要由滚珠丝杠、直线导轨、台面、垫块、轴承、支座、端盖等组成，分上下两层，上层手动控制，下层由变速箱经齿轮传动控制，实现工作台往返运行，工作台面装有行程开关，实现限位保护功能。它能完成直线导轨、滚珠丝杠、二维工作台的装配工艺及精度检测实训。

5. 间歇回转工作台

如图1-2-3中5部分所示，主要由四槽槽轮机构、蜗轮蜗杆、推力球轴承、角接触轴承、台面、支架等组成，由变速箱经链传动、齿轮传动、蜗轮蜗杆传动及四槽槽轮机构分度后，实现间歇回转功能。它能完成蜗轮蜗杆、四槽槽轮、轴承等的装配与调试实训。

6. 自动冲床机构

如图1-2-3中6部分所示，主要由曲轴、连杆、滑块、支架、轴承等组成，与间歇回转工作台配合，实现压料功能模拟。它可完成自动冲床机构的装配实训。

任务实施

认识THMDZT-1型机械装调技术综合实训装置

参观机械装调技术综合实训室，对照THMDZT-1型机械装调技术综合实训装置，说出装置各个组成部分以及主要功能及装配和调试主要任务。

任务评价

通过参观THMDZT-1型机械装调技术综合实训装置填写表格，以小组的形式完成。根据各同学的完成情况，进行评价。评价表格如表1-2-1所示。

表 1-2-1　领会机械装配与调试的工作任务评分表

姓　　名		小组编号	
参观设备名称		参观时间	
列举看到的零件、套件、组件和部件名称			
简单描述某一部件或机器的装配顺序			
列举看到的机械装配和调试的测试仪器（或工具）、试验设备（或量具）各五项以上			
简单描述机械装配和调试的主要任务			
小组评价（对以上参观后描述的范围、准确性评价）			
教师评价			

任务 3　领悟机械装配与调试操作规程

知识链接

一、机械装配与调试实训室布置要求

机械装配与调试实训室布置如图 1-3-1 所示。

图 1-3-1　机械装调实训室

具体有以下要求：

（1）按照项目教学要求，努力在实训室布置上体现教、学、做一体。机械装配与调试实训室内最好设理论教学区域，便于边学边做或边做边学。若受场地、设备等因素限制，可以设单项技能理实一体实训室，如减速机拆装实训室、机床拆装与调试实训室等。

（2）室内配备多媒体，以便开展理论教学或实训信息化教学。

（3）实训室内划分若干区域，并做好明显标志，如设装配区、检验区、工具存放区、量具等检验设备存放区、半成品放置区、产品放置区、废物放置区等。各区域配置大小合理、方便操作、整洁有序。实训室内做到墙面干净、场地清洁、区域清晰、布局合理、通道畅通、分类摆放、整齐文明；无杂物、无乱摆乱放现象；工具箱规格统一，干净无油污，工具定置定位管理，无多余工件、工具和杂物。

二、践行“7S”

1. 知晓“7S”

“7S”由“5S”演变而来。“5S”起源于日本，是日本企业独特的管理办法，是指在生产现场对人员、机器、材料、方法、信息等生产要素进行有效管理。因为整理（Seiri）、整顿（Seiton）、清扫（Seiso）、清洁（Seiketsu）、素养（Shitsuke）是日语外来词，在罗马文拼写中，第一个字母都为 S，所以日本人称之为 5S。近年来，随着人们对这一活动认识的不断深入，加了安全（Safety）、节约（Save），称为“7S”。

“7S”活动是企业现场各项管理的基础活动，它有助于消除企业在生产过程中可能面临的各类不良现象。7S 活动在推行过程中，通过开展整理、整顿、清扫等基本活动，使之成为制度性的清洁，最终提高员工的职业素养。因此，7S 活动对企业的作用是基础性的，是环境与行为建设的管理文化，它能有效解决工作场所凌乱、无序的状态，有效提升个人行动能力与素质，有效改善文件、资料、档案的管理，有效提升工作效率和团队业绩，使工序简洁化、人性化、标准化。

将“7S”这种企业文化引进机械装配与调试实训，是实现企业文化与校园文化有效对接的手段之一，有助于机械装配和调试实训更具有企业生产过程的真实性，提高实训成效，提升学生的职业素养。

1S——整理：将工作场所任何东西区分为必要的与不必要的；把必要的东西与不必要的东西明确地、严格地区分开来；不必要的东西要尽快处理掉。

整理有助于树立正确的价值意识，即关注物品的使用价值，而不是原购买价值。这样才能腾出空间，防止误用、误送，以塑造清爽的工作场所。

2S——整顿：对整理之后留在现场的必要的物品分门别类放置，排列整齐，明确数量，有效标识。

整理有助于使工作场所一目了然，营造整整齐齐的工作环境，消除找寻物品的时间，消除过多的积压物品，这是提高工作效率的基础。

3S——清扫：将工作场所清扫干净，并保持干净、亮丽。

清扫就是使实训室变得没有垃圾，没有脏污。虽然已经整理、整顿过，要的东西马上就能取得，但是被取出的东西要达到能被正常使用的状态才行。而达到这种状态就是清扫的第一目的，尤其目前强调高品质、高附加价值产品的制造，更不容许有垃圾或灰尘的污染，造成品质不良。通过责任化、制度化的清扫，消除脏污，保持实训室内干净、明亮，可稳定装配产品品质，并有效减少工作中的伤害。

4S——清洁：将上面 3S 实施的做法制度化、规范化，以维持以上 3S 的成果，使现场保持完美和最佳状态，从而消除发生安全事故的根源，创造一个良好的工作环境，使学生能愉快地工作。

5S——素养：通过实训前列队检查、实训结束前小结等手段，提高学生文明礼貌水准，增强团队意识，养成严格遵守规章制度的习惯和作风。没有人员素质的提高，各项工作就不能顺利开展，开展了也坚持不了。因此，素养是“7S”的核心。

6S——安全：清除隐患，排除险情，预防事故发生。保障师生的人身安全，保证生产的连续安全正常进行，同时减小因安全事故而带来的经济损失。

7S——节约：就是对时间、空间、能源等方面合理利用，以发挥它们的最大效能，从而创造一个高效的、物尽其用的工作场所。

2. 践行“7S”

推行“7S”进行现场管理，其思路简单、朴素，针对每位员工的日常行为方面提出要求，倡导从小事做起，力求使每位员工都养成事事“讲究”的习惯，从而达到提高整体工作质量的目的。

1S——整理实施要点：将自己的工作场所（范围）全面检查，包括看得到和看不到的；制定“要”和“不要”的判别基准；将不要物品清除出工作场所；对需要的物品调查使用频度，决定日常用量及放置位置；制订废弃物处理方法；每日自行检查。

2S——整顿实施要点：1S 整理的工作要落实；需要的物品明确放置场所并摆放整齐、有条不紊；地板划线定位，场所、物品标示，做到定点——放在哪里合适，定容——用什么容器、颜色，定量——规定合适的数量；制订废弃物处理办法。

3S——清扫实施要点：建立清扫责任区（室内、室外）；执行例行扫除，清理脏污；调查污染源，予以杜绝或隔离；建立清扫基准，作为规范；每月一次大清扫，每个地方清洗干净。

4S——清洁实施要点：落实前 3S 工作；制订目视管理的基准；制订 7S 实施办法；制订考评、稽核方法；制订奖惩制度，加强执行。

5S——素养实施要点：进入实训室必须穿工装，女生须戴工作帽；根据实训室有关规则、规定做事；遵守礼仪守则；推动各种精神提升活动（课前、课结束时例会），例行打招呼、礼貌运动等；对遵守相关规章制度的予以各种激励。

6S——安全实施要点：严格遵守各项安全管理制度；学习规范操作技能；全员参与，排除隐患，重视预防。

7S——节约实施要点：能用的东西尽可能利用；以主人翁精神和态度对待实训室的资源；物品丢弃前要思考其剩余使用价值，养成勤俭节约的习惯。

机械装配与调试中的 7S 即是其操作规程。

◎小提示：7S 要求提炼。

要与不要，一留一弃；科学布局，取用快捷；消除垃圾，美化环境；形成制度，养成习惯；安全操作，生命第一；形成制度，贯彻到底。

任务评价

通过参观机械装调实训室填写表格，以小组的形式完成。根据各同学的完成情况，进行评价。评价表格如表 1-3-1 所示。

表 1-3-1　机械装配与调试实训室“7S”管理评分表

序号	项目	评分标准	配分	学生评	指导老师评	实训管理员评	综合评分
1	整理	区域划分清楚，并有固定标识	5				
2		设备设施安装整齐	3				
3		非必需品清除干净	2				
4		物品摆放整齐	5				
5	整顿	物品放置规范	5				
6		工具、量具等物品按使用要求放到相应位置	5				
7		拆下或需要装配的零部件按拆装顺序有序、整齐摆放	10				
8		工具、量具等使用完毕置于规定的位置	3				
9		废弃物处理环保化	2				
10	清扫	工作环境无垃圾，地面、墙面、窗门、顶面干净整洁	5				
11		设备及工作台面清洁，结束时打扫和整理	5				
12	清洁	上面的 3S 有规定的制度，实施经常化，每天达到要求	5				
13		区域内环境舒适，通风良好	2				
14		有体现机械装配与调试特色的文化布置，文化氛围浓厚	2				
15	素养	有关规则、制度明确并上墙	2				
16		建立例会区和岗前例会制度	2				
17		建立使用情况记录台账	2				
18		按岗位要求着工作装、工作鞋、工作帽，必要时使用保护器具	3				
19		教师教学准备充分，在做中教，效果良好	5				
20		学生出勤纪律好，学习积极主动，严格按规程操作	5				
21	安全	工位数量足，设备完好	2				
22		电源安全并有保护设施，电线走向合理	2				
23		消防设施齐全，并能熟练使用，设置安全通道并有明显标志	2				
24		实训室内通风良好，需要水源的区域管道通畅，开闭自如	2				
25		危险品按照要求存放和使用	2				
26		有防止意外伤害事故的告诫措施；发生工伤事故，及时处理	2				
27		实训室内财产、设备保卫良好，没有被偷盗等事故	2				
28		制订有应急预案	2				
29	节约	充分利用实习课时，保持实习训练的高效	2				
30		物品丢弃前思考是否还有使用的价值，使物尽其用	2				
31		及时关闭水、电等	2				
合计			100				

思考与练习

一、填空题

1. 美国发明家伊莱·惠特尼提出并尝试了“________”和“________”的生产理念，他是第一个成功地将可替换零件的理念演绎成实用的生产方式的人，因而被誉为“美国规模生产之父”。

2. 美国汽车大王亨利·福特于1913年开发出了世界上第一条________，他是世界上第一位将________概念实际应用而获得巨大成功者。

3. 在自动化装配技术发展日趋成熟的基础上，________技术蓬勃发展，它与数字化技术、信息技术相结合，形成自动化装配技术的一个新领域。

4. 零件是________的单元，是组成机器的最小单元；________是在一个基准零件上，装上一个或若干个零件构成的，是最小的________单元；________是在一个基准零件上，装上若干组件、套件和零件而构成的，并在机器中能完成一定的、完整的功能；________是在一个基准零件上，装上若干部件、组件、套件和零件，最后成为整个产品。

5. 产品装配完成后需要进行各种________和________，以保证其装配质量和使用性能；有些重要的部件装配完成后还要进行________。

6. THMDZT-1型机械装调技术综合实训装置的机械装调对象主要由交流减速电机、________、________、________、________、________等组成。

7.“7S”是指________、________、________、________、________、________、________。

二、简答题

1. 机械装配与调试工的主要工作任务是什么？
2. 7S的含义是什么？
3. 开展“7S”现场管理有何实际意义？
4. 什么是整理？其操作要点是什么？
5. 什么是整顿？其操作要点是什么？
6. 什么是清扫？其操作要点是什么？
7. 什么是清洁？其操作要点是什么？
8. 什么是素养？其操作要点是什么？
9. 什么是节约？其操作要点是什么？
10. 什么是安全？其操作要点是什么？
11. 举例说明“7S”中素养和其他几个“S”间的关系。
12. 讨论你对“7S”的认识，并描述你今后如何在机械装配与调试中做到“7S”。

项目 2

常用工量具的认识及正确使用

情景导入

机械装配和调试需要依赖专用器具。其中装配过程要使用各种工具，如各种扳手、螺钉旋具以及钳子等；而调试过程还必须借助各种量具，如游标卡尺、千分尺、百分表、塞尺等。因此，认识装配和调试常用工具和量具并能正确使用这些常用工量具，是每个从事机械装调工种的人员必备的基础知识和技能。

项目目标

- 能正确识别常用装配工具的外形、名称，识读常用装配工具的规格标记；
- 学会常用工具的正确使用，通过使用练习熟知使用技巧；
- 能根据实物说出常用量具的结构、功能、规格、性能；
- 理解常用量具的读数、示值原理；
- 掌握正确使用量具测量尺寸、形位误差的方法；
- 通过训练，领会并按照“7S”要求保养和存放工具、量具。

常用工具的认识

任务 1　常用工具的认识及正确使用

知识链接

工具是人在生产过程中用来加工制造产品的器具。在人类的进化、发展史上，从使用天然工具到学会制造工具，这种自觉的能动性是人类区别于其他动物的最重要的特点，是人类进化史上重要的一步。

随着工业的迅速发展，各个行业、工种已经有了种类繁多、规格齐全、功能强大的各种各样的工具。其中一部分是许多工种都需要用到的常用工具。下面将着重介绍机械装配与调试常用的工具，而相关的专用工具则在后续的项目中陆续介绍。

一、认识常用螺钉旋具

螺钉旋具又称螺钉旋具、改锥，俗称起子。按形状分常用的有一字形、十字形两种，其驱动形式有手动、电动、风动等。

1. 手动螺钉旋具

（1）一字螺钉旋具：用于旋紧或松开头部为一字槽的螺钉，一般由柄部、刀体和刃口组成（见图 2–1–1）。

其工作部分一般用碳素工具钢制成，并经淬火处理。其规格以刀体部分的长度 × 直径来表示。

（2）十字螺钉旋具：用于旋紧或松开头部为十字槽的螺钉，材料和规格与一字螺钉旋具相同。

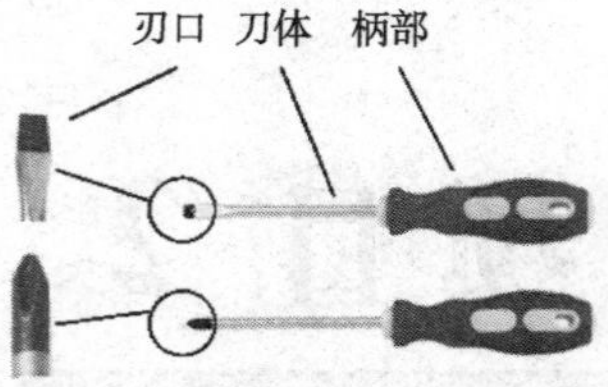

图 2–1–1　手动螺钉旋具

2. 机动螺钉旋具

常用的机动螺钉旋具分为电动和风动两大类（分别称为电批和风批），是用于拧紧和旋松螺钉用的电动、气动工具，配合螺钉旋具批头，可对不同形状、规格的螺钉拧紧或旋松，如图 2–1–2 所示。该类工具装有调节和限制扭矩的机构，适合在大批量流水线上使用。

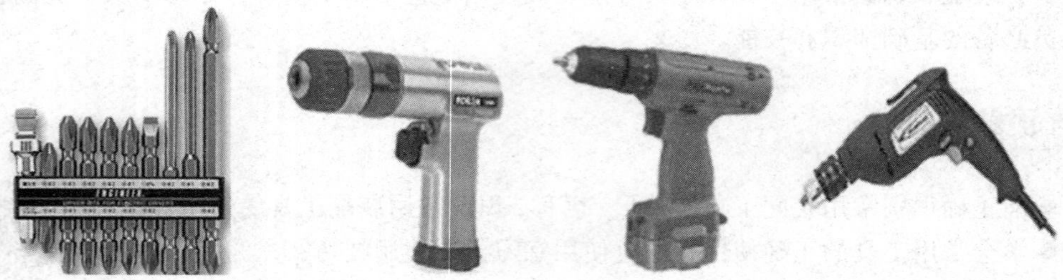
（a）套装螺钉旋具批头　（b）气动电钻　（c）充电电钻　（d）有线电钻

图 2–1–2　机动螺钉旋具

二、认识常用扳手

扳手是利用杠杆原理拧转螺栓、螺钉和各种螺母的工具。采用工具钢、合金钢或可锻铸铁制成。一般分为通用扳手、专用扳手。

1. 通用扳手

通用板手又称活动扳手，如图 2–1–3 所示，由扳手体、固定钳口、活动钳口及蜗杆等组成。它的开口尺寸可在一定的范围内调节，所以其规格以扳手长度和最大开口宽度表示，其中最大开口宽度一般以英寸为单位。

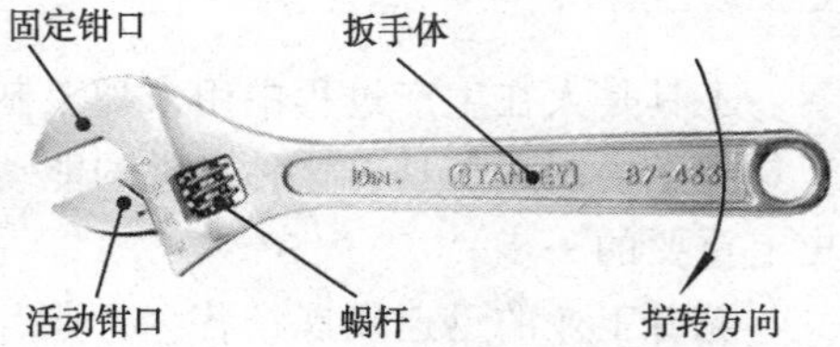

使用活动扳手时，要注意以下几点：

（1）扳手拧转方向。应让固定钳口受推力作用，而活动钳口受拉力作用，即如图 2–1–3 所示拧转方向。

（2）应按螺钉或螺母的对边尺寸调整开口，间隙不要过大，否则将会损坏螺钉头或螺母，并且容易滑脱，造成伤害事故。

（3）扳手手柄不可以任意接长，不应将扳手当锤击工具使用。

（4）不宜用大尺寸的扳手去旋紧尺寸较小的螺钉，这样会因扭矩过大而使螺钉折断。

2. 专用扳手

呆扳手（开口扳手）、套筒扳手、锁紧扳手和内六角扳手等均称为专用扳手。

（1）呆扳手。一端或两端制有固定尺寸的开口，用以拧转一定尺寸的螺母或螺栓，如图 2-1-4 所示。

呆扳手的开口尺寸与螺母或螺栓头的对边间距尺寸相适应，一般做成一套。常用的开口扳手规格很多，如 7 mm、8 mm、10 mm、14 mm、17 mm、19 mm、22 mm、24 mm、30 mm、32 mm、41 mm、46 mm、55 mm、65 mm。通常螺纹规格有 M4、M5、M6、M8、M10、M12、M14、M16、M18、M20、M22、M24、M27、M30、M42 等，在使用时选择合适的开口扳手进行旋紧和旋松，起到相应坚固作用。

呆扳手的特点是单头的只能旋拧一种尺寸的螺钉头或螺母，双头的也只可旋拧两种尺寸的螺钉头或螺母；呆扳手使用时应使扳手开口与被旋拧件配合好后再用力，如接触不好时就用力则容易滑脱，使作业者身体失衡。

（2）梅花扳手。梅花扳手两端具有带六角孔或十二角孔的工作端，如图 2-1-5 所示。它适用于工作空间狭小，不能使用稍大扳手的场合。

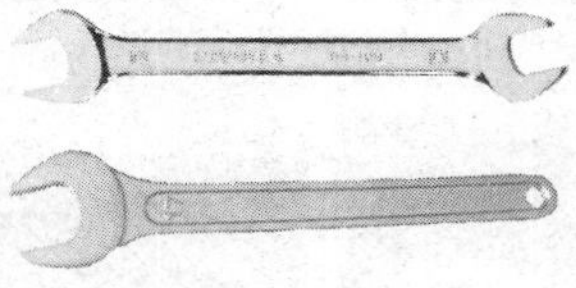

图 2-1-4　呆扳手

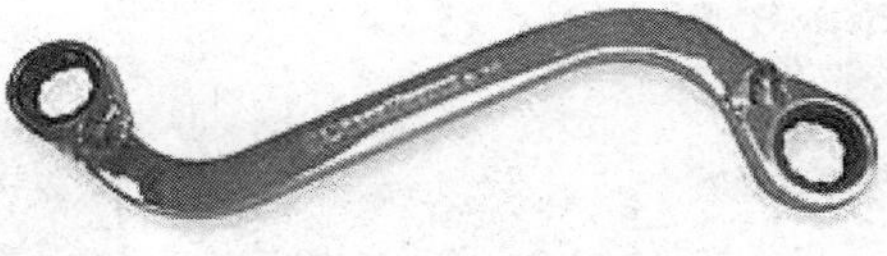

图 2-1-5　梅花扳手

常用的梅花扳手规格与螺纹的规格相对应，其优点是能把螺母和螺栓头完全包围，所以工作时不会损坏紧固件或从紧固件上滑落，适用于六角形和梅花形紧固件的拆装。使用时要注意选择合适的规格、型号，以防滑脱伤手，沿紧固件轴向插入扳手，缓缓施力拧转紧固件。

（3）组合扳手。组合扳手两端分别为开口或梅花或套筒的组合，如图 2-1-6 所示。这类扳手具有开口和梅花扳手的双重优点。

（4）套筒扳手。成套套筒扳手是由多个带六角孔或十二角孔的套筒并配有手柄、接杆等多种附件组成的，如图 2-1-7 所示。

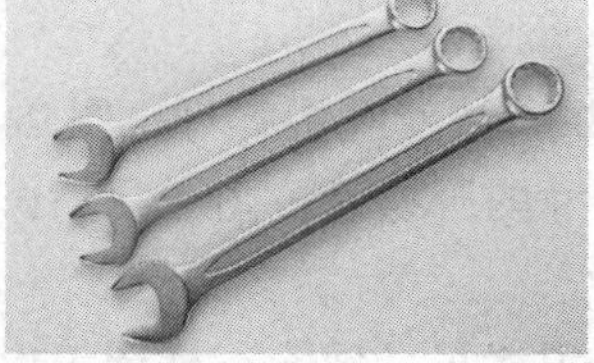

图 2-1-6　组合扳手

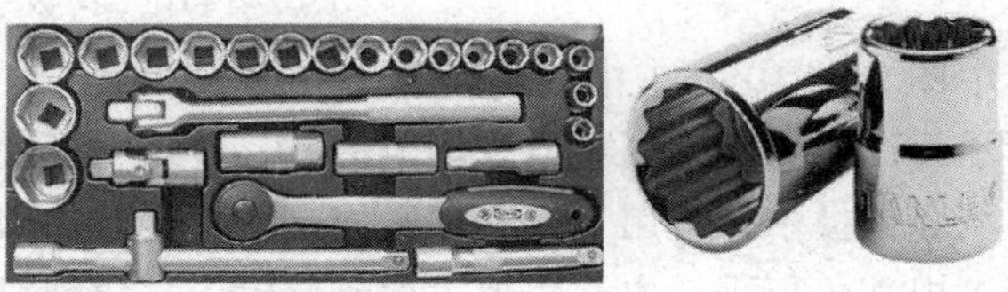

（a）成套套筒扳手　　（b）套筒

图 2-1-7　套筒扳手

套筒有公制和英制之分，套筒虽然内凹形状一样，但外径、长短等是针对对应设备的形状和尺寸设计的，相对来说比较灵活，符合大众的需要。

套筒配以“T”形手柄、弓形手柄或棘轮扳手（见图 2-1-8），可以实现在不同的场合灵活使用。

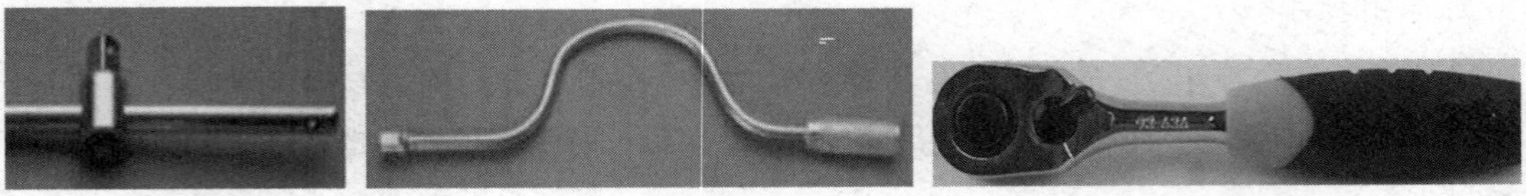

（a）"T" 形手柄手　　（b）弓形手柄　　（c）棘轮扳手

图 2-1-8　灵活的套筒板手

套筒扳手特别适用于拧转地方十分狭小或凹陷很深的螺栓或螺母，且凹孔的直径不适合用开口扳手、活动扳手或梅花扳手。

（5）棘轮扳手。一种手动螺钉松紧工具。通过头部的棘轮机构可实现单向转动，头部有正反向换挡拨片，用来调节扳手的正转或反转。配以套筒接口方隼，实现与成套套筒的连接，如图 2-1-9 所示。

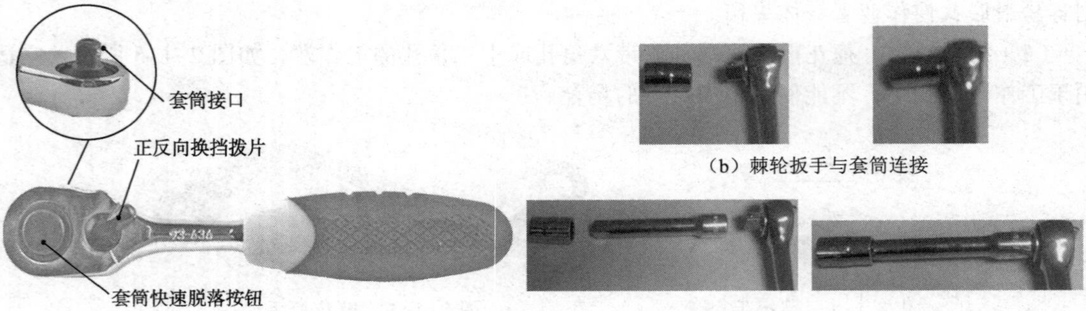

（a）棘轮扳手　　（b）棘轮扳手与套筒连接　　（c）棘轮扳手、加长杆、套筒连接

图 2-1-9　棘轮扳手

（6）钩扳手。钩扳手用来锁紧各种结构的圆螺母，结构多样，如图 2-1-10 所示。

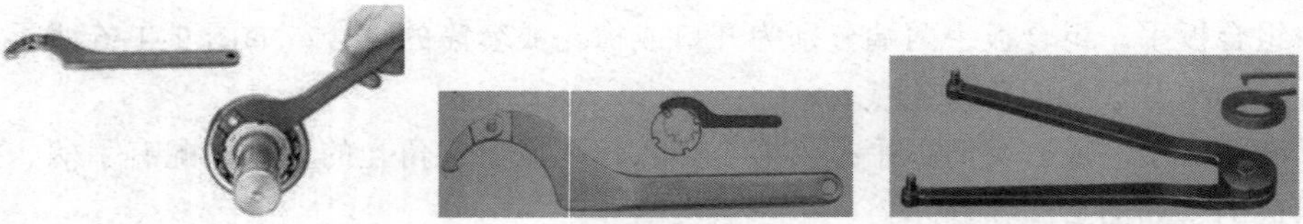

（a）侧钩扳手　　（b）活动侧钩扳手　　（c）可调竖钩扳手

图 2-1-10　钩扳手

其中图 2-1-10（a）中的侧钩扳手可用来拆卸和紧固带槽圆螺母或侧孔圆螺母；图 2-1-10（b）所示活动侧钩扳手则可通过调节活节，使扳手应用于不同尺寸的圆螺母；图 2-1-10（c）所示可调竖钩扳手，可用于拆卸和紧固带两个竖孔的圆螺母。

（7）内六角扳手。内六角扳手用于装拆内六角螺钉，有普通内六角、球头、梯形等形式，如图 2-1-11 所示。成套的内六角扳手可以装拆 M4 ~ M30 的内六角螺钉。

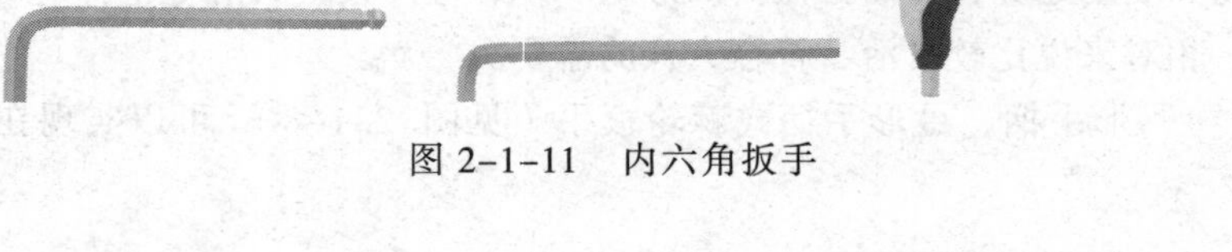

图 2-1-11　内六角扳手

内六角扳手能够流传至今，并成为工业制造业中不可或缺的得力工具，关键在于它本身所具有的独特之处和诸多优点，如简单轻巧，内六角螺丝与扳手之间有六个接触面，受力充分且不容易损坏；可以用来拧深孔中的螺丝；扳手的直径和长度决定了它的扭转力；容易制造，成本低廉；扳手的两端都可以使用。

使用注意事项：选择尺寸准确的内六角扳手，将六角头插入螺钉的六角凹坑内并插到底，然后缓慢施加旋转力矩，以拧紧或松开螺钉。

认识扭矩扳手

（8）扭矩扳手。扭矩扳手也称扭力扳手或力矩扳手，可分为定值式、预置式两种，如图 2-1-12 所示。它在拧转螺栓或螺母时，能显示出所施加的扭矩；或者当施加的扭矩到达规定值后，会发出光或声响信号。扭力扳手适用于对扭矩大小有明确规定的拆装。

（a）定值式扭矩扳手　　（b）预置式扭矩扳手

图 2-1-12　扭矩扳手

定值式扭矩扳手不带标尺，不能从扳手上直接读数。出厂时，根据客户需求调整为所需示值。它适用于螺栓规格确定、扭矩值固定的使用场所，特别是装配流水线上的操作，这样能使产品各个紧固件扭矩值一致，生产出来的产品质量有保障。

预置可调式扭矩扳手是指扭矩的预紧值是可调的。使用前，先将需要的实际拧紧扭矩值预置到扳手上，当拧紧螺纹紧固件时，若实际扭矩与预紧扭矩值相等时，扳手发出“咔嗒”报警响声，此时立即停止扳动，释放后扳手自动为下一次自动设定预紧扭矩值。

扭矩扳手手柄上有窗口，窗口内有标尺，标尺显示扭矩值的大小，窗口边上有标准线。当标尺上的线与标准线对齐时，那点的扭矩值代表当前的扭矩预紧值。设定预紧扭矩值的方法是，先松开扭矩扳手尾部的尾盖，然后旋转扳手尾部手轮。管内标尺随之移动，将标尺的刻线与管壳窗口上的标准线对齐。头部尺寸可随需求而配置，如内六角、开口、一字、十字头、梅花头、标准头等。

三、认识常用钳子

钳子是一种用于夹持、固定加工、装拆工件或者扭转、弯曲、剪断金属丝线的手工工具。钳子的外形呈 V 形，通常包括手柄、钳腮和钳嘴三个部分。

钳子一般用碳素结构钢或合金钢制造，先锻压轧制成钳坯形状，然后经过磨铣、抛光等金属切削加工，最后进行热处理。

钳嘴的形式很多，常见的有尖嘴、平嘴、扁嘴、圆嘴、弯嘴等样式，可适应不同场合的工作需要。机械装配和调试中常用的钳子有钢丝钳、尖嘴钳、挡圈钳等。

1. 钢丝钳

钢丝钳是一种夹钳和剪切工具，其外形如图 2-1-13 所示。由钳头和钳柄组成，钳头包括钳口、齿口、刀口和铡口。常用的钢丝钳有 150 mm、175 mm、200 mm 及 250 mm 等多种规格。

2. 尖嘴钳

尖嘴钳又称修口钳，由尖头、刀口和钳柄组成。由于头部较尖，主要用于狭小空间中夹持零件，如图 2–1–14 所示。

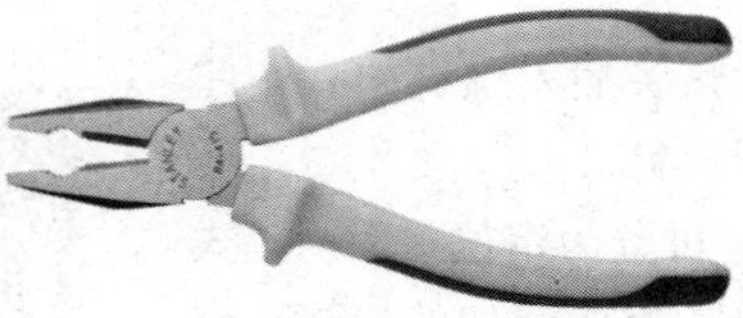

图 2–1–13　钢丝钳

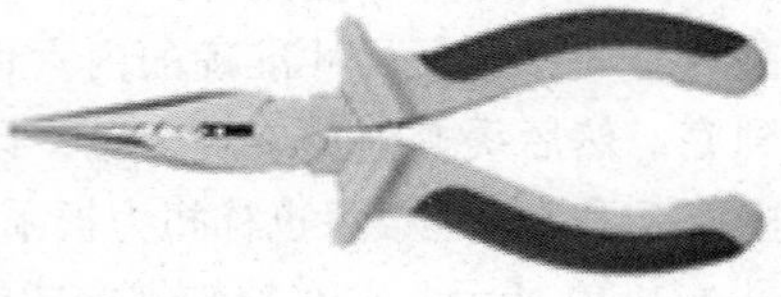

图 2–1–14　尖嘴钳

3. 挡圈钳

挡圈钳用于装拆起轴向定位作用的弹性挡圈。由于挡圈开式可分为孔用和轴用两种，且因安装部位不同，挡圈钳按形状分为直嘴式挡圈钳和弯嘴式挡圈钳，按使用场合又可分为孔用挡圈钳和轴用挡圈钳，如图 2–1–15 所示。

轴用挡圈钳和孔用挡圈钳主要区别是：轴用挡圈钳是拆装轴用弹簧挡圈的专用工具，手把握紧时钳口是张开的；孔用挡圈钳是拆装孔用弹簧挡圈用的，手把握紧时，钳口是闭合的。

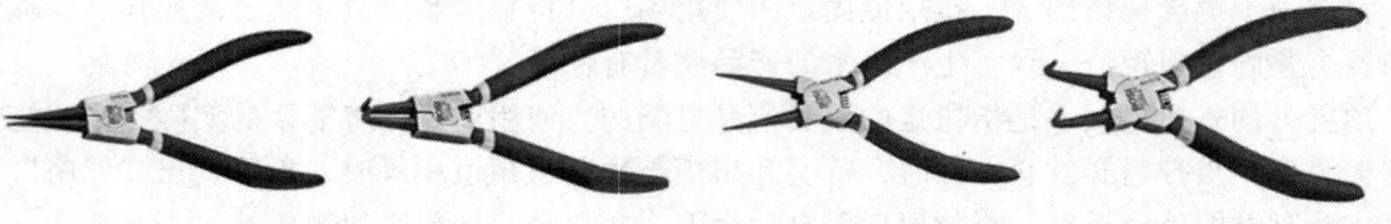

（a）轴用直嘴式挡圈钳　（b）轴用弯嘴式挡圈钳　（c）孔用直嘴式挡圈钳　（d）孔用弯嘴式挡圈钳

图 2–1–15　挡圈钳

挡圈钳的规格因长度不同分为 125 mm（5'）、175 mm（7'）、225 mm（9'）等。

挡圈钳所用材料通常为 45 碳素结构钢，要求高一点的可用铬钒钢。

四、认识轴承拆卸器

轴承拆卸器又称拉马或拉拨器。常用的轴承拆卸器有两爪或三爪，采用机械式拆卸或液压式拆卸，如图 2–1–16 所示。

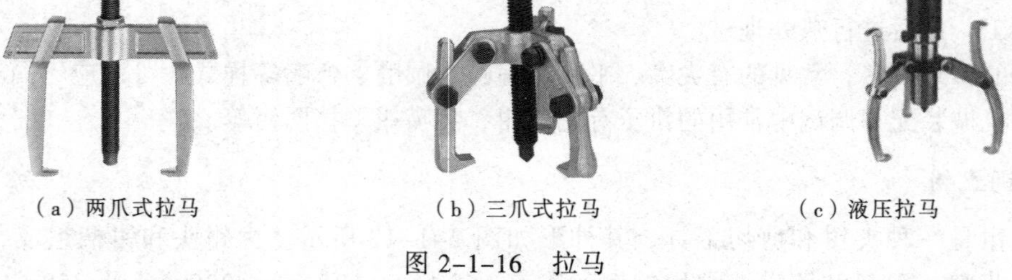

（a）两爪式拉马　（b）三爪式拉马　（c）液压拉马

图 2–1–16　拉马

图 2–1–16（a）、（b）所示拉马在拆卸轴承时，调节拉钩作用于轴承内圈，通过手柄转动螺杆，使螺杆下部紧顶轴端，将滚动轴承从轴上拉出来。图 2–1–16（c）液压拉马是以油压起动

中间推动杆直接前进移动，推动杆本身不做转动。钩爪座可随螺纹直接前进或后退以调节距离。操作把手小幅摆动，即可使油压起动杆往轴端方向顶，钩爪相应后退，以拉出轴承。

液压拉马是一种替代传统拉马的新型理想工具，其具有结构紧凑、使用灵活、携带操作方便、省力、较少受场地限制等特点，三爪式与二爪式可根据现场工作需要拆换，适用于各种维修场所。

拉马还广泛应用于拆卸各种圆盘、法兰、齿轮、传动带轮等。

任务实施

任务实施一：使用螺钉旋具拧紧螺钉和拆卸螺钉

你能正确选用适合的螺钉旋具拧紧和拆卸螺钉吗？

◎想一想：拧紧和拆卸螺钉需要用到哪些工具？需要注意哪些事项？

◎练一练：用以上工具分组进行练习，按图 2-1-17 所示一组拧紧螺钉，一组拆卸螺钉，注意正确的装拆顺序。拧紧和拆卸螺钉需要用到的工具如表 2-1-1 所示。

表 2-1-1　使用螺钉旋具拧紧螺钉和拆卸螺钉工具清单

序　号	工 具 名 称	数　　量	备　　注
1	一字螺钉旋具	1 把	
2	十字螺钉旋具	1 把	
3	充电电钻	1 把	
4	成套螺钉旋具批头	1 套	

练习方式一：用一字或十字螺钉旋具拧紧和拆卸螺钉；

练习方式二：用充电电钻和成套螺刀批头拧紧和拆卸螺钉。

◎提示一：手动螺钉旋具的使用技巧，如图 2-1-18 所示。

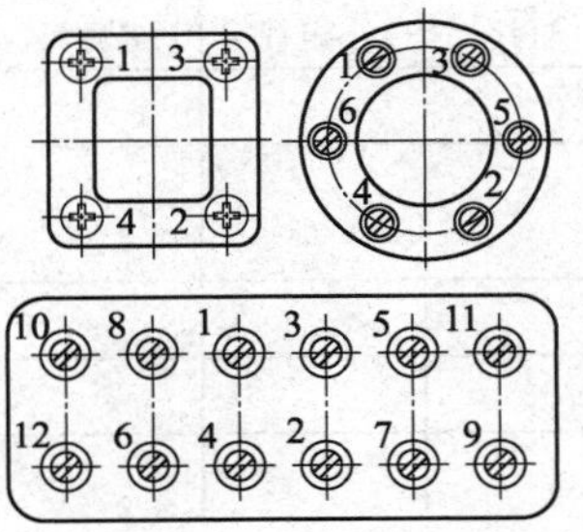

图 2-1-17　拆卸和拧紧练习

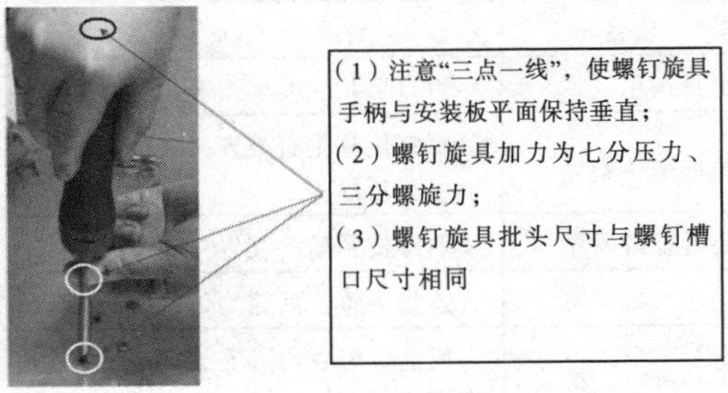

（1）注意“三点一线”，使螺钉旋具手柄与安装板平面保持垂直；
（2）螺钉旋具加力为七分压力、三分螺旋力；
（3）螺钉旋具批头尺寸与螺钉槽口尺寸相同

图 2-1-18　螺钉旋具使用技巧

◎提示二：充电电钻的使用技巧。

如图 2-1-19 所示，选用合适的螺刀批头（一字或十字），将电钻正反转调节开关拨至中间位置，不能按下电源开关，将调速开关调至低速位、转矩挡调至中间值后装上合适的螺刀批头，然后进行装配或拆卸。注意控制电源开关按下时的力量，使电钻的转速慢慢增大。

◎**提示三**：拧紧和拆卸螺钉的顺序。

为确保被连接件装配紧密或不发生变形，装拆螺钉要按图 2–1–17 所示顺序进行。即对于正方形成组螺钉，要按对角线顺序装拆；对于长方形成组螺钉，应从中间开始逐步向两边对称扩展；对于圆形成组螺钉，必须以圆形为中心对称地按序进行。

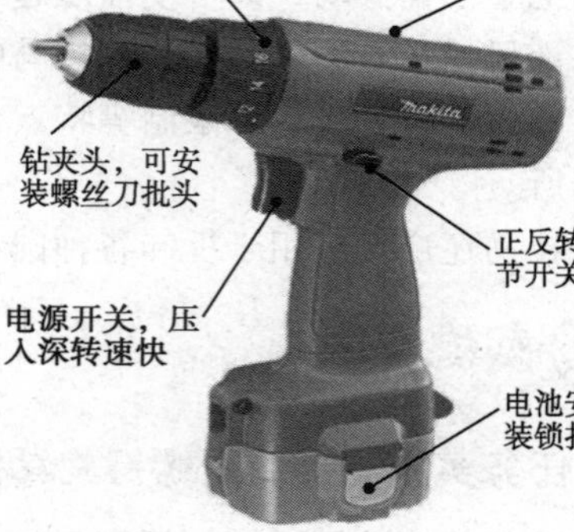

图 2–1–19　装拆螺钉

◎**注意**：

（1）在使用前应先擦净螺钉旋具的柄部和刃口的油污，以免工作时滑脱而发生意外，使用后也要擦拭干净。

（2）应根据旋紧或松开的螺钉头部的槽宽和槽形选用适当的螺钉旋具；不能用较小的螺钉旋具去旋拧较大的螺钉。

（3）使用时，不可用螺钉旋具当撬棒或凿子使用。

（4）不要用螺钉旋具旋紧或松开握在手中工件上的螺钉，应将工件夹固在夹具内，以防伤人。

（5）不可用锤击螺钉旋具手把柄端部的方法撬开缝隙或剔除金属毛刺及其他的物体。

（6）用完工具应擦拭干净并排列整齐有序。

（7）手动螺钉旋具或螺丝刀批头不可放在衣服或裤子口袋，以免碰撞或跌倒时受伤。

任务评价

使用螺钉旋具拧紧螺钉和拆卸螺钉主要通过学生作业形式进行个人评价、小组互评和教师评价。评价表格如表 2–1–2 所示。

表 2–1–2　使用螺钉旋具拧紧螺钉和拆卸螺钉评分表

序号	项目	评　分　标　准	配分	自评	小组评	老师评	备注
1	工具选用	刃口形状、大小正确，规格适合	20				
2	装拆动作姿势	螺钉旋具垂直被连接表面，用力恰当、巧妙	20				
3	装拆螺钉顺序	熟练按图顺序装拆	20				
4	连接效果	连接平整、间隙均匀	20				
5	工具清洁、摆放	用前、用后均清洁工具，摆放整齐有序	20				
合　计			100				

任务实施二：使用专用扳手拧紧、拆卸螺栓或螺母

选用合适扳手，拧紧螺栓或螺母，要求动作规范、正确，拧紧力矩相等。

◎**想一想**：（1）拧紧、拆卸螺栓或螺母可以用哪些工具（见表 2–1–3）？（2）如何才能使工作加快、用力大小均匀且两个装配件间贴合密切？

表 2-1-3　拆卸螺钉工具表

序　号	工　具　名　称	数　量	备　注
1	适合尺寸的呆扳手	1 把	
2	适合尺寸的梅花扳手	1 把	
3	成套套筒扳手	1 套	
4	预置式扭矩扳手	1 把	

◎练一练：

分 A、B、C 三组先后分别用呆扳手、梅花扳手、成套套筒扳手拧紧和拆卸如图 2-1-20 所示的螺栓装拆，最后均用预置式扭矩扳手进行拧紧力的检查。注意正确的装拆顺序和体验用力大小的控制。

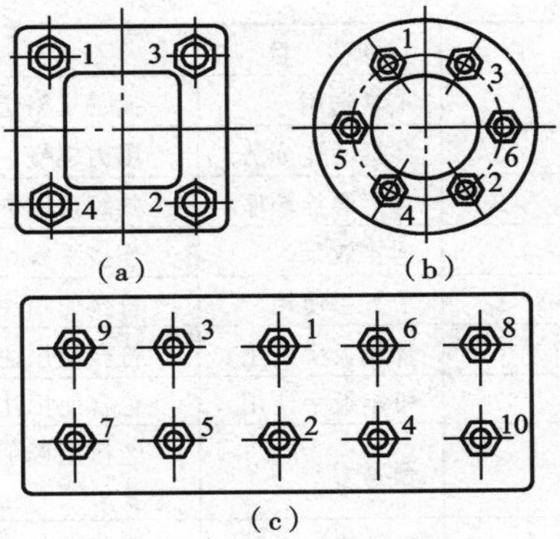

图 2-1-20　练习图

◎提示一： 呆扳手和梅花扳手使用注意事项。

（1）使用时，根据螺头尺寸，灵活、快速选用正确尺寸、形状、厚度的扳手，扳手应与螺栓及螺栓六角头或螺母的平面保持水平，以免用力时扳手滑出伤人。

（2）不能在扳手尾端加接套管延长力臂，以防损坏扳手。

（3）不能用钢锤敲击扳手，扳手在冲击载荷下极易变形或损坏。

（4）不能将公制扳手应用于英制螺栓或螺母，也不能将英制扳手应用于公制螺栓或螺母，以免造成打滑而受伤。

（5）加力矩时，应缓慢施力，禁止快速扳转手柄，使用冲击力矩。

◎提示二： 棘轮扳手使用注意事项。

（1）不能在棘轮扳手的手柄上加接套管延长力臂。

（2）不能对棘轮扳手施加冲击载荷。

（3）不能用棘轮扳手敲击硬物。

（4）避免棘轮机构进水，以防锈蚀。

◎提示三： 扭矩扳手使用注意事项。

扭矩扳手又称力矩扳手、扭力扳手、扭矩可调扳手，是一种精密控制螺栓和螺母锁紧力矩专用的工具，应按照以下要求正确使用。

（1）避免水分进入预置式扭矩扳手，以防止零件锈蚀。

（2）扭矩扳手只能拧紧螺栓等紧固件，禁止用扭矩扳手拧松任何紧固件。

（3）使用扭矩扳手测定紧固件的力矩值应设定在扳手最大量程的 1/3 至 3/4，禁止满量程使用扭矩扳手。

（4）不能在扭矩扳手尾端加接套管延长力臂，以防损坏预置式扭矩扳手。

（5）扭矩扳手根据需要调节所需的扭矩，并确认调节机构处于锁定状态才能使用。

（6）扭矩扳手使用时平衡缓慢地加载，不可以猛拉猛压，造成过载，将会导致输出扭矩失准，在达到预置扭矩后，要停止加载。

（7）所选用的扭矩扳手的开口尺寸必须与螺栓或螺母的尺寸相符合，扳手开口过大容易滑脱并损伤螺件六角。

（8）扳手使用完毕后，要将其调至最小的扭矩，使测力弹簧充分地放松，使用寿命延长。

任务评价

拆卸螺钉任务评价表如表 2–1–4 所示。

表 2–1–4　拆卸螺钉任务评分表

序号	项　目	评　分　标　准	配分	自评	小组评	老师评	备注
1	工具选用	扳手规格选择快速、准确	10				
2	装拆动作姿势	用力缓慢、均匀，扳手不脱出	10				
3	装拆螺栓顺序	熟练按图顺序装拆	10				
4	连接效果	连接平整、间隙均匀	20				
5	呆扳手使用	符合使用注意事项	10				
6	棘轮扳手使用	符合使用注意事项	10				
7	扭矩扳手使用	符合使用注意事项	10				
8	预紧力	经扭矩扳手检验，预紧力均匀并达到设定要求	10				
9	工具清洁、摆放	用前、用后均清洁工具，摆放整齐有序	10				
		合　计	100				

任务实施三：用轴承拆卸器拆卸带轮

用机械式三爪拉马拆将 Z512 台钻主轴上的带轮（工具清单见表 2–1–5）。

◎想一想：用机械式三爪拉马拆卸 Z512 台钻主轴的带轮要注意哪些问题？

表 2–1–5　拆卸螺钉工具表

序　号	工　具　名　称	数　量	备　注
1	机械式三爪拉马	1 个/组	
2	铜棒	1 根/组	
3	木锤	1 个/组	
4	润滑油	若干/组	
5	清洁布	1 份/组	

◎练一练：

练习一：用机械式三爪拉马拆卸 Z512 台钻主轴上的带轮。

（1）按图 2–1–21 所示安装好三爪拉马拆卸器；

（2）向主轴轴线方向旋紧螺杆，均匀施力，将带轮拉出主轴。

◎注意：

（1）安装拉马时要注意调节三爪开口大小，使之刚好能紧紧抓住带轮轮毂和轮辐之间；螺杆头部应紧顶主轴轴心位置，并注意观察顶紧后螺杆轴线是否与台钻主轴轴线重合。

（2）旋紧螺杆拉出带轮时，螺杆旋转速度应该缓慢、施力均匀，并时刻留意带轮被拉出的过程中是否发生倾斜。若发生倾斜，应及时调整拉马三爪的位置并将带轮修正成带轮轴线和台钻主轴轴线一致的状态。

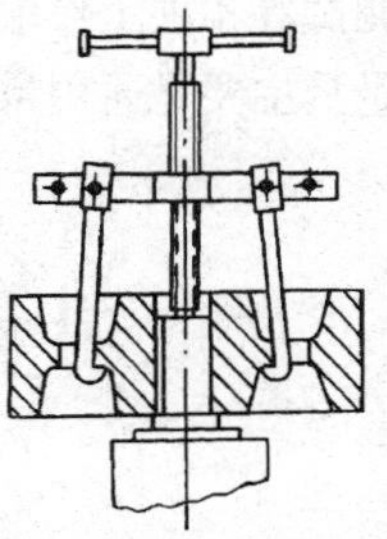

图 2-1-21　机械式三爪拉马拆卸器

练习二：将带轮安装到 Z512 台钻主轴上。

（1）安装带轮前，必须用清洁布将台钻主轴外圆表面、键槽、平键、带轮孔和带轮表面清理干净，在装配面上涂上润滑油。

（2）将平键安装到主轴键槽中。

（3）把带轮放在台钻主轴轴端，观察带轮键槽与主轴上露出部分平键的位置是否一致，以及带轮端面与主轴的轴线是否垂直。由于带轮通常用铸铁等脆性材料制造，因此将带轮安装到主轴上时，通常采用木锤锤击，并应避免锤击轮缘，锤击点尽量靠近轴心。

（4）将带轮装入主轴过程中应注意锤击部位的匀称，随时观察带轮是否倾斜。若发生倾斜，及时调整带轮位置，使之能由正确的位置装入。

任务评价

用机械式三爪拉马拆装带轮的评价表格如表 2-1-6 所示。

表 2-1-6　用机械式三爪拉马拆装 Z512 台钻主轴上的带轮评分表

序号	项目	评分标准	配分	自评	小组评	老师评	备注
1	拉马位置	三爪开口大小合适，螺杆头部紧顶主轴中心且螺杆与主轴轴线重合	10				
2	拉出过程规范	拉马螺杆旋紧施力均匀、缓慢，带轮被拉出时位置正确	20				
3	装配前带轮位置	带轮断面垂直主轴轴线，键槽位置对应	10				
4	相关零件装配部位清洁	各部位清洁仔细	10				
5	零件装配部位的润滑	润滑部位齐全，润滑油用量适当	10				
6	装配中带轮位置	带轮断面失踪垂直主轴轴线	20				
7	木锤锤击部位	锤击部位匀称	10				
8	工具清洁、摆放	用前、用后均清洁工具，摆放整齐有序	10				
合　计			100				

任务 2　常用量具的认识及正确使用

知识链接

量具是生产加工中测量工件的尺寸、角度、形状的专用工具，一般可分为通用量具、标准量具、量仪和极限量规以及其他计量器具。在机械安装和

常用量具的认识

调试等各项工作中，需要使用量具对工件的尺寸、形状、位置等进行检查。机械安装和调试中常用的量具主要是通用量具，如游标卡尺、千分尺、百分表、水平仪、万能角度尺等，如图 2-2-1 所示。

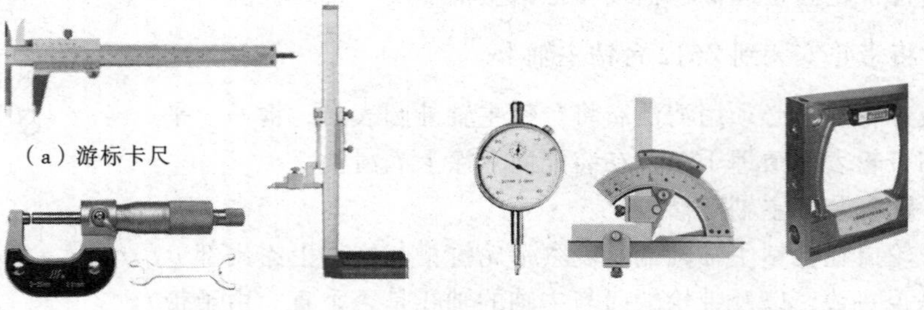

（a）游标卡尺　（b）千分尺　（c）高度游标卡尺　（d）百分表　（e）万能角度尺　（f）水平仪

图 2-2-1　量具

一、认识游标类量具

游标类量具是中等测量精度的量具，有游标卡尺、高度游标卡尺、深度游标卡尺等。虽然不同的游标类量具结构、形状、功能不同，但其刻线原理和读数方法基本相同。

1. 识读游标卡尺的结构和读数

图 2-2-2 所示为带测深杆的游标卡尺各部分结构名称及基本功能。游标卡尺可以用外测量爪测量工件的外径、长度、宽度、厚度等，用内侧量爪测量工件的内径等，用测深杆测量深度、高度等。

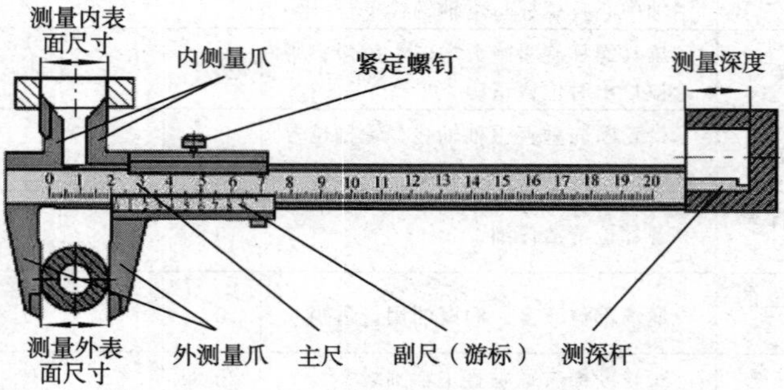

图 2-2-2　游标卡尺

2. 游标卡尺的刻线原理及读数方法

游标卡尺的测量范围可分为 0 ~ 125 mm、0 ~ 150 mm、0 ~ 200 mm、0 ~ 300 mm、0 ~ 500 mm 等多种。测量精度可分为 0.1 mm、0.05 mm、0.02 mm 三种。测量时，应按照工件尺寸大小、尺寸精度要求选择游标卡尺。游标卡尺属于中等精度（IT10 ~ IT6）量具，不能测量毛坯或高精度工件。

下面以精度为 0.02 mm 的游标卡尺为例，讨论其刻线原理及其读数方法。

（1）精度为 0.02 mm 游标卡尺的刻线原理。擦净并并拢游标卡尺两量爪测量面，观察主、副尺刻线对齐情况。如图 2-2-3 所示，副尺 50 格对准主尺 49 格（49 mm），则副尺每格 = 49/50 = 0.98（mm），主副尺每格差值 = 1 – 0.98 = 0.02（mm）。利用主副尺每格差值，该游标卡尺的最小读数精确值就是 0.02 mm。

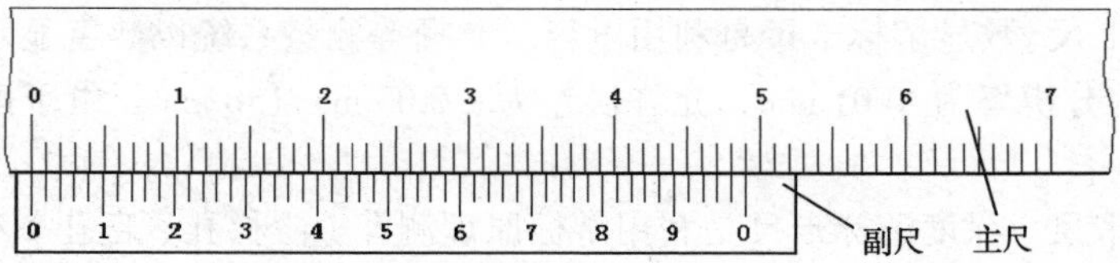

图 2-2-3　游标卡尺刻线

（2）游标卡尺读数方法。其读数方法和步骤如下。

① 读取整数值：主尺上副尺零刻线左侧整毫米数值——17 mm（图 2-2-4）。

② 读小数值（图 2-2-5）：

◇找主副尺对齐刻线（注意观察对齐刻线左右两侧刻线特点）。

◇读小数值为 0.7+4 × 0.02=0.78（mm）。

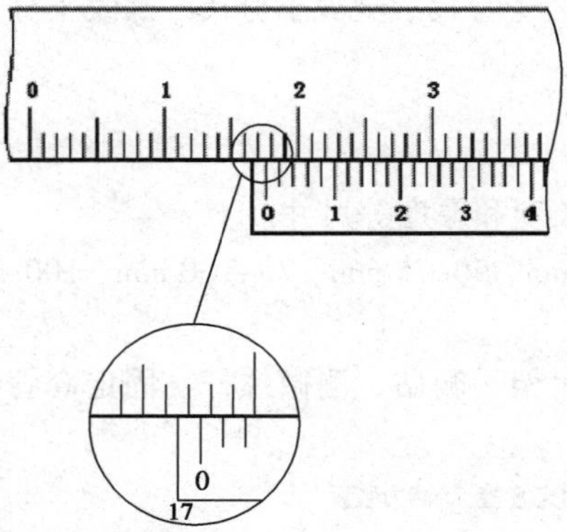

图 2-2-4　游标卡尺计数

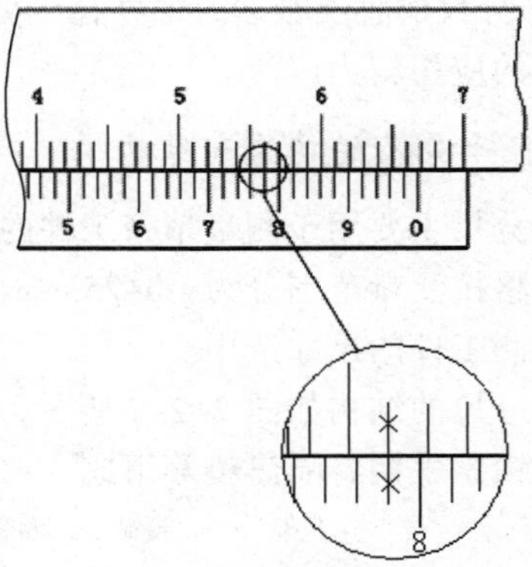

图 2-2-5　读小数值

（3）其他游标卡尺。除了最常用的游标卡尺外，在生产中还用到诸如带表游标卡尺、数显游标卡尺、深度游标卡尺、高度游标卡尺等，如图 2-2-6 所示。

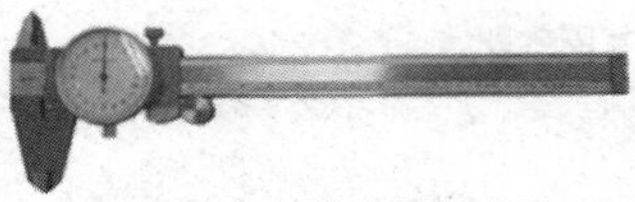

（a）带表游标卡尺

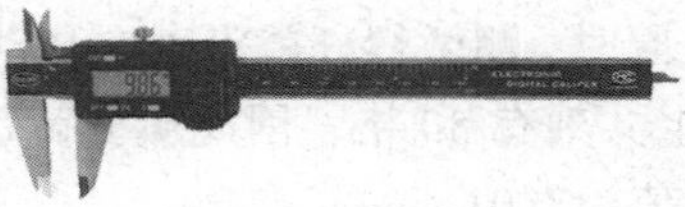

（b）数显游标卡尺

（c）深度游标卡尺

（d）高度游标卡尺

图 2-2-6　其他游标卡尺

① 带表游标卡尺。以精密齿条、齿轮的齿距作为已知长度，以带有相应分度的指示表放大、细分和指示测量齿形。常见的最小读数值有 0.05 mm 和 0.02 mm 两种。带表游标卡尺能解决普通游标卡尺读数时主尺和游标尺重合刻线不易分辨的问题。读数时，整毫米数在主尺上读取，小数在表上读取。表上每格表示 0.02 mm（最小读数值为 0.02 mm）。

② 数显游标卡尺。数显游标卡尺是利用电容、光栅等测量系统以数字显示量值的一种长度测量工具。常用的分辨率为 0.01 mm，允许误差为 ± 0.03 mm/150 mm。由于读数直观、清晰，测量效率较高。

③ 深度游标卡尺。深度游标卡尺是利用游标原理测孔（阶梯孔、盲孔）和槽的深度、台阶高度以及轴肩长度等的测量器具。

④ 高度游标卡尺。高度游标卡尺是利用游标原理对装置在尺框上的划线量爪工作面或测量头与底座工作面相对移动分隔的距离进行读数的一种测量器具。它可用于测量工件的高度尺寸、相对位置以及精密划线等。

二、认识千分尺

千分尺是一种精密的测微量具，用来测量加工精度要求较高的工件尺寸。其最小刻度为 0.01 mm。千分尺的种类很多，如外径千分尺、内径千分尺、测深千分尺、螺纹千分尺等。其中外径千分尺的应用较为广泛。

1. 外径千分尺的功能和结构

外径千分尺主要用于测量精密工件的外径、长度和厚度等尺寸。

它的规格按测量范围分为：0~25 mm、25~50 mm、50~75 mm、75~100 mm、100~125 mm 等，使用时按被测工件的尺寸选用。

外径千分尺的结构如图 2-2-7 所示，主要由尺架、测砧、测微螺杆、固定套管、微分筒、测力装置、锁紧手柄、隔热垫等组成。

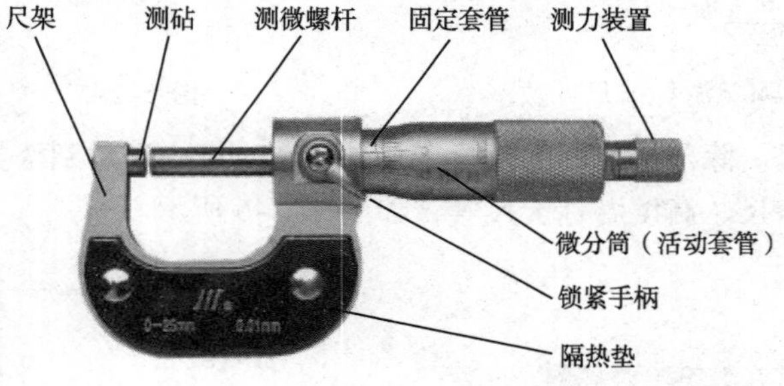

图 2-2-7 外径千分尺

2. 千分尺的刻线原理

千分尺测微螺杆上的螺距为 0.5 mm，当微分筒转一圈时，测微螺杆就沿轴向移动 0.05 mm。固定套管上刻有间隔为 0.5 mm 的刻线，微分筒圆锥面上共刻有 50 格，因此微分筒每转一格，螺杆就移动 0.5 mm / 50=0.0l mm，因此该千分尺的精度值为 0.01 mm。

3. 千分尺的读数方法

首先读出微分筒边缘在固定套管主尺的毫米数和半毫米数，然后看微分筒上哪一格与固定套管上基准线对齐，并读出相应的不足半毫米数，最后把两个读数加起来就是测得的实际尺寸。千分尺的读数方法示意如图 2-2-8 所示。

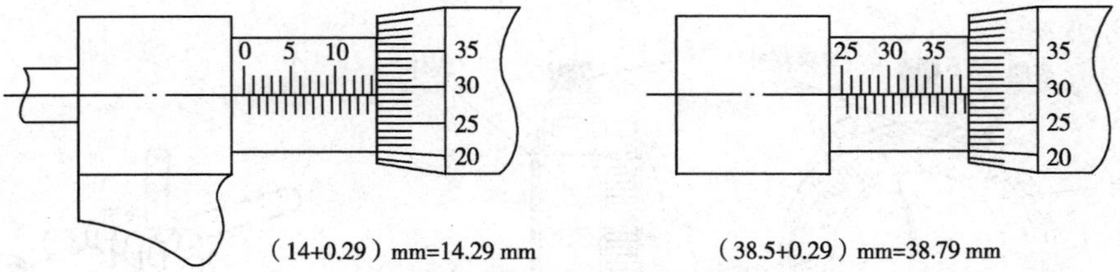

（14+0.29）mm=14.29 mm　　（38.5+0.29）mm=38.79 mm

图 2-2-8　千分尺读数方法

4. 其他千分尺

除外径千分尺外，按功能的不同还有内径千分尺、深度千分尺、壁厚千分尺、尖头千分尺、螺纹千分尺、公法线千分尺等多种，如图 2-2-9 所示。

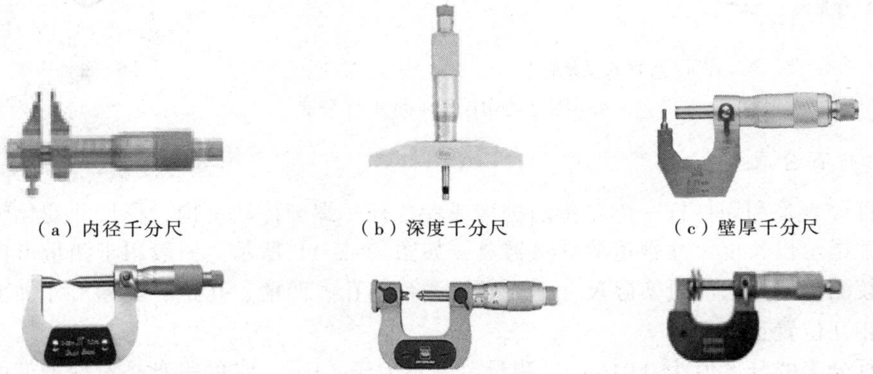

（a）内径千分尺　（b）深度千分尺　（c）壁厚千分尺

（d）尖头千分尺　（e）螺纹千分尺　（f）公法线千分尺

图 2-2-9　其他千分尺

虽然这些千分尺的形状、功能有所不同，但其读数原理和方法与外径千分尺基本相同。

三、认识百分表

百分表是一种常用的精密量具，用来检验装配精度、校正零件的安装位置和测量工件尺寸、形状和位置的微量偏差，其优点是方便、可靠、迅速。

认识百分表

1. 钟面式百分表的原理、规格

钟面式百分表是利用齿轮齿条传动，将触头的直线移动转换成指针的转动进行测量的，是一种指针式量具，读数值为 0.01 mm（为 1mm 的百分之一，故称百分表）。目前，国产百分表的测量范围（即测量杆的最大移动量）有 0 ~ 3 mm、0 ~ 5 mm、0 ~ 10 mm 三种。按其制造精度，可分为 0、1 和 2 级三种，0 级精度较高。一般适用于尺寸精度为 IT6 ~ IT8 级零件的校正和检验。

百分表使用时，一般装在专用表架（万能表架或磁性表座）上，如图 2-2-10 所示。百分表的读数方法为：先读小指针转过的刻度线（即毫米整数），再读大指针转过的刻度线（即小数部分），并乘以 0.01，然后两者相加，即得到所测量的数值。

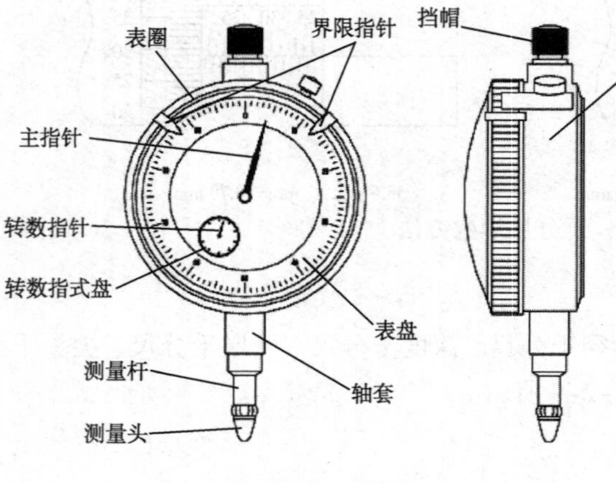

（a）钟面式百分表

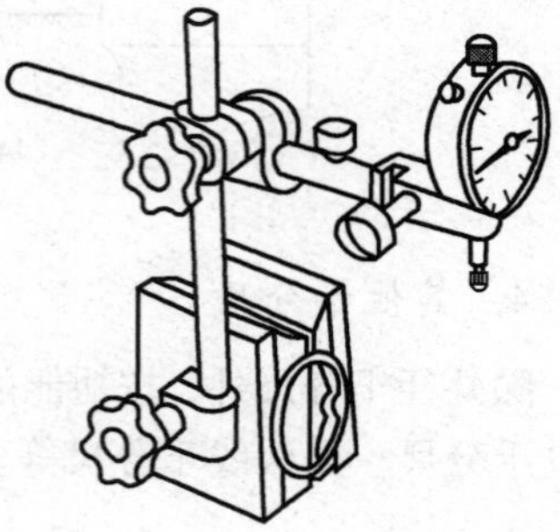

（b）磁性表座

图 2-2-10　钟面式百分表

2. 杠杆百分表

杠杆百分表是利用杠杆—齿轮传动机构或者杠杆—螺旋传动机构，将尺寸变化转化为指针角位移，并指示出长度尺寸数值的计量器具，如图 2-2-11 所示。一般用于测量形位误差，也可用于比较测量的方法测量实际尺寸，还可以测量小孔、凹槽、孔距、坐标尺寸等工件几何形状误差和相互位置正确性。

杠杆百分表的分度值为 0.01 mm，测量范围不大于 1 mm，它的表盘是对称刻度的。它体积小、精度高，适应于一般百分表难以测量的场所。

3. 内径百分表

内径百分表用来测量孔径和孔的形状误差，尤其对于深孔测量极为方便。如图 2-2-12 所示，内径百分表在三通管的一端装着活动测量头，另一端装着可换测量头，垂直管口一端活动测头的移动量可以在百分表上读出来。

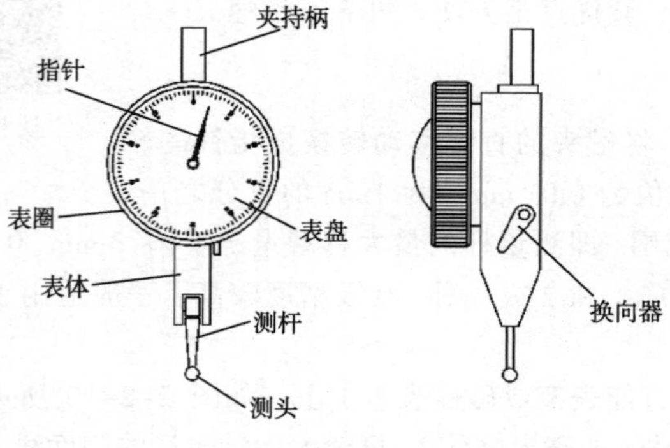

图 2-2-11　杠杆百分表

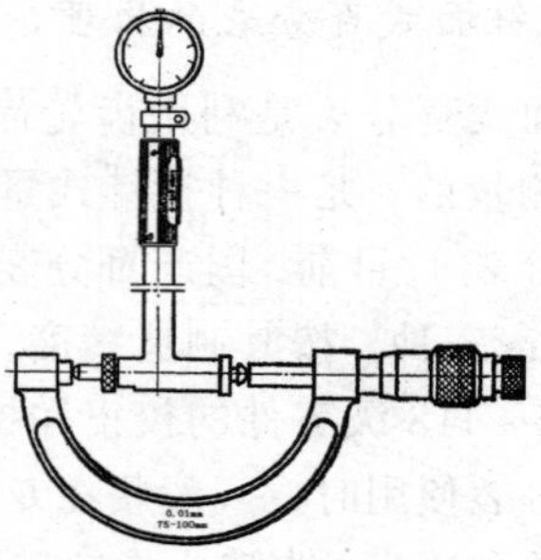

图 2-2-12　内径百分表

内径百分表活动测头的移动量，小尺寸的只有 0 ~ 1 mm，大尺寸的可有 0 ~ 3 mm，它的测量范围是由更换或调整可换测头的长度来达到的。因此，每个内径百分表都附有成套的可换测头,使用前必须先进行组合和零位校对。

四、认识水平仪

认识水平仪

1. 水平仪的结构、功能

水平仪主要用于检验各种机床及其他类型设备导轨的直线度和设备安装的水平位置和平面度、直线度和垂直度，也可测量零件的微小倾角。

常用的水平仪有框式水平仪和条式水平仪等，如图 2–2–13 所示。

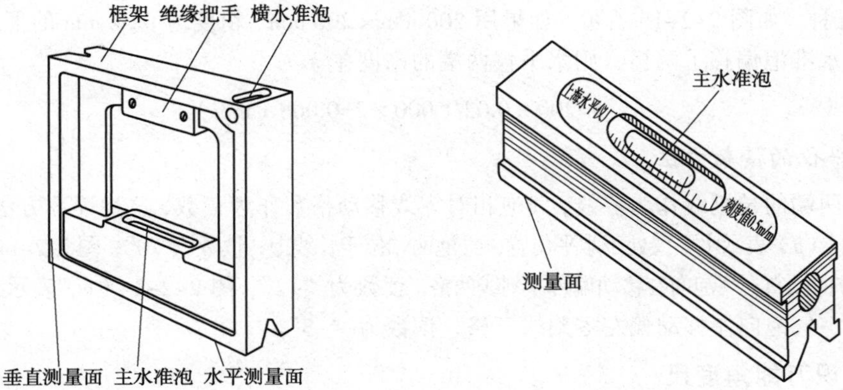

（a）框式水平仪　　（b）条式水平仪

图 2–2–13　水平仪

框式水平仪框架的测量面有平面和 V 形槽，V 形槽便于在圆柱面上测量。水准器有纵向（主水准器）和横向（横水准器）两个。水准器是一个封闭的弧形玻璃管，表面上有刻线，内装乙醚(或酒精)，并留有一个水准泡，水准泡总是停留在玻璃管内的最高处。

2. 水平仪的工作原理

水平仪是以主水准泡和横水准泡的偏移情况来表示测量面的倾斜程度的。水准泡的位置以弧形玻璃管上的刻度来衡量。若水平仪倾斜一个角度，气泡就向左或向右移动，根据移动的距离（刻度格数），直接或通过计算即可知道被测工件的直线度、平面度或垂直度误差。

如图 2–2–14（a）所示，水准泡在正中间，表示水平仪放置位置水平。图 2–2–14（b）、（c）则分别表示水平仪放置位置向左和向右倾斜。

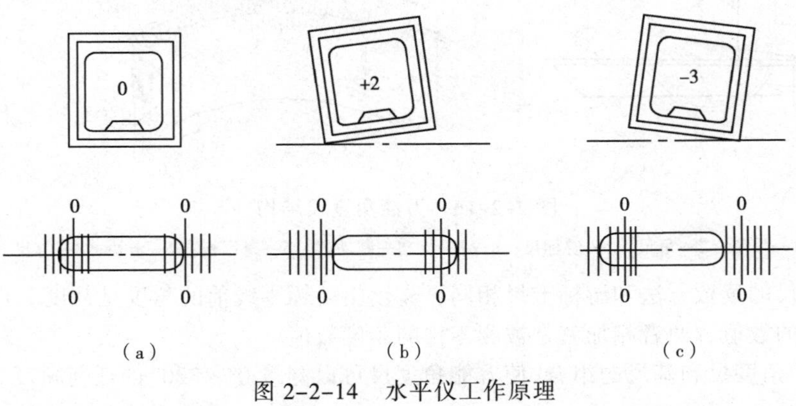

（a）　　（b）　　（c）

图 2–2–14　水平仪工作原理

框式水平仪水准泡的刻度值精度有 0.02 mm、0.03 mm、0.05 mm 三种。如 0.02 mm 表示它在 1 000 mm 长度上水准泡偏移一格被测表面倾斜的高度差 H 为 0.02 mm，如图 2–2–15 所示。

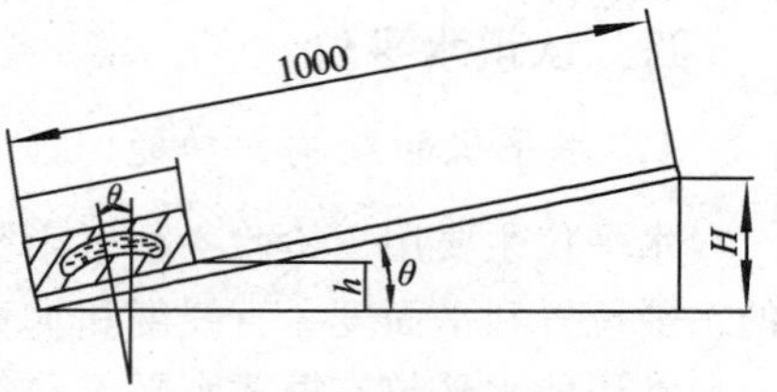

图 2–2–15　水平仪水准泡

框式水平仪的规格有 100 mm × 100 mm、150 mm × 150 mm、200 mm × 200 mm、250 mm × 250 mm、300 mm × 300 mm 五种。如图 2–2–15 所示，如果用 200 mm × 200 mm、精度为 0.02 mm 的框式水平仪进行测量，主水准泡偏移了两格，则水平仪两端的高度差 h 为

$$h=200\times 0.02/1\,000\times 2=0.008\ (\mathrm{mm})$$

3. 水平仪的读数方法

以气泡两端的长刻线作为零线，气泡相对零线移动格数作为读数，这种读数方法最为常用。图 2–2–14（a）表示水平仪处于水平位置，气泡两端位于长线上，读数为“0”；图 2–2–14（b）表示水平仪逆时针方向倾斜，气泡向右移动偏右零刻线两格，读数为“+2”；图 2–2–14（c）表示水平仪顺时针方向倾斜，气泡向左移动偏左零刻线三格，读数为“–3”。

五、认识万能角度尺

万能角度尺是用来测量精密零件内外角度或进行角度划线的角度量具，又称万能量角器。万能角度尺的结构如图 2–2–16（a）所示。扇形板 6 可在尺座 1 上来回移动，形成了和游标卡尺相似的游标读数机构。其尺座上的刻度线每格 1°，由于游标上刻有 30 格，所占的总角度为 29°，如图 2–2–16（b）所示。因此，尺座和游标每格刻度差值=1° –29° /30=2′，也就是说万能角度尺读数准确度为 2′除外还有 5′和 10′两种精度。

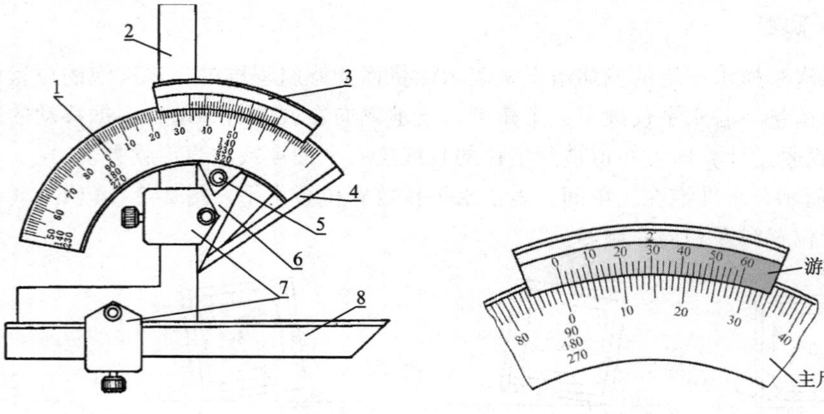

（a）　（b）

认识万能角度尺

图 2–2–16　万能角度尺结构

1—尺座；2—角尺；3—游标尺；4—基尺；5—制动器；6—扇形板；7—卡块；8—直尺

万能角度尺的读数方法和游标卡尺相同，先读出游标零线前的角度是几度，再从游标上读出角度“分”的数值，两者相加就是被测零件的角度数值。

通过直尺、角度尺和基尺的组合，使万能角度尺可以测量 0° ~ 320° 的任何角度，如图 2–2–17 所示。

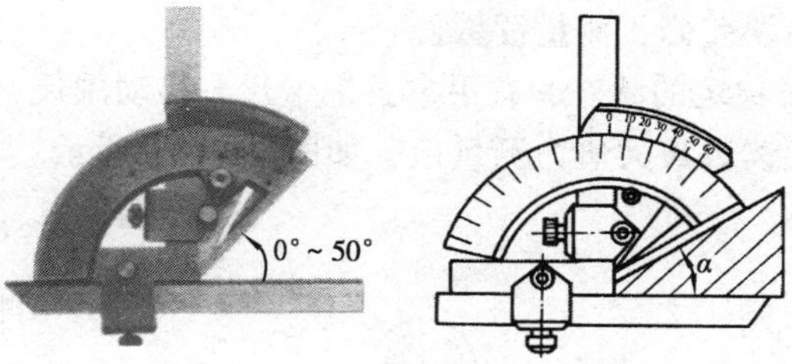

（a）0°～50° 的测量

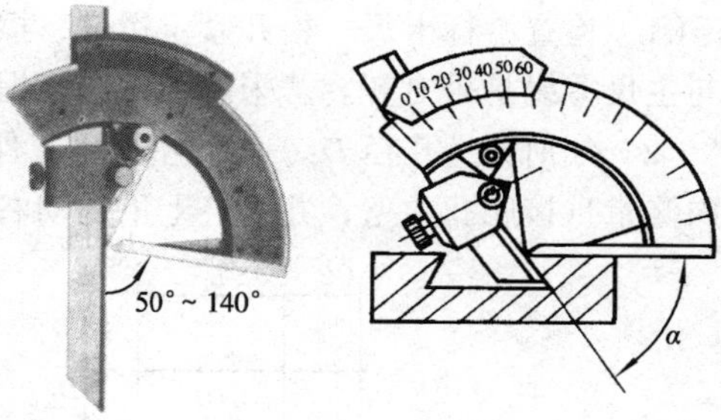

（b）50°～140° 的测量

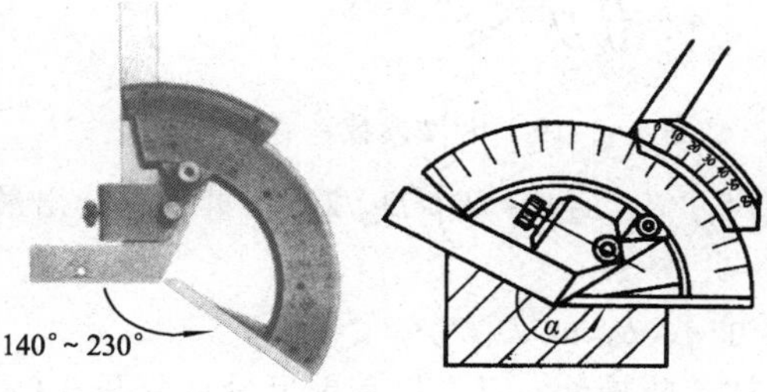

（c）140°～230° 的测量

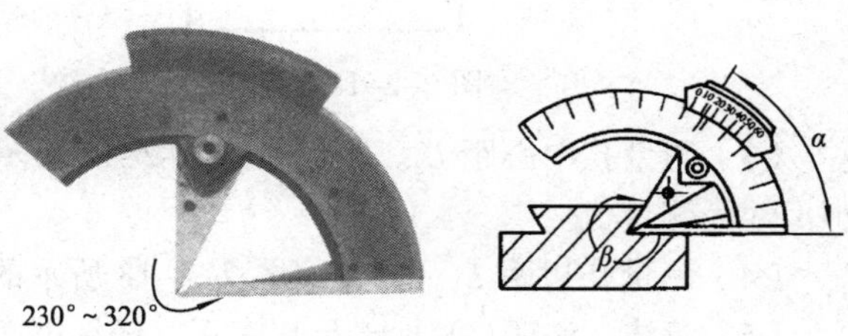

（d）230°～320° 的测量

图 2-2-17　万能角度尺与其他量尺组合

万能角度尺的尺座上，基本角度的刻线只有 0º～90º，如果测量的零件角度大于 90º，读数应加上一个基数（90º、180º、270º）。

当 90º < 零件角度 ≤ 180º，被测角度=90º+角度尺读数；

当 180º < 零件角度 ≤ 270º，被测角度=180º+角度尺读数；

当 270º < 零件角度 ≤ 320º，被测角度=270º+角度尺读数。

任务实施

任务实施一：游标卡尺测量工件

正确使用游标卡尺测量工件，测量的步骤包括测量前检查游标卡尺、用游标卡尺卡爪接触工件、读数等。测量中还要注意动作、姿势的正确，测量后学会游标卡尺的保养等。

◎想一想：左右手怎样拿游标卡尺和被测量工件？游标卡尺的卡爪如何测量工件才能有准确的读数？

◎练一练：用游标卡尺测量如图 2-2-18 所示 L_1、L_2 尺寸，工量具清单如表 2-2-1 所示。

表 2-2-1　游标卡尺测量工件工量具清单

序　号	工 具 名 称	数　量	备　注
1	普通游标卡尺	1 把/人	0.02/0～125
2	被测量工件	1 个/组	见图 2-2-18
3	清洁布	若干	
4	防护油	若干	

（1）检查游标卡尺：松开紧定螺钉，擦干净两卡爪测量面，合拢两卡爪，透光检查副尺零线与主尺零线是否对齐。若未对齐，应根据原始误差修正测量读数。

（2）分别测量孔径 D_1、D_2。左手将工件置于稳定的状态，右手拿游标卡尺，移动副尺，使两内测量爪接触孔内壁，并轻轻上下晃动右手，读数最大值为测量值，如图 2-2-19 所示。

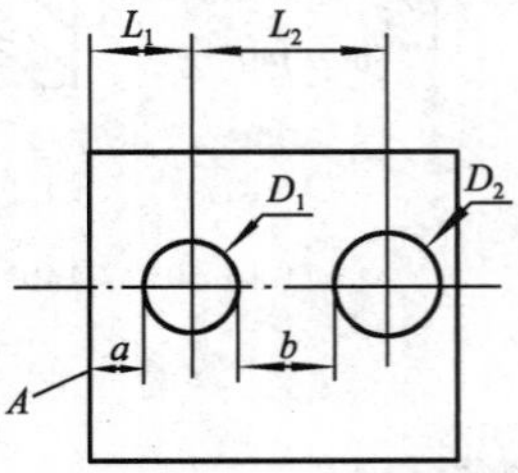

图 2-2-18　尺寸图

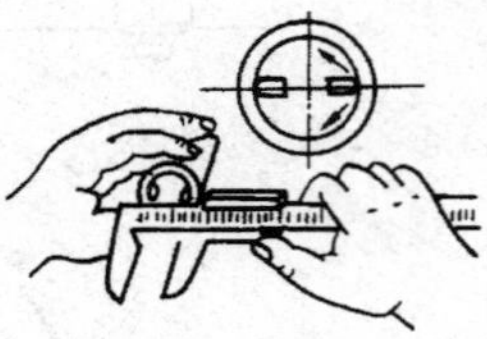
图 2-2-19　卡尺读数

（3）测量孔中心距 L_2。测量如图 2-2-18 所示的尺寸 b，$L_2=b+(D_1+D_2)/2$。测量时应读出最小尺寸为测量值。

（4）测量孔边距 L_1。测量如图 2-2-18 所示的尺寸 a，$L_1=a+D_1/2$。

（5）清洁、整理：游标卡尺用完后，仔细擦净，抹上防护油，将主尺和副尺量爪分开 0.1 ~ 0.2 mm，平放在盒内，不可将副尺紧定螺钉拧紧。

◎小提示：

（1）游标卡尺的正确拿法如图 2-2-20 所示。

（2）测量时，卡爪测量面必须与孔轴线平行或与工件表面贴合，不得歪斜。测量孔径时卡爪位置必须正确，应位于孔直径线上。用力不能过大，以免卡脚变形或磨损，影响测量精度。图 2-2-21 所示为几种不正确的测量方法、测量姿势，实际测量中应予以避免。

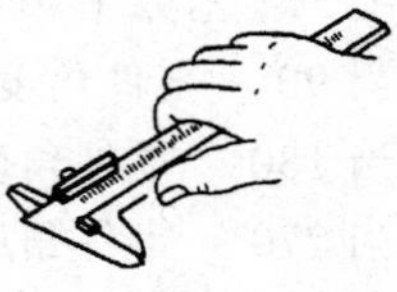
图 2-2-20　卡尺正确拿法

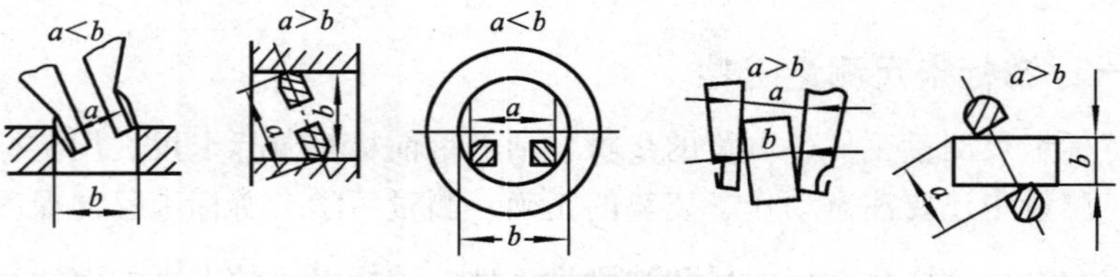

图 2-2-21　不正确测量方法

（3）测量时副尺的移动必须保持平稳、顺畅。若太紧或太松，轻轻拧紧副尺上边两个小螺钉，再回转 1/8 ~ 1/6 转即可。

（4）若用测深杆测量深度，测深杆不能歪斜，否则读数偏大。

（5）游标卡尺不能与其他工具、量具叠放。

任务拓展一：用深度游标卡尺测量工件尺寸

（1）测量前检查：将深度游标卡尺底座置于划线平板上，将主尺缓慢往平板方向推至接触平板，查看主、副尺零刻线对齐情况。若有零线误差，予以修正。

（2）测量：左手拿住深度游标卡尺底座，贴紧工件表面，右手将主尺往沟槽深度方向推进至主尺端部与槽底接触，拧紧紧定螺钉。

（3）读数：根据读数方法读出测量值。

任务拓展二：用高度游标卡尺测量工件高度

（1）测量准备：将平板和高度游标卡尺底座擦干净，轻轻放置高度游标卡尺到平板上。

（2）测量前检查：松开高度游标卡尺微调部分和副尺上的紧定螺钉，将测量爪或划线头下降至平板上，观察高度游标卡尺的主副零刻线是否对其。若未对齐，读出原始误差值，根据上（副尺零刻线在主尺零刻线上方）正下负修正测量读数。

（3）测量：缓慢移动高度游标卡尺测量头至被测工件高度处，使测量面下方贴紧被测表面，拧紧副尺紧定螺钉。

（4）读数：从刻度线的正面正视刻度读出整毫米数和小数值。

任务评价

游标卡尺测量工件评分表如表 2-2-2 所示。

表 2-2-2　游标卡尺测量工件评分表

序号	项　目	评 分 标 准	配 分	自 评	小组评	老师评	备 注
1	动作、姿势	手持游标卡尺和工件动作、姿势正确	10				
2	游标卡尺零线误差	误差值____，修正：____	10				
3	尺寸测量 D_1	测量、读数误差<0.02	10				
4	尺寸测量 D_2	测量、读数误差<0.02	10				
5	尺寸测量 a	测量、读数误差<0.02	10				
6	尺寸测量 b	测量、读数误差<0.02	10				
7	换算尺寸 L_1	换算正确	5				
8	换算尺寸 L_2	换算正确	5				
9	清洁、整理	按 7S 要求完成	10				
10	读数准确性	4 个尺寸读数误差<0.02	20				
		合　计	100				

任务实施二：用千分尺测量工件尺寸

千分尺属于精密测量工具，测量的步骤、动作、姿势是保证测量准确性的重要因素。测量前应检查千分尺；测量时要注意动作、姿势的正确：如使用合适的测量力；读数时要正视；测量后的正确保养等。要杜绝错误的测量动作，养成良好的测量习惯。

◎想一想：千分尺应如何拿，如何测量和读数呢（工量具清单见表 2-2-3）？

表 2-2-3　用千分尺测量工件尺寸工量具清单

序　号	工　具　名　称	数　量	备　注
1	25 ~ 50 外径千分尺	1 把/2 人	0 ~ 25 或 5 ~ 50
2	被测量轴类工件	1 个/组	
3	被测量长方工件	1 个/组	
4	清洁布	若干	
5	防护油	若干	

◎练一练：测量图 2-2-22 所示轴各部分尺寸并填入评价表。其中用外径千分尺测量轴的直径，用游标卡尺测量轴各段长度。

（1）校对零误差：松开锁紧手柄，转动微分筒擦净测砧和测微螺杆上的测量面。转动测力装置发出“吱吱”声响为止，两测量面贴合，检查微分筒零刻线是否与固定套管基准刻线对齐，固定套管零刻线是否刚好露出。

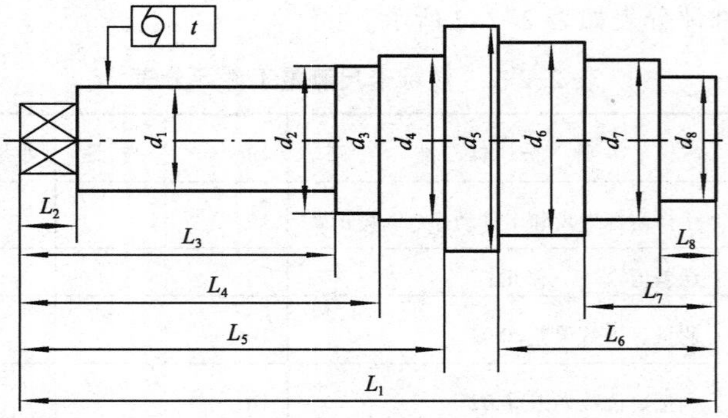

图 2-2-22　轴尺寸测量

（2）测量工件：将工件置于稳定状态并处于两测量面间。左手拿住尺架隔热垫部分，右手转动测力装置至发出“吱吱”声响为止，表示测量力适度。

（3）读数：从刻度线的正面正视刻度。先读出固定套管上的整毫米数和半毫米数，再读出微分筒上的小数值。测量值即为整毫米数+半毫米数+小数值。

◎小提示：

（1）千分尺的正确握法，图 2-2-23 所示为单手或双手使用千分尺测量的方法。

（2）测量轴直径时两测砧应在轴线对称的母线位置，不能歪斜，否则测量不准确。

（3）读数时，最好不要取下千分尺进行读数，如确需取下，应首先锁紧测微螺杆，然后轻轻取下千分尺，防止尺寸变动。

（4）千分尺不能与其他工具、量具叠放。用完后，仔细擦净，测量面抹上防护油并将两测量面分开 0.1 ~ 0.2 mm，不可将锁紧手柄拧紧，平放在盒内，置于干燥处。千分尺放入盒子前不能使用图 2-2-24 所示的错误动作。

（5）铜、铝等材料加工后的线膨胀系数较大，应冷却后再测量，否则容易出现误差。

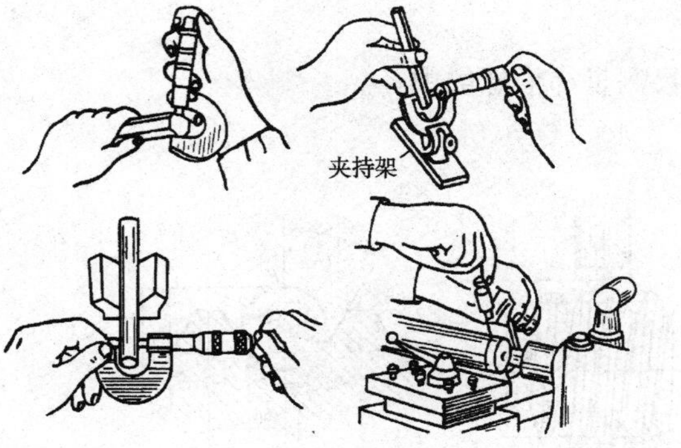

图 2-2-23　单手或双手使用千分尺

图 2-2-24　错误动作

任务评价

用千分尺测量工件尺寸评分表如表 2-2-4 所示。

表 2-2-4　用千分尺测量工件尺寸评分表

测量基本功评分					
序号	检　测　项　目		学 生 自 测	老 师 检 测	得　　分
1	量具使用方法				
2	测量动作、姿势				
3	安全文明生产				
结果					
尺寸准确度评分					
序号	图样尺寸/mm	允许误差/mm	学生自测	老师检测	得分
1	d_1 (20)	±0.01			
2	d_2 (22)	±0.01			
3	d_3 (30)	±0.01			
4	d_4 (38)	±0.01			
5	d_5(50)	±0.01			
6	d_6 (32)	±0.01			
7	d_7 (25)	±0.01			
8	d_8 (21)	±0.01			
9	L_1 (125)	±0.04			
10	L_2 (10)	±0.04			
11	L_3 (50)	±0.04			
12	L_4 (60)	±0.04			
13	L_5 (70)	±0.04			
14	L_6 (40)	±0.04			
15	L_7 (22)	±0.04			
16	L_8 (12)	±0.04			
17	t	0.02			
18	结果				

任务拓展：螺纹检测

如图 2-2-25 所示，用公法线千分尺测量梯形螺纹中径。

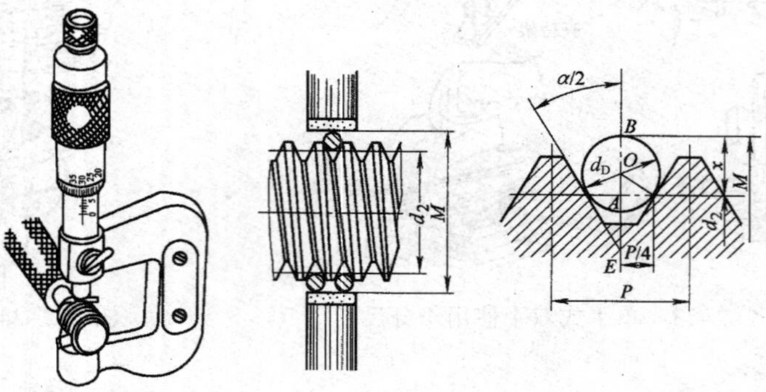

图 2-2-25　用千分尺测量螺纹中径

（1）根据表 2-2-5 量针直径计算公式选择三根合适的量针。

表 2-2-5　M 值及量针直径的简化计算公式

螺纹牙形角	M 计算公式	最 大 值	最 佳 值	最 小 值
60°（普通螺纹）	$M=d_2+3d_D-0.866P$	$1.01P$	$0.577P$	$0.505P$
30°（梯形螺纹）	$M=d_2+4.864\ d_D-1.866P$	$0.656P$	$0.518P$	$0.486P$
40°（蜗杆）	$M=d_2+3.924\ d_D-4.136P$	$2.466m_x$	$1.675m_x$	$1.61m_x$

注：表中 P 代表螺纹螺距。

选用量针直径（d_D）不能太大，如果太大，则量针横截面与螺纹牙侧不相切，无法量得中径的实际尺寸，如图 2-2-26（a）所示；量针也不能太小，如果太小，则量针陷入牙槽中，其顶点低于螺纹牙顶而无法测量，如图 2-2-26（b）所示。最佳值量针测量时的情况如图 2-2-26（c）所示。

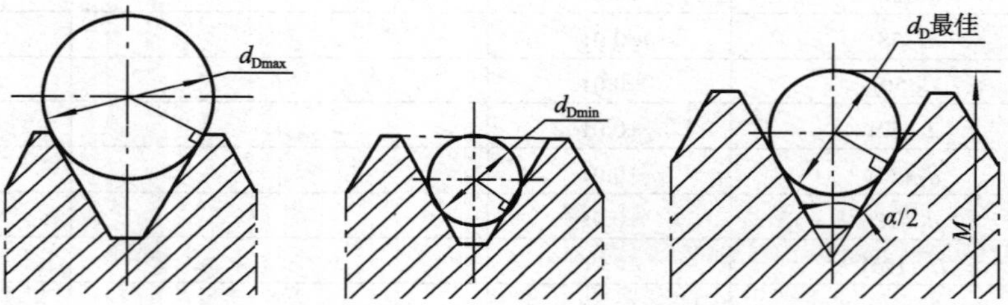

（a）　（b）　（c）

图 2-2-26　量针直径选择

（2）利用公式确定测量值 M 和中径 d_2 的关系。

（3）利用公式换算出梯形螺纹中径的测量值 M。

（4）量针沾少量黄油，分别放置于梯形螺纹两侧相对应的螺旋槽内。旋转公法线千分尺测力装置，使两测量面慢慢接近三针表面并贴紧。观察三针应趋于平行状态，并用手指不能抽出其中任何一根针，如图 2-2-25 所示。

（5）从刻度线的正面正视刻度，读数值即为测量值 M。

（6）用完后，仔细擦净千分尺，测量面抹上防护油并将两测量面分开 0.1 ~ 0.2 mm，不可将锁紧手柄拧紧，平放在盒内，置于干燥处。

任务实施三：用百分表测量导轨平行度

百分表可以测量工件的平行度、平面度、跳动、直径等形位公差，如何根据测量要求选择合适的百分表，如何通过操作、练习学会百分表测量的要领、动作，学会百分表的维护、保养，是本任务学习的主要内容。下面以杠杆百分表的使用为例来练习。

◎想一想：如图 2-2-27 所示的底板上的两根直线导轨的平行度应如何测量（工量具清单如表 2-2-6 所示）？

图 2-2-27　测量底板上直线导轨

表 2-2-6　用百分表测量导轨平行度工量具清单

序　号	工　具　名　称	数　量	备　注
1	THMDZT-1 型机械装调技术综合实训装置之二维工作台	1 套/组	
2	杠杆百分表及表座等	1 套/组	
3	M4 × 16 的内六角扳手	1 个/组	
4	橡皮锤	1 个/组	
5	调隙铜垫片	若干	

◎练一练：装配如图 2-2-28 所示底板上的两个直线导轨副，达到平行度 0.02 的要求。

（1）安装基准导轨。

① 将直线导轨放到底板上，用 M4 × 16 的内六角螺钉预紧导轨，用深度游标卡尺测量导轨与基准面距离并调整，如图 2-2-29 所示。

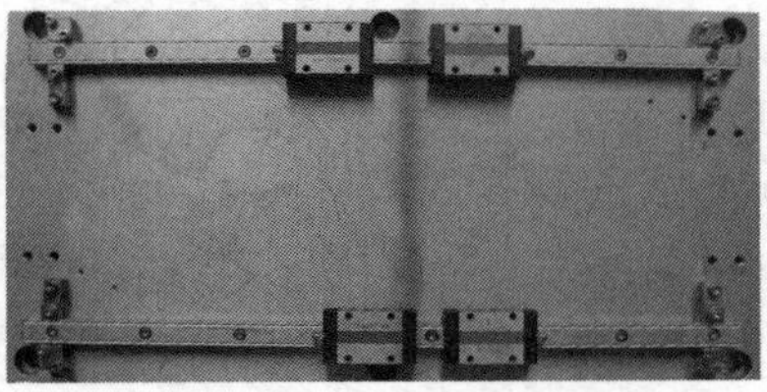

图 2-2-28　测量底板上的直线导轨副

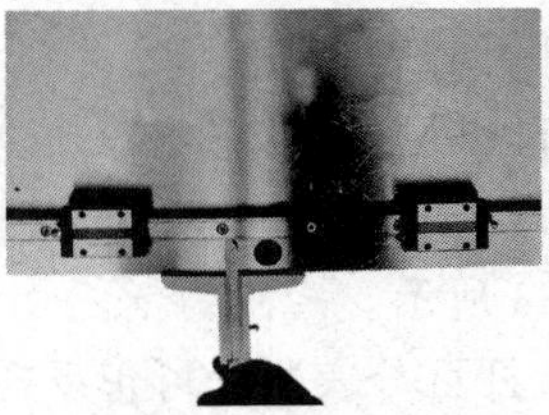

图 2-2-29　用游标卡尺测量距离

② 将杠杆式百分表吸在直线导轨的滑块上，百分表的表头接触底板侧基准面并有一定的预紧量。沿直线导轨滑动滑块，根据杠杆百分表读数确定导轨相对底板侧基准面地平行度误差，调整导轨与导轨基准块之间的垫片，使得导轨与基准面之间的平行度符合要求（<0.02 mm），然后拧紧导轨紧固螺钉 M4 × 16，如图 2-2-30 所示。

（2）安装第二根导轨。将另一根导轨装在底板上，用游标卡尺测量两导轨之间的距离并根据测量值调整第二根导轨的位置，如图 2-2-31 所示。

（3）测量两导轨间的平行度。以基准导轨为基准，将杠杆式百分表吸在基准导轨的滑块上，百分表的表头接触第二根导轨的侧面并有一定的预紧量，沿基准导轨滑动滑块，根据百分表读数确定两导轨间的平行度误差，调整第二根导轨与基准块之间的垫片，使得两导轨之间的平行度符合要求（<0.02 mm），然后拧紧导轨固紧螺钉 M4×16，如图 2-2-32 所示。

图 2-2-30　用杠杆式百分表测量平行度误差

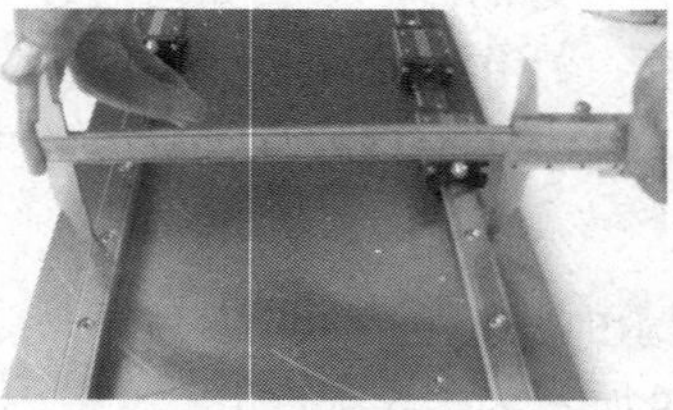

图 2-2-31　用游标卡尺测量距离并调整

图 2-2-32　用杠杆式百分表测量两根异轨的平行度误差

（4）复检导轨平行度误差。同步骤（3），复检两导轨的平行度误差。设定百分表指针顺时针摆动记录为“+”，则指针逆时针摆动记录为“-”。两导轨的最大平行度误差即为“+”、“-”间的区间数值。

（5）测量完成后，拆开百分表和磁性表座，平放于盒内。

◎小提示：杠杆式百分表使用时应注意以下事项。

（1）杠杆百分表的分度值为 0.01，测量范围不大于 1，其表盘是对称刻度的。测量时，不要使测量杆的行程超过其测量范围，测量头不能突然撞在零件上，不能测量表面粗糙或有显著凹凸不平的零件，以免损坏百分表。

（2）使用前，轻轻推动测量杆时，指针在表盘内灵活摆动，没有任何轧卡现象。检查球形表头，若磨损则不能再用。

（3）百分表的磁性表座要安放平稳，以避免测量结果不准确或摔坏百分表。

（4）可以根据测量需要搬动测杆以使表头与测量面保持水平状态，特殊情况角度应小于 25°，否则将导致测量误差，如图 2-2-33 所示。

（5）杠杆百分表测杆可正反向工作，应根据测量方向要求拨动表侧换向器到需要的位置上。

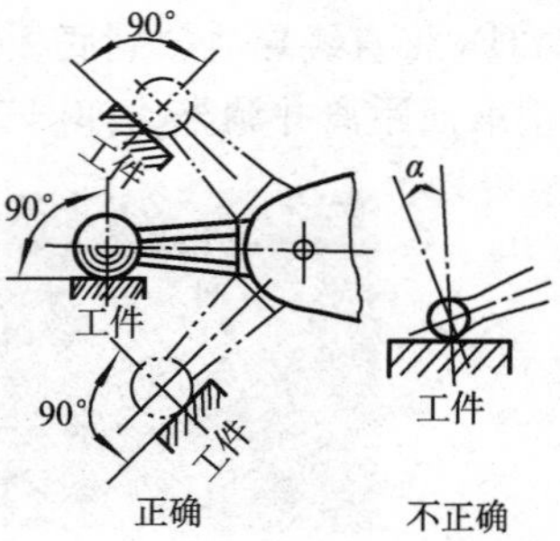

图 2-2-33　正确与错误测量角度

任务评价

用百分表测量导轨平行度评分表如表 2-2-7 所示。

表 2-2-7　用百分表测量导轨平行度评分表

序号	项　目	评　分　标　准	配 分	自 评	小组评	老师评	备 注
1	基准导轨与底板侧基准面间的平行度	0.02 mm	20				

续上表

序号	项　　目	评　分　标　准	配 分	自 评	小组评	老师评	备 注
2	两导轨间的平行度误差	0.03 mm	20				
3	磁性表座	连接可靠	10				
4	表头位置	测杆位置正确，表头无磨损且与测量面在同一平面内	20				
5	预紧量	0.3 ~ 0.5 mm	10				
6	工量具整理、摆放	正确、规范	20				
合　　计			100				

任务拓展：用内径百分表测量孔径

内径百分表用来测量孔径和孔的形状误差，尤其对于深孔测量极为方便。如图 2-2-34 所示，内径百分表在三通管的一端装着活动测量头，另一端装着可换测量头，垂直管口一端，活动测头的移动量可以在百分表上读出来。

内径百分表活动测头的移动量，小尺寸的只有 0 ~ 1 mm，大尺寸的可有 0 ~ 3 mm，它的测量范围是由更换或调整可换测头的长度来达到的。因此，每个内径百分表都附有成套的可换测头,使用前必须先进行组合和零位校对。

（1）组装内径百分表。将百分表装入连杆内，使小指针指在 0 ~ 1 的位置上，长针和连杆轴线重合，刻度盘上的字应垂直向下，以便于测量时观察，装好后应予紧固。

（2）校对零位。根据被测孔径大小正确选用可换测头的长度及其伸出距离，用外径千分尺调整好尺寸后才能使用，如图 2-2-35 所示。

（3）测量孔径。百分表连杆中心线应与工件中心线平行，不得歪斜，同时应在圆周上多测几个点，找出孔径的实际尺寸，如图 2-2-36 所示。

（4）测量完成后，拆开百分表、表架、可换测量头，将可换测量头擦净并抹上黄油。各物品平放于盒内。

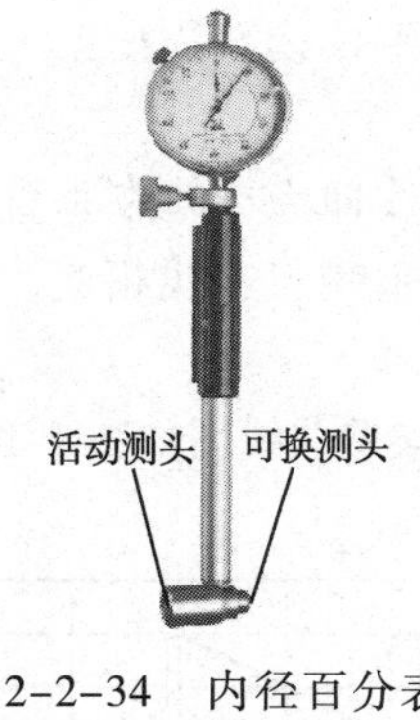

图 2-2-34　内径百分表

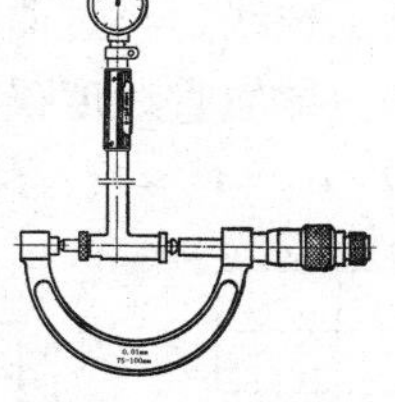

图 2-2-35　校对零位

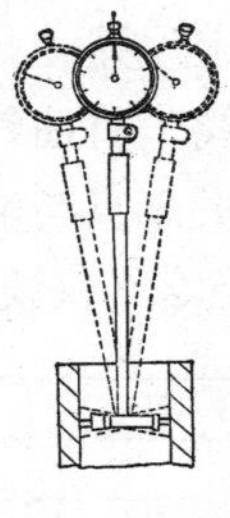

图 2-2-36　测量孔径

任务实施四：用框式水平仪测量导轨直线度

用尺寸为 200 mm × 200 mm、精度为 0.02 mm / 1 000 mm 的方框水平仪测量机床导轨直线度误差，通过练习可以学会正确使用水平仪，懂得巧用分段测量的方法测量长度较大的零件直线度误差，并学会水平仪的正确使用和保养要点。

◎想一想：框式水平仪规格只有 200 mm × 200 mm，怎样测长 1 600 mm 的导轨的直线度呢？测量过程中使用水平仪要注意什么问题？

◎练一练：用框式水平仪测量导轨直线度（工量具清单见表 2–2–8）。

表 2–2–8　用框式水平仪测量导轨直线度工量具清单

序　号	工　具　名　称	数　　量	备　　注
1	200 mm × 200 mm 框式水平仪	1 个/组	
2	清洁布	1 套/组	
3	黄油	1 个/组	
4	标准计算纸	张/组	

（1）放置：用清洁布擦净水平仪 V 形工作面和车床刀架表面，手握水平仪绝缘把手，将水平仪纵向轻轻放置在刀架上靠近前导轨处，如图 2–2–37 *A* 处所示。

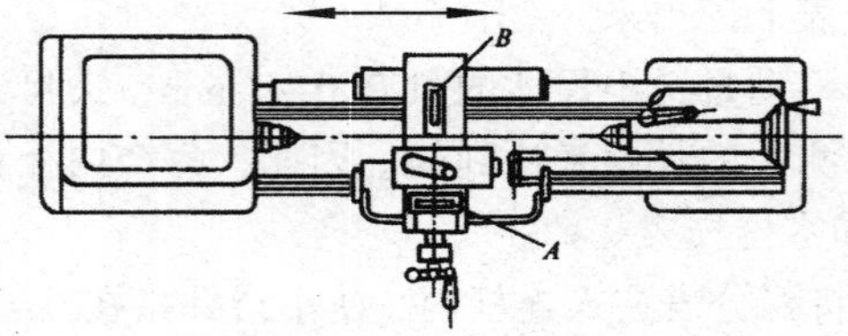

图 2–2–37　水平仪放置位置

（2）测量：从刀架处于主轴箱一端的极限位置开始，转动车床大托板手轮，使刀架自左向右移动，每次移动距离等于水平仪的边框尺寸 200 mm。

（3）记录：依次记录刀架在每一测量长度位置时的水平仪读数。

（4）画图：根据水平仪读数在标准计算纸中画出车床导轨误差坐标图（见图 2–2–38）。图中的坐标为：纵轴方向每一格表示水平仪气泡移动一格的数值；横轴方向表示水平仪的每段测量长度。

（5）描点、连线：由坐标原点开始，以刀架在起始位置时的水平仪读数描出第一点。其后每段相应读数都以前一描点为起点，累加后描出相应点。

（6）确定误差：依次连接各描点成一折线，各折线段组成的曲线即为导轨在垂直平面内直线度误差曲线。将曲线的首尾（两端点）连线，与过曲线最高点的垂线与连线相交，计算（或量出）曲线最高点与交点间的格数，即为导轨直线度误差的格数。

例：各点水平仪读数值依次为+1、+2、0、+1、+1、−1、0、−1，则误差曲线图如图 2–2–39 所示。

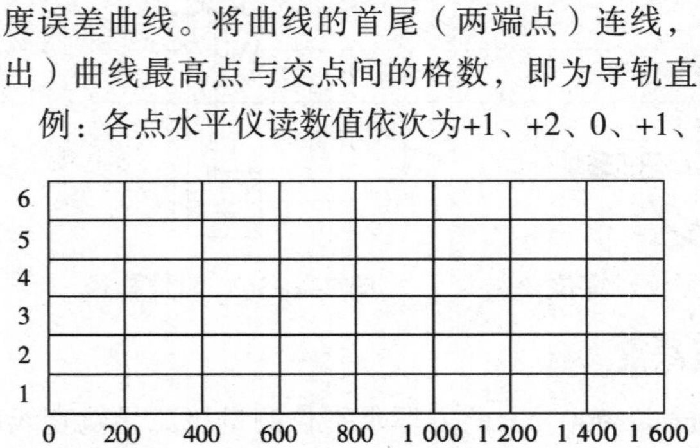

图 2–2–38　车床导轨误差坐标图

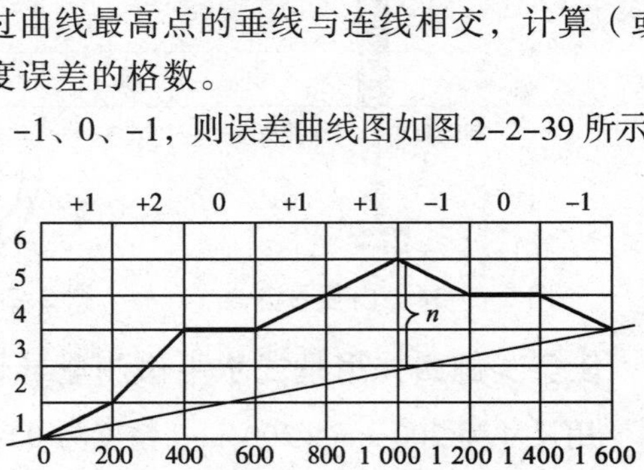

图 2–2–39　误差曲线图

（7）计算误差：如图 2-2-39 所示，导轨在全长范围内呈现出中间凸的状态，且最大凸起值在导轨 800 ~ 1 200 mm 长度处。

导轨的直线度误差

$$\delta = nil$$

式中　n——误差曲线中的最大误差格数；

i——水平仪的精度（0.02 mm / 1 000 mm）；

l——每段测量长度（mm）。

则如图 2-2-39 的导轨直线度误差值为：$\delta=3.125 \times 0.02/1\,000 \times 200=0.012\,5$ mm。

（8）保养：使用完水平仪后，擦净水平仪表面，在基准面等部位涂上防锈油并妥善保管。

◎小提示：

（1）测量前，要保证水平仪工作面和被测表面清洁，以防脏物影响测量的准确性。

（2）测量时，安放水平仪必须小心轻放，避免因测量面划伤而损坏水平仪和造成不应有的测量误差。两个 V 形测量面是测量的基准，不能与粗糙面接触或摩擦。当移动水平仪时，不允许水平仪工作面与工件表面发生摩擦。

（3）读数时视线应与水平仪保持正视，以免出现读数误差。

（4）描点时后一点应在前一点的基础上累加，切不可在纵坐标中以绝对值描点。

（5）误差格数为非整数时，目测或直接量得有一定误差。若要精确，可通过计算方法求得误差格数。如图 2-2-39 中，$3/(5-n)=1\,600/1\,000$，$n=3.125$（格）。

（6）图 2-2-37 中 B 处水平仪可调节中拖板、刀架的横向水平度。

任务评价

用框式水平仪测量导轨直线度评分表如表 2-2-9 所示。

表 2-2-9　用框式水平仪测量导轨直线度评分表

序号	项　目	评 分 标 准	配分	自评	小组评	老师评	备注
1	水平仪放置	做好清洁、位置正确	10				
2	水平仪读数、记录	正视、读数、记录准确	20				
3	大拖板运行	保证每次 200 mm	20				
4	作图	在标准计算纸上坐标建立正确，描点方式正确，连线精准	20				
5	计算	最大误差格数计算准确，根据公式计算直线度误差准确	20				
6	水平仪保养	擦净、上油均匀、适量	10				
合　计			100				

任务实施五：用万能角度尺测量多角样板角度

用万能角度尺测量角度，需要根根据测量角度对各组件进行熟练、准确地组装，并用正确的测量方法测量。

◎想一想：图 2–2–40 中的万能角度尺应如何组装？实测值应在读数的基础上加多少基值？

◎练一练：用万能角度尺测量图 2–2–40 所示的多角样板的各个角度，工量具清单如表 2–2–10 所示。

表 2–2–10　用万能角度尺测量多角样板角度的工量具清单

序　号	工　具　名　称	数　　量	备　　注
1	万能角度尺	1 把/2 人	
2	多角样板	1 个/2 人	
3	清洁布	若干	
4	防护油	若干	

（1）检查：检查各部件间的连接是否平稳可靠，检查万能角度尺零误差，基尺和直尺贴合面应不漏光，尺身和游标的零线应对齐，否则需读出零误差并计入最终测量值。

（2）组装：根据零件测量角度组装万能角度尺，将卡块锁紧螺母拧紧。

（3）清洁：用清洁布擦净万能角度尺测量面和零件被测量表面。

（4）测量：松开制动器并使其微微预紧，移动主尺做粗调整，将万能角度尺测量面作为基准，贴紧零件角度一面，万能角度尺缓缓沿着贴紧面向角度顶部移动，再转动游标背后的调节螺母做精细调整，直至万能角度尺两测量面在零件角度全长上接触良好，锁紧制动器。

（5）读数：先读尺身上整数读数，再读游标上小数读数。

（6）用清洁布清理万能角度尺，涂上防护油，然后将各组件安装完整，放入盒中。

◎小提示：

（1）测量时要注意不能将万能角度尺很用力地往测量角方向挤压，这样容易使角度尺两测量面和零件角度全长接触不良，导致测量误差，也容易损坏角度尺。

（2）测量被测零件内角时，应按 360°减被测量角的角度组装角度尺部件。读数也相应地应为 360°减去万能角度尺上的读数值后的值。例如在万能角度尺上的读数为 239°54′，则内角的测量值就是 360° − 239°54′=120°06′。

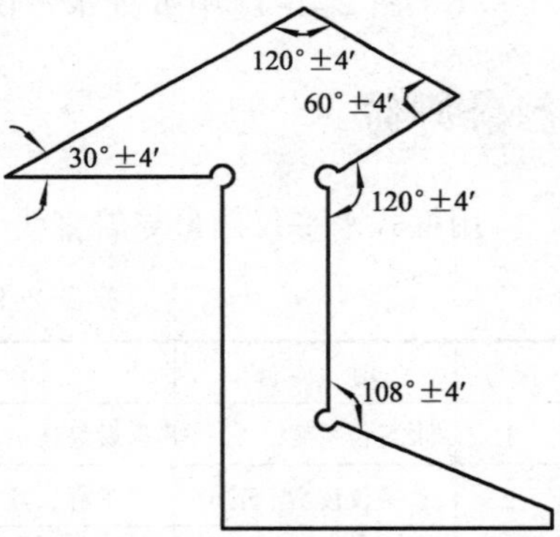

图 2–2–40　多角样板角度测量

任务评价

用万能角度尺测量多角样板角度的评分表如表 2–2–11 所示。

表 2–2–11　用万能角度尺测量多角样板角度评分表

序号	项　　目	评　分　标　准	配 分	自 评	小组评	老师评	备 注
1	角度尺组装	按照被测角度组装熟练、准确	20				
2	测量动作	测量步骤准确，动作合理有序	20				
3	测量准确性	五个角测量、读数误差均在 ± 4 范围内	50				
4	角度尺维护保养	擦净、上油均匀、适量	10				
合　　计			100				

思考与练习

一、填空题

1. 一字螺钉旋具一般由_______、_______和_______组成，其规格以刀体部分的_______来表示。

2. 手动螺钉旋具加力技巧为七分________、三分________，注意“三点一线”，使螺钉旋具手柄与安装板平面保持________。

3. 机动螺钉旋具配合________，可对不同形状、规格的螺钉拧紧或旋松，适合在大批量流水线上使用。

4. 拧紧和拆卸螺钉的顺序：对于正方形成组螺钉，要按________装拆；对于长方形成组螺钉，应从________开始逐步向________对称扩展；对于圆形成组螺钉，必须以________对称地按序进行。

5. 扳手一般分为_______和专用扳手。其中专用扳手包括_______、_______、_______和_______等。

6. 呆扳手使用时应使扳手开口与被旋拧件配合好后再用力，如接触不好时就用力________。

7. 梅花扳手使用时要注意选择合适的________、________，以防滑脱伤手，将扳手沿紧固件轴向插入扳手，________拧转紧固件。

8. 套筒扳手特别适用于拧转________或________的螺栓或螺母，且凹孔的直径不适合用开口扳手、活动扳手或梅花扳手等。

9.________用来锁紧各种结构的圆螺母。

10. 扭矩扳手可分为_______式、_______式两种，适用于对_______有明确规定的装拆。

11. 机械装配和调试中常用的钳子有________、________、________等。

12. 轴用挡圈钳和孔用挡圈钳主要区别：轴用挡圈钳是拆装________弹簧挡圈的专用工具，手把握紧时钳口是________的；孔用挡圈钳是拆装________弹簧挡圈用的，手把握紧时，钳口是________的。

13. 轴承拆卸器主要用于拆卸________，还可用来拆卸各种________、________、________、_______等。

14. 游标卡尺是一种________测量精度的量具，可直接量出工件的________、________、________、________、________、________等。

15. 用游标卡尺测量时，卡爪测量面必须与工件的表面________或________，不得歪斜。且用力不能________，以免卡脚变形或磨损，影响测量精度。

16. 用游标卡尺测量内径尺寸时，应轻轻摆动卡爪，找出________。而测沟槽时应找出________。

17. 如图 2-2-41 所示的 0.02 mm 精度的游标卡尺的读数值是________mm、________mm。

18. 千分尺是一种________的测微量具，其最小刻度为________ mm。

19. 千分尺的读数方法是：首先读出微分筒边缘在固定套管（主尺）上的________数和________数，然后读出与固定套管上基准线对齐的微分筒刻线的________数，读数相加就是测得的实际尺寸。

20. 用千分尺测量时，应用左手拿住________部分，右手转动________至发出“吱吱”声响为止，测量力要适度。

21. 如图 2-2-42 所示的千分尺的读数值是________ mm、________mm。

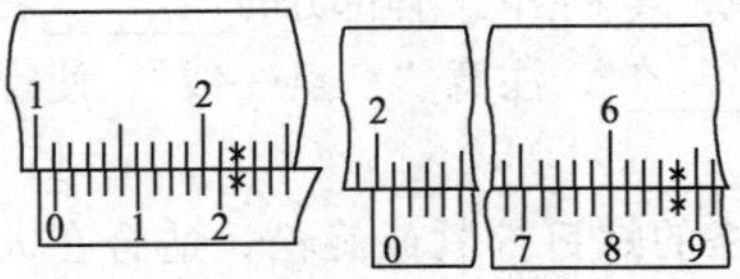

图 2-2-41　17 题图

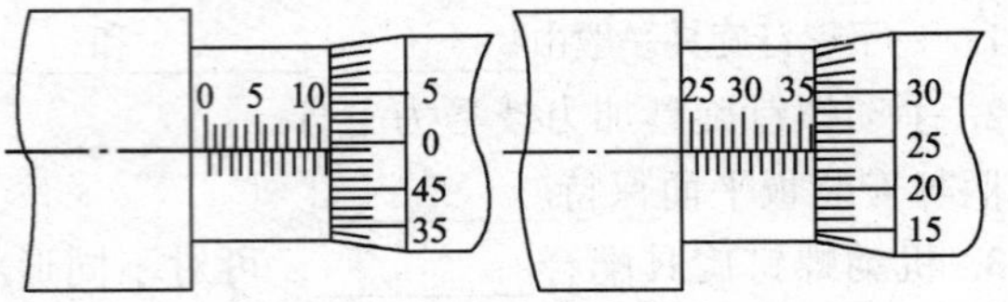

图 2-2-42　21 题图

22. 水平仪主要用于检验各种机床及其他类型设备导轨的________和设备安装的________、________、________和________，也可测量零件的微小倾角。

23. 常用的水平仪有________水平仪和________水平仪等。

24. 框式水平仪水准泡的刻度值精度 0.02 mm 表示在________ mm 长度上水准泡偏移一格被测表面倾斜的高度差 H 为________ mm。

25. 图 2-2-43 表示水平仪逆时针方向倾斜，气泡向右移动偏右零刻线两格，读数为________。

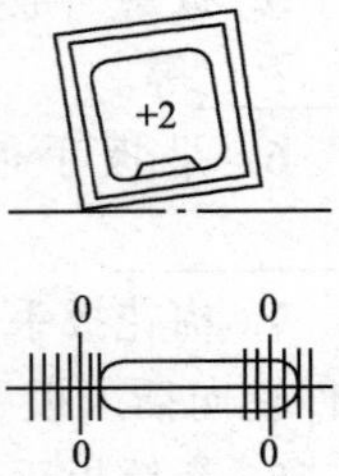

图 2-2-43　25 题图

26. 用框式水平仪测量车床导轨直线度误差，可用________测量法，然后根据各段的测量读数，绘出误差坐标图，以确定其误差的________。

27. 用尺寸为 200 mm × 200 mm、精度为 0.02 mm / 1000 mm 的框式水平仪测量车床导轨直线度误差时，若误差曲线中的最大误差格数为 2.3 格，每段测量长度为 200 mm，则导轨直线度误差值 δ 为________。

28. 百分表是钳工常用的一种________量具，用来检验机床________、校正零件的________和测量工件尺寸、形状和位置的微量偏差，其优点是方便、可靠、迅速。

29. 除钟式百分表外，按结构和功能的不同，百分表还有________百分表和________百分表等。

30. 内径百分表都附有成套的可换测头，使用前必须先进行________和校对________。

二、判断题

1. 使用螺钉旋具前应先擦净它的柄部和刃口的油污，以免工作时滑脱而发生意外，使用后也要擦拭干净。（　）

2. 找不到合适的螺钉旋具时，可以用较大的螺钉旋具去旋拧较小的螺钉。（　）

3. 使用时，不可用螺钉旋具当撬棒或凿子使用。（　）

4. 不要用螺钉旋具旋紧或松开握在手中工件上的螺钉，应将工件夹固在夹具内，以防伤人。（　）

5. 螺钉拧得过紧时，应用锤击螺钉旋具手把柄端部的方法撬开缝隙或剔除金属毛刺及其他的物体。（　）

6. 不能在扳手尾端加接套管延长力臂，以防损坏扳手。（　）

7. 不能用钢锤敲击扳手，扳手在冲击载荷下极易变形或损坏。（　）

8. 不能将公制扳手用于英制螺栓或螺母，也不能将英制扳手用于公制螺栓或螺母，以免造成打滑而伤及使用者。（　　）

9. 使用扭矩扳手测定紧固件的力矩值应设定在扳手最大量程的 1/3 至 3/4 之间，禁止满量程使用扭矩扳手。（　　）

10. 不能在扭矩扳手尾端加接套管延长力臂，以防损坏预置式扭矩扳手。（　　）

11. 扳手使用完毕后，要将其调至最小的扭矩，使测力弹簧充分的放松，使用寿命延长。（　　）

12. 游标卡尺可以测量工件的外径、内径、长度、宽度、厚度、深度、高度等。（　　）

13. 没有划线工具时，游标卡尺可以代替划线工具进行划线。（　　）

14. 用千分尺测量工件时，应转动活动套管并拧紧，以保证测量的准确性。（　　）

15. 用公法线千分尺三针测量螺纹的尺寸必须经过换算才能得到螺纹中径的实际值。（　　）

16. 百分表可以直接测量出工件的实际尺寸。（　　）

17. 钟式百分表测量杆必须垂直于被测量表面，否则测量结果不准确。（　　）

18. 内径百分表用来测量孔径和孔的深度和孔的形状误差。（　　）

19. 百分表比千分尺更精确，其最小读数值是 0.005 mm。（　　）

20. 游标卡尺尺身和游标上的刻线间距都是 1 mm。（　　）

21. 游标卡尺是一种常用量具，能测量各种不同精度要求的零件。（　　）

22. 0 ~ 25 mm 千分尺放置时两测量面之间须保持一定间隙。（　　）

23. 千分尺上的棘轮，其作用是限制测量力的大小。（　　）

24. 塞尺也是一种界限量规。（　　）

25. 水平仪用来测量平面对水平或垂直位置的误差。（　　）

26. 水平仪的读数方法有相对读数法和绝对读数法。（　　）

27. 万能角度尺可以测量 0° ~ 320°的任何角度。（　　）

28. 使用电动工具时，必须握住工具手柄，但可拉着软线拖动工具。（　　）

三. 选择题

1. 工作完毕后，所用过的工具要（　　）。
   A. 检修　B. 堆放　C. 清理、涂油　D. 交接

2. 用测力扳手使（　　）达到给定值的方法是控制扭矩法。
   A. 张紧力　B. 压力　C. 预紧力　D. 力

3. 在拧紧圆形或方形布置的成组螺母时，必须（　　）。
   A. 对称进行　B. 从两边开始对称进行
   C. 从外向里　D. 无序

4. 对于形状简单的静止配合件拆卸时，可用（　　）
   A. 拉拔法　B. 顶压法　C. 温差法　D. 破坏法

5. 工作完毕后，所用过的（　　）要清理、涂油。
   A. 量具　B. 工具　C. 工量具　D. 器具

6. 拆装内六角螺钉时，使用的工具是（　　）。

A. 套筒扳手　　B. 内六方扳手　　C. 锁紧扳手

7. 手电钻装卸钻头时，按操作规程必须用（　　）。

A. 钥匙　　B. 榔头　　C. 铁棍　　D. 管钳

8. 使用电钻时应穿（　　）。

A. 布鞋　　B. 胶鞋　　C. 皮鞋　　D. 凉鞋

9. 量具在使用过程中，与工件(　　)放在一起。

A. 不能　　B. 能　　C. 有时能　　D. 有时不能

10. 发现精密量具有不正常现象时，应（　　）。

A. 自己修理　　B. 及时送交计量修理

C. 继续使用　　D. 可以使用

11. 长度尺寸 45±10 mm 选用（　　）测量较为合适。

A. 游标卡尺　　B. 外径千分尺　　C. 百分表

12. 精度为 0.02 mm 的游标卡尺其 0.02 表示（　　）。

A. 副尺每格 0.02 mm　　B. 主尺比副尺每格多 0.02 mm

C. 副尺比主尺每格多 0.02 mm

13. 轴的直径 $40_{-0.02}^{\ 0}$ mm 应选用（　　）测量。

A. 0 ~ 25 的千分尺　　B. 25 ~ 50 的千分尺

C. 50 ~ 75 的千分尺

14. 用 200 mm × 200 mm、精度为 0.02 mm 的框式水平仪进行测量，主水准泡偏移了三格，则水平仪两端的高度差 h 为（　　）mm。

A. 0.02　　B. 0.03

C. 0.06　　D. 0.012

15. 测量深孔直径应选用（　　）。

A. 钟面式百分表　B. 杠杆百分表　　C. 内径百分表

16. 千分尺测微螺杆的测量位移是（　　）mm。

A. 25　　B. 50　　C. 100　　D. 150

17. 对于加工精度要求（　　）的沟槽尺寸，要用内径千分尺来测量。

A. 一般　　B. 较低　　C. 较高　　D. 最高

18. 内径千分尺的活动套筒转动一圈，测微螺杆移动（　　）mm。

A. 1　　B. 0.5　　C. 0.01　　D. 0.001

19. 内径千分尺可测量的最小孔径为（　　）mm。

A. 5　　B. 50　　C. 75　　D. 100

20. 百分表制造精度分为 0 级和 1 级两种。0 级精度（　　）。

A. 高　　B. 低　　C. 与 1 级相同

21. 百分表每次使用完毕后要将测量杆擦净，放入盒内保管，应（　　）。

A. 涂上油脂　　B. 上机油

C. 让测量杆处于自由状态　　D. 拿测量杆，以免变形

22. 内径百分表盘面有长短两个指针，短指针一格表示（　　）mm。

A. 1　　B. 0.1　　C. 0.01　　D. 10

23. 内径百分表的测量范围是通过更换(　　)来改变的。

A. 表盘　　B. 测量杆　　C. 长指针　　D. 可换触头

24. 用内径百分表可测量零件孔的（　　）。

A. 尺寸误差和位置误差　　B. 形状误差和位置误差

C. 尺寸误差、形状误差和位置误差　　D. 尺寸误差和形状误差

25. 内径百分表表盘沿圆周有（　　）个刻度。

A. 50　　B. 80　　C. 100　　D. 150

四、问答题

1. 拧紧和拆卸螺钉需要用到哪些工具？需要注意哪些事项？
2. 使用活动扳手应注意哪几点？
3. 拧紧、拆卸螺栓或螺母可以用哪些工具？顺序应是怎样的？
4. 使用扭矩扳手和棘轮扳手分别应注意哪些事项？
5. 复述用机械式三爪拉马拆卸 Z512 台钻主轴带轮的过程。
6. 试述游标卡尺的读数原理和读数方法。
7. 试述千分尺的读数原理和读数方法。
8. 量具应怎样维护与保养？
9. 30°梯形螺纹的中径为 $33_{-0.453}^{-0.118}$ mm，试计算用三针测量时三针的最佳直径。

项目 3

机械传动装置的安装与调试

情景导入

常用的机械传动装置包括带传动、链传动、齿轮传动、蜗轮蜗杆传动等。学会这些机械传动装置的安装与调试方法、技巧，有助于提高机械装配和调试的基本技能，为部件以及整机的安装与调试夯实基础。

项目目标

- 了解各种传动机构的组成、结构、类型、性能、特点、应用；
- 熟悉并能正确理解各种传动机构的装配技术要求；
- 熟练掌握各种传动机构的装配要点，做到装配方法和步骤合理、正确，装配动作熟练且能符合装配技术要求；
- 掌握 V 带、同步齿形带的安装及带张紧力的控制方法；
- 掌握链传动的安装及张紧力控制方法；
- 掌握圆柱齿轮机构、圆锥齿轮机构箱体的质量检测以及齿轮的装配及啮合质量检验方法；
- 掌握蜗轮蜗杆传动机构箱体的质量检测蜗杆、蜗轮的装配及啮合质量检验方法；
- 熟练使用各种工量具和专用测量器具、装拆器具；
- 领会并按照“7S”要求保养和存放工具、量具和其他器材、设备。

任务 1　带传动的安装与调试

知识链接

一、带传动的组成、特点、应用

带传动是一种常用的机械传动，是利用张紧在带轮上的柔性带进行运动或动力传递的一种机械传动。根据传动原理的不同，有靠带与带轮间的摩擦力传动的摩擦型带传动，也有靠带与带轮上的齿相互啮合传动的同步带传动。与链传动、齿轮传动相比，带传动具有以下优点：适用于远距离传动，能缓冲和吸收振动，传动平稳、噪声小，过载时带传动打滑可以防止其他零件损坏，结构简单，制造、安装和维护均较方便等，因此得到了广泛应用，如卧式车床电动机到主轴箱间的传动，台钻电动机到主轴的传动等都采用带传动，如图 3-1-1 所示。但其缺点是不能保证准确的传动比，因张紧力较大而对轴压力大，相对于链传动寿命短、摩擦产生静电，一般不宜用于有易燃物场所等。

图 3-1-1　台钻用带传动

二、带传动的类型

常用摩擦型带传动：按带的截面形状分有平带传动、V 带传动、多楔带传动等，如图 3-1-2 所示。

其中 V 带安装在带轮轮槽内，两侧面为工作面，在同样初拉力的作用下，其摩擦力是平带传动的 3 倍左右，故应用广泛。

多楔带可传递很大的功率。多楔带传动兼有平带传动和 V 带传动的优点，柔韧性好、摩擦力大，主要用于传递大功率而结构要求紧凑的场合。

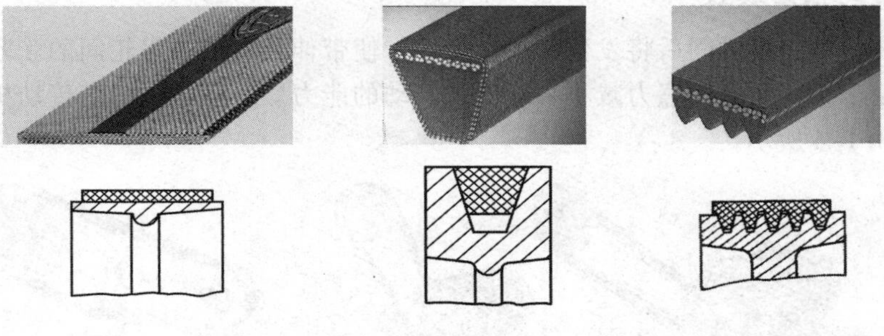

（a）平带传动　（b）V 带传动　（c）多楔带传动

图 3-1-2　摩擦型带传动类型

常用的啮合型带传动为同步带传动，如图 3-1-3 所示。

早在 1900 年已有人研究并提出同步带传动的专利，但直到在二战后随着工业的发展才得到重视。1940 年由美国的一家橡胶公司首先加以开发，后来被用到缝纫机、传线管的同步传动上，取得显著效益，再被逐渐引用到其他机械传动上。同步带传动的开发、应用，虽然至今仅 70 年，但与普通带传动相比，同步带钢丝绳制成的强力层受载后变形极小，齿形带的周节基本不变，带与带轮间无相对滑动，传动比恒定、准确；齿形带薄且轻，可用于速度较高的场合，传动时线速度可达 40 m/s，传动比可达 10，传动效率可达 98%；结构紧凑，耐磨性好；由于预拉力小，承载能力也较小；制造和安装精度要求很高，要求有严格的中心距，故成本较高。

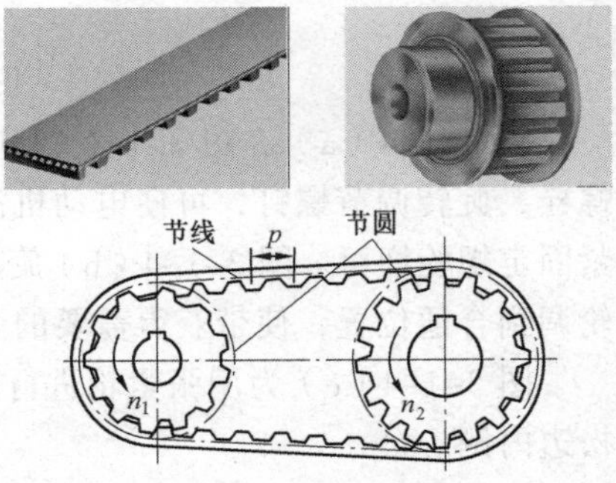

图 3-1-3　同步带啮合

同步带传动主要用于要求传动比准确的场合，如计算机、录音机、高速机床、数控机床、汽车发动机、纺织机械等。

三、V 带传动机构的装配技术要求

（1）控制带轮安装后的圆跳动量。带轮在轴上的安装精度要求一般如下：带轮的径向圆跳动公差和端面圆跳动公差为 0.2 ~ 0.4 mm。

（2）两带轮的相对位置要求。安装后两带轮轮槽的中间平面与带轮轴线垂直度误差小于 1°，两带轮轴线应相互平行，相应轮槽的中间平面应重合，其误差不超过 ± 20'，否则带宜脱落或加快带侧面的磨损。

（3）带轮轮槽表面要求。带轮轮槽表面的表面粗糙度要适当，一般取 *Ra* 为 3.2 μm。表面过于光滑，易使传动带打滑，过于粗糙则传动带工作时易发热而加剧磨损。轮槽的棱边要倒圆或倒钝。

（4）包角要适当。带在带轮上的包角不能太小。因为当张紧力一定时，包角越大，摩擦力也越大。对 V 带来说，其小带轮包角不能小于 120°，否则也容易打滑。

（5）带张紧力适当。张紧力不足，则传递载荷的能力降低，效率也低，且会使小带轮急剧发热，加快带的磨损；张紧力过大，则会使带的寿命降低，轴和轴承上的载荷增大，轴承发热与加速磨损。因此，带的张紧力要适当且调整方便。

四、V 带的张紧装置

由于带在使用一定时间后将发生永久性变形，使带伸长、带与带轮间的张紧力减小，从而使得带与带轮工作表面的摩擦力减小，降低带传动的能力。所以常用的带传动机构中都有张紧装置，如图 3-1-4 所示。

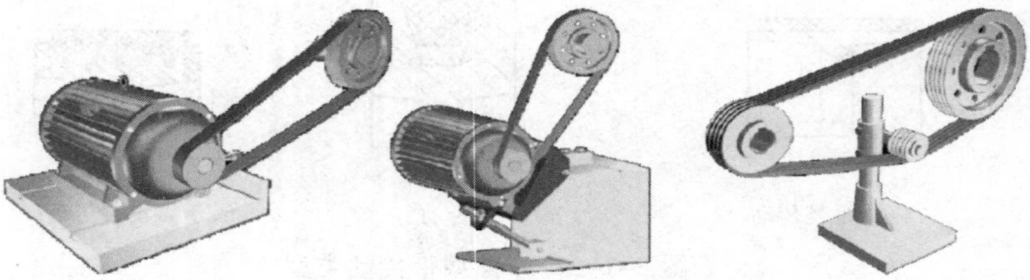

（a）　　（b）　　（c）

图 3-1-4　带传动的张紧装置

图 3-1-4（a）、图 3-1-4（b）属于调节中心距张紧。图 3-1-4（a）中放松固定电动机的螺栓，旋转调节螺钉，可使电动机沿导轨移动，调节带的张紧力，当带轮调到合适位置时，拧紧固定螺栓即可。图 3-1-4（b）旋转电动机下方的调整螺母，使电动机机座绕转轴转动，将带轮调到合适位置，使带获得需要的张紧力，然后拧紧调整螺母，即可固定电动机机座位置。

图 3-1-4（c）为用张紧轮进行张紧，用于固定中心距传动。V 带张紧轮安装在靠近大带轮松边内侧。

五、同步带及带轮基本知识

1. 同步带结构

同步带的工作面做成齿形，带轮的轮缘表面也做成相应的齿形，带与带轮靠齿的啮合传递运动和动力。同步齿形带一般采用细钢丝绳作为强力层，如图 3-1-5 所示，外面包覆聚氯酯或氯丁橡胶。强力层中线定为带的节线，节线周长为同步带的公称长度，如图 3-1-6 所示。

2. 同步带参数

同步带的最基本参数是节距 p 和模数 m。为此，国际上有节距制和模数制两种标准。其中节距制即同步带的主要参数是带齿节距，按节距大小不同，相应带、轮有不同的结构尺寸。该种规格制度目前被列为国际标准。

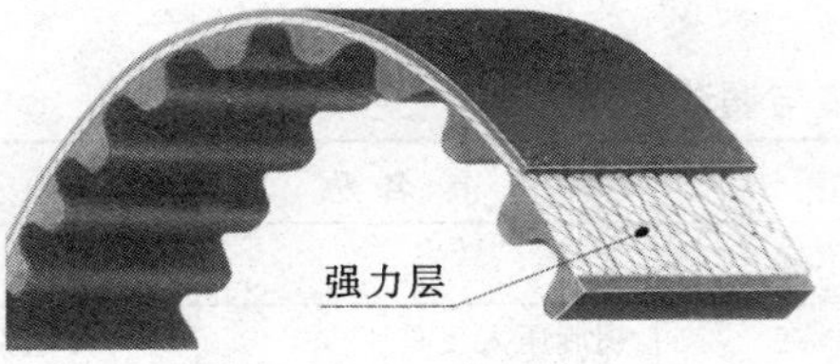

图 3-1-5　同步带结构

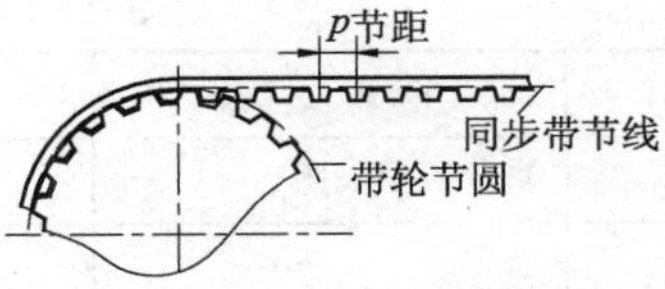

图 3-1-6　同步带节线

3. 同步带轮

同步带轮有无挡圈、单边挡圈、双边挡圈等三种结构形式，如图 3-1-7 所示。若两轮的中心距大于最小带轮直径的 8 倍时，则两带轮应有侧边挡圈。因为随着中心距的增加，带滑脱带轮的可能性也会增加。

（a）无挡圈带轮　（b）单边挡圈带轮　（c）双边挡圈带轮

图 3-1-7　同步带轮结构形式

4. 同步带的张紧

由于同步带靠啮合力传递运动和动力，所以同步带传动的张紧力比 V 带传动的要小。但若同步带的张紧力过小，带将被轮齿向外压出，致使齿的啮合位置不正确，易发生带的变形，从而降低同步带的传递功率。若带变形太大，同步带将在带轮上发生跳齿现象，易导致带与带轮的损坏。因此，保持适当的张紧力对同步带传动是重要的。目前许多企业广泛采用同步带张紧度测量仪以检查同步带的张紧程度。

同步带的张紧方法同 V 带。

任务实施

任务实施一： V 带传动的安装与调试

V 带传动的主要组成是主、从动带轮和 V 带。因此，V 带传动的安装主要包括带轮安装到带轮轴上和 V 带安装到带轮上并根据装配要求进行调整。

◎想一想：

（1）带轮一般安装在轴端，轴与带轮有哪几种连接方式？装配时要注意什么问题？

（2）V 带安装的要点是什么？安装后如何调整？

◎**练一练**：V带轮的拆装。

对THMDZT-1实训装置中V带轮进行拆装。了解带轮的拆装步骤，需要的工具如表3-1-1所示。

表 3-1-1　V 带传动的安装与调试工量具清单

序　号	工具名称	数　量	序　号	工具名称	数　量
1	百分表及表座	1套/组	6	木锤	1把/组
2	塞尺	1把/组	7	螺旋压入工具	1套/组
3	钢直尺	1把/组	8	清洁布	若干
4	三爪拉马	1套/组	9	润滑油	若干
5	套筒扳手	1套/组			

1. 拆卸带轮

拆卸带轮前必须看清带轮孔与轴的连接方式，然后采用适当的方法拆卸。

一般带轮孔和轴的连接采用过渡配合（H7/k6），这种配合有少量过盈，对同轴度要求较高。为了传递较大的转矩，需用键和紧固件等进行外圆周向固定和长度轴向固定。图3-1-8所示为带轮与轴的几种连接方式，其中图3-1-8（a）为轴向固定为轴肩、轴端挡圈；图3-1-8（b）为轴向固定轴套、轴端挡圈；图3-1-8（c）为轴端圆锥面轴加半圆键连接；图3-1-8（d）图为楔键连接。

下面以图3-1-8（a）为例说明带轮的拆卸：

（1）用套筒扳手拆下轴端挡圈的紧固螺钉；

（2）拆下轴端挡圈；

（3）用三爪拉马拆下带轮，如图3-1-9所示；

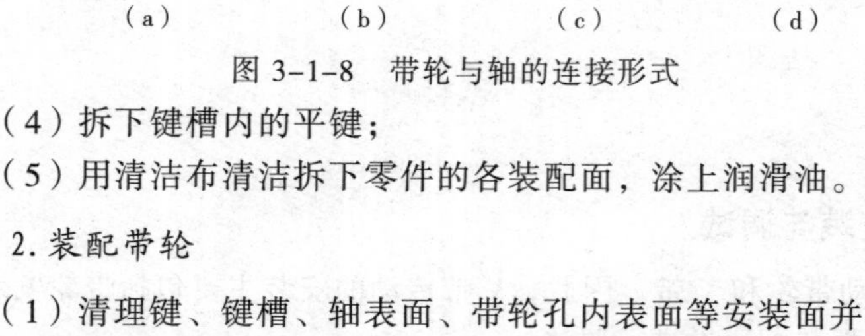

（a）　（b）　（c）　（d）

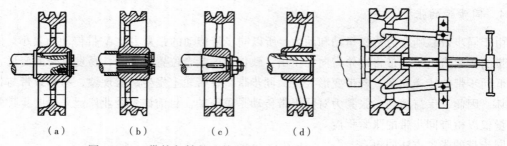

图 3-1-8　带轮与轴的连接形式

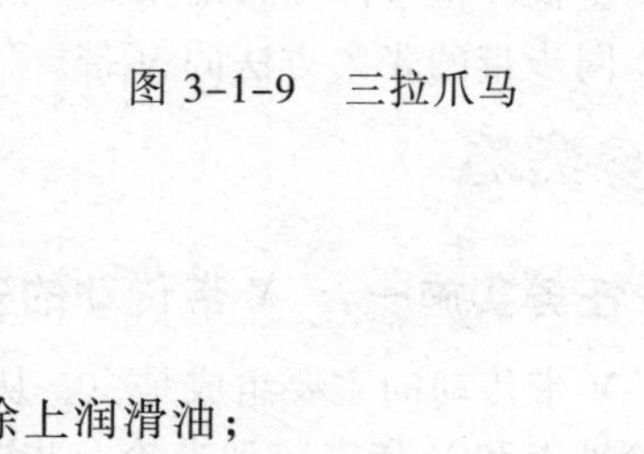

图 3-1-9　三拉爪马

（4）拆下键槽内的平键；

（5）用清洁布清洁拆下零件的各装配面，涂上润滑油。

2. 装配带轮

（1）清理键、键槽、轴表面、带轮孔内表面等安装面并涂上润滑油；

（2）将带轮装上轴。

将带装上轴的方法有锤击法和压入法等。锤击法一般用木锤锤击带轮。由于带轮通常用铸铁（脆性材料）制造，故当用锤击法装配时，应避免锤击轮缘，锤击点尽量靠近轴心。带轮的装拆也可用图3-1-10所示的螺旋压力工具压入。

3. 带轮检测

（1）用百分表检测带轮的端面圆跳动和径向圆跳动，如图 3–1–11 所示，径向圆跳动公差和端面圆跳动公差为 0.2 ~ 0.4 mm。

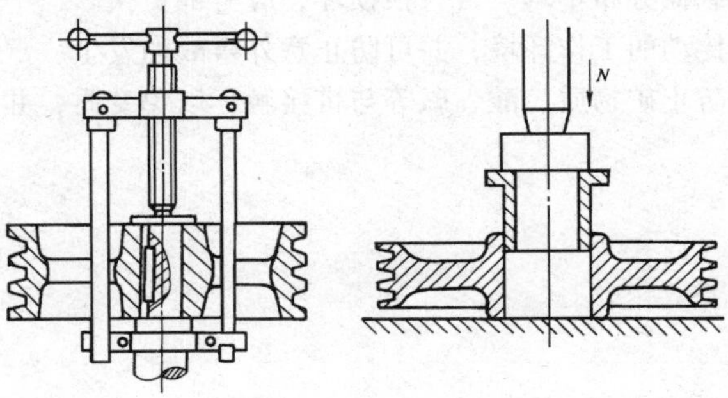

（a）　　　　　　　　　（b）

图 3–1–10　螺旋压入工具

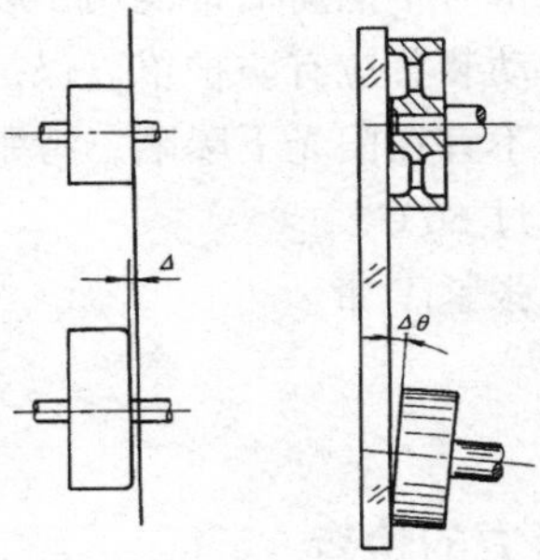

图 3–1–11　带轮跳动

（2）用钢尺检查两带轮的相互位置误差，如图 3–1–12 所示。达到两带轮轮槽的中间平面与带轮轴线垂直度误差范围为 ± 30'；两带轮轴线应相互平行，相应轮槽的中间平面应重合，其误差范围为 ± 20'。根据两带轮中心距，换算成钢尺与带轮间的间隙，用塞尺直接测量间隙，以控制带轮的安装位置误差。

◎**练一练**：V 带的安装与调试。

（1）正确选择 V 带型号。

首先要识读普通 V 带的标记，如 A 2240 GB/T 1171—2017。其含义为：A 型普通 V 带，基准长度 L_d = 2 240 mm，标准号为 GB/T 1171—2017。V 带有 Y、Z、A、B、C、D、E 这 7 种型号，7 种 V 带的截面尺寸各不相同，相对应的带轮轮槽截面也各不相同。因此必须正确选择 V 带的型号和长度。

（2）将两带轮的中心距调小，然后将 V 带先套在小带轮上，再将 V 带旋进大带轮（不要用带有刃口锋利的金属工具硬性将带拨入轮槽，以免损伤带）。

（3）检查带在轮槽中的位置是否正确。带在带轮轮槽中的正确位置如图 3–1–13（a）所示。而图 3–1–13（b）、图 3–1–13（c）所示为带的型号选择错误。

（4）带的张紧。用大拇指按压带紧边中间位置，一般经验值为能压下 10～15 mm 为宜。

（5）装好带传动的防护罩。

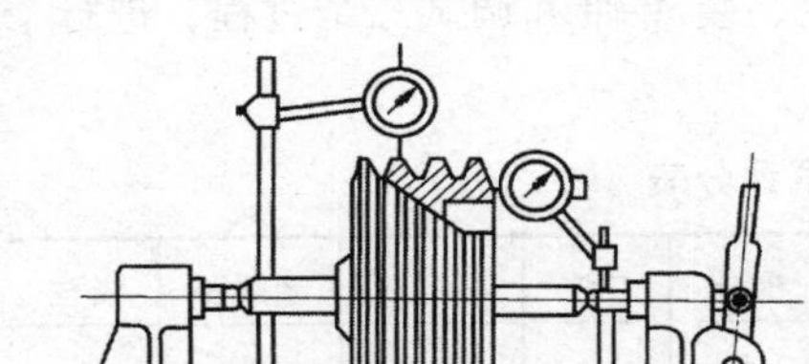

图 3–1–12　带轮跳动检测

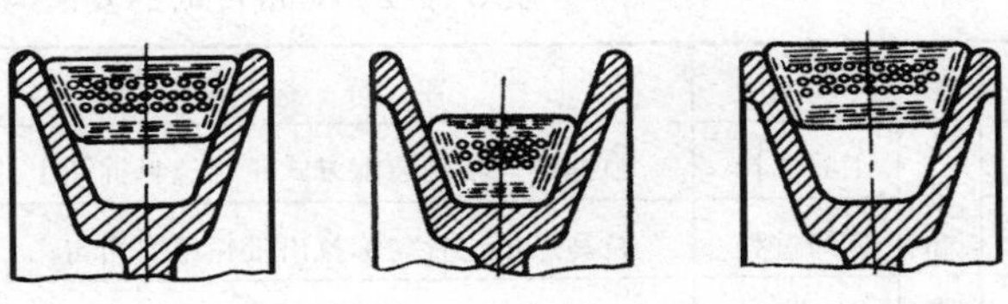

（a）　　　　（b）　　　　（c）

图 3–1–13　带在槽轮中的位置

◎小提示：

（1）带的张紧力要适度。大拇指按压是一种经验操作方法，若要精确控制带的张紧力，则需通过计算和查表，确定测量载荷 G 和挠度 y，来判断带的张紧力是否合适。

（2）多根带时不能新旧带混用，以免载荷分布不均。若一根损坏，应全部更换。

（3）带传动装置应有防护罩以保护带传动的工作环境，并可防止意外事故的发生。5

（4）V 带不宜在阳光下曝晒，特别要防止矿物质、酸、碱等与带接触，以免变质，并且工作温度不宜超过 60℃。

（5）定期张紧 V 带。

任务拓展

V 带张紧力的检查

带传动的张紧力对其传动能力、寿命和轴向压力都有很大影响。张紧力不足，带易在带轮上打滑而急剧磨损；张紧力过大则降低带的使用寿命且增大轴和轴承的载荷。因此需要相对精确的、适当的张紧力。

1. 张紧力计算

如图 3-1-14 所示，在带与带轮的公切线中点处加垂直于带的载荷 G，通过测量产生的带的挠度 y 来确定带的张紧力。计算公式如下

$$y=1.6l/100\ (\text{mm})$$

式中 y——测得的挠度；

l——带两切点间的距离。

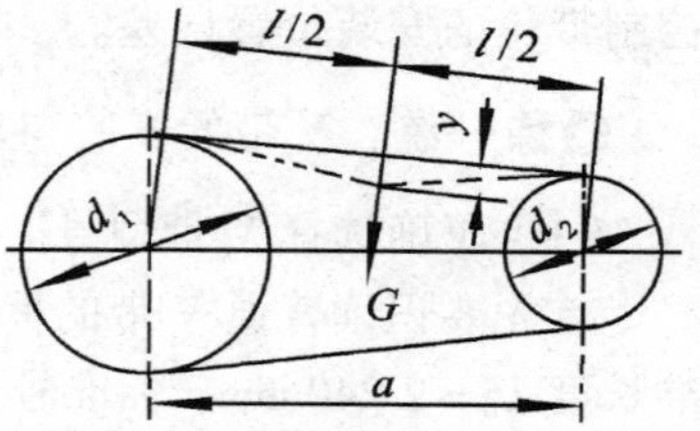

图 3-1-14

测量载荷 G 的大小与小带轮直径、带型号、带速有关，具体可查阅有关机械设计手册。

2. 张紧力确定

若实际测得挠度大于计算所得，说明带松，张紧力小于规定值；反之，说明带张得过紧。带过松或过紧都不符合传动要求，应予以进一步调整。

任务评价

对 THMDZT-1 实训装置中 V 带轮进行拆装。从拆带轮、装 V 带和调试三个过程，进行个人评价、小组互评和教师评价，如表 3-1-2 所示。

表 3-1-2　V 带传动的安装与调试评分表

序号	项目		评分标准	配分	自评	小组评	老师评	备注
1	拆卸带轮	工具选择	根据带与轴的装配方式正确选择拆卸工具	5				
2		拆卸过程	拉马三爪位置匀称拉出带轮施力均匀	10				
3		清洁	各装配部位清洁仔细	2				
4		零件摆放	按序拆下零件并安全摆放	5				

续上表

序号	项　目		评 分 标 准	配分	自评	小组评	老师评	备注
5	装配带轮	准备工作	装配表面清理干净、润滑油涂抹均匀	2				
6		装配过程	木锤敲击带轮中心位置，敲击位置匀称，带轮装入不出现歪斜	10				
7		精度检验	带轮径向圆跳动允差<0.4 mm	8				
8			带轮端面圆跳动允差<0.4 mm	8				
9			两带轮轮槽的中间平面与带轮轴线垂直度允差< ± 30'	10				
10			两带轮轴线相互平行且相应轮槽的中间平面应重合，允差< ± 20'	10				
11	V带安装调试	型号识读	V 带型号与带轮匹配	5				
12		装带步骤	装入 V 带步骤正确，带没有划伤	10				
13		带位置	带在轮槽中位置正确	5				
14		带张紧	带能被拇指按下 10～15 mm	5				
15		带防护	装好防护罩	5				
合　计				100				

任务实施二：同步带传动的安装与调试

同步带传动由主、从动带轮和同步带组成。同步带传动的安装和调试主要包括带轮的安装和带的安装并根据装配要求调试。

◎想一想：同步带和 V 带都是带传动，但分别属于摩擦传动和啮合传动。因此，同步带传动安装和 V 带传动安装有什么异同？

◎练一练：同步带轮和带的安装与调试。

对 THMDZT-1 实训装置中同步带轮和带进行拆装（工量具清单见表 3-1-3）。

表 3-1-3　同步带传动的安装与调试工量具清单

序　号	工 具 名 称	数　量	序　号	工 具 名 称	数　量
1	百分表及表座	1 套/组	5	木锤	1 把/组
2	塞尺	1 把/组	6	螺旋压入工具	1 套/组
3	钢直尺	1 把/组	7	清洁布	若干
4	套筒扳手	1 套/组	8	润滑油	若干

（1）清洁：用清洁布沾少许不易挥发的液体擦拭同步带及带轮，待干燥后准备安装。同时检查同步带轮是否有异常磨损或裂纹，如果磨损过量，则必须更换带轮。

（2）装同步带轮：清理安装表面、装入带轮、进行精度检验，方法同“任务一 V 带带轮安装”。尤其要注意检查两带轮的传动中心平面位于同一平面内的误差，防止因带轮偏斜，使带侧压紧在挡圈上，造成带侧面磨损加剧，甚至带被挡圈切断，如图 3-1-15 所示。

（3）装同步带。减小带轮的中心距，如有张紧轮应先松开，装上带子后再调整中心距。对固定中心距的传动，应先拆下带轮，把带装到轮子上然后再把带轮装到轴上固定。

图 3-1-15　同步带安装方法

（4）张紧同步带。通过调整中心距或使用张紧轮张紧。若采用张紧轮张紧，一种是采用齿形带轮的张紧轮且安装在带传动松边带内侧；另一种是采用中间无凸起的平带轮做张紧轮，安装在带传动松边外侧。

控制适当的张紧力。带张紧力过小，易在起动频繁而又有冲击负荷时，导致带齿从带轮齿槽中跳出（爬齿）；带张紧力过大，则易使带寿命降低。控制张紧力的方法有经验法，用手指按压张紧带张紧程度，如图 3-1-16 所示；也可参照如 V 带传动的加载、测挠度的测量法，查有关的机械手册（计算公式不同于 V 带）。在汽车装配和维修中，广泛使用张力测量仪，如图 3-1-17 所示，它是一种高精度测量带张紧力的仪表，通过敲击带产生振荡来测量绷紧的带的振荡频率或张力值，并且能够显示振荡频率或张力值。

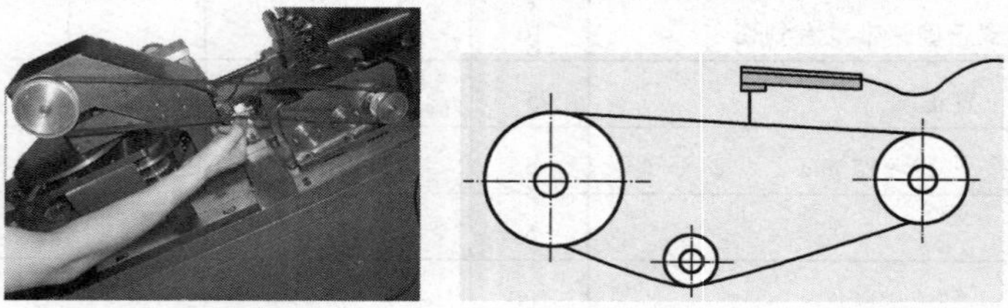

（a）　　(b)

图 3-1-16　指压张紧带测量法

图 3-1-17　张力测量仪测试法

（5）装好防护罩。

◎**小提示：**

（1）清洁时不能将带在清洁剂中浸泡或者使用清洁剂刷洗；不能为了除去油污及污垢，用砂纸擦同步带、用尖锐的物体刮同步带及带轮表面。带在安装使用前必须保持干燥。

（2）不得用工具把同步带撬入带轮或硬敲同步带翻过带轮侧面挡边，以免损伤带的抗拉层。

（3）不得将同步带长期处于不正常的弯曲状态存放，应保存在阴凉处。

任务评价

同步带传动的安装与调试评分表如表 3-1-4 所示。

表 3-1-4　同步带传动的安装与调试评分表

序号	项　目		评　分　标　准	配 分	自 评	小组评	老师评	备 注
1	装配带轮	准备工作	装配表面清理干净、润滑油涂抹均匀	5				
2		装配过程	木锤敲击带轮中心位置，敲击位置匀称，带轮装入不出现歪斜	20				
3		精度检验	带轮径向圆跳动允差<0.4 mm	10				
4			带轮端面圆跳动允差<0.4 mm	10				

续上表

序号	项　目		评 分 标 准	配 分	自 评	小组评	老师评	备 注
5			两带轮轮槽的中间平面与带轮轴线垂直度允差在 ±30′范围	10				
6			两带轮轴线相互平行且相应轮槽的中间平面应重合，允差在 ±20′范围	10				
7	带安装调试	装带步骤	装入 V 带步骤正确，用力得当，带没有损伤	20				
8		带张紧	张紧适当（采用不同的测量方法均可）	10				
9		带防护	装好防护罩	5				
合　计				100				

任务 2　链传动的安装与调试

知识链接

一、链传动的组成

链传动由主动链轮、从动链轮和链条（中间挠性件）组成，通过链条的链节与链轮上的轮齿相啮合传递运动和动力，如图 3-2-1 所示。

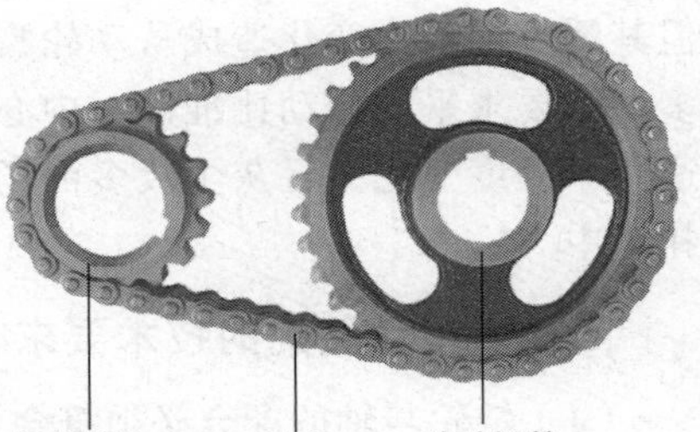

图 3-2-1　链传动结构

二、常用传动链

常用的传动链有滚子链和齿形链，如图 3-2-2 所示。齿形链与滚子链相比，齿形链运转平稳、噪声小、承受冲击载荷的能力高，但结构复杂、价格较贵、比较重，多应用于高速（链速可达 40 m/s）或运动精度要求较高的场合。而滚子链运动平稳性差、噪声大、速度低，但结构简单、成本低，所以应用广泛。

滚子链已标准化，相邻两滚子的中心距称为链节距，用 p 表示，是链条的主要参数，如图 3-2-3 所示。p 越大，链条各零件尺寸越大，所能传递的功率也越大。滚子链标记规定为：链号-排数 × 链节数 标准号，如 10A-1 × 86 GB/T 1243—2006，表示节距为 15.875 mm，单排，86 节 A 系列滚子链。其中链节距 p=链号 × 25.4 mm/16。我国滚子链分为 A、B 两个系列，常用的是 A 系列。

链条长度以链节数表示。链节数最好取偶数，以便链条连成环形时正好是外链板与内链板相接，其接头形式采用开口销或弹簧卡固定，如图 3-2-4（a）、图 3-2-4（b）所示。用弹簧卡时要注意使开口端方向与链条的速度方向相反，以防在运转中脱落。若链节数为奇数，则必须采用过渡链节，如图 3-2-4（c）所示。由于在链条受拉力时，过渡链节还要承受附加的弯曲载荷，通常应避免采用。

（a）齿形链

（b）滚子链

图 3-2-2　常用链形式

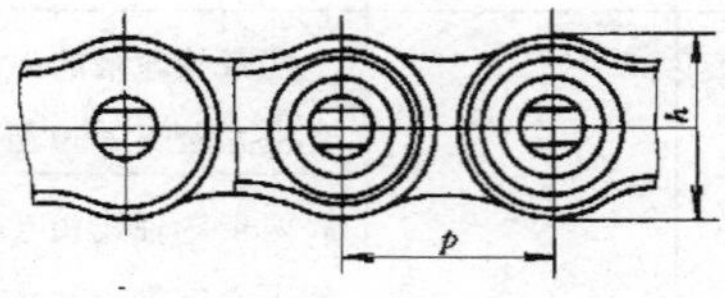

图 3-2-3　链节距示意图

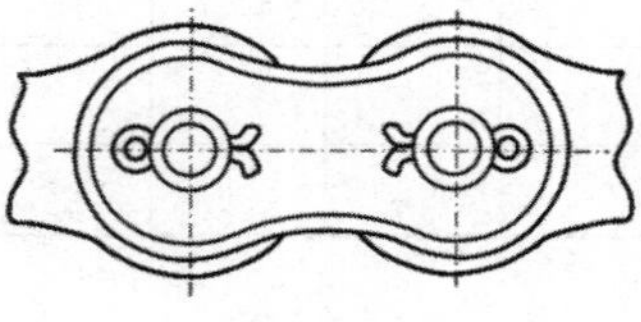

（a）开口销连接

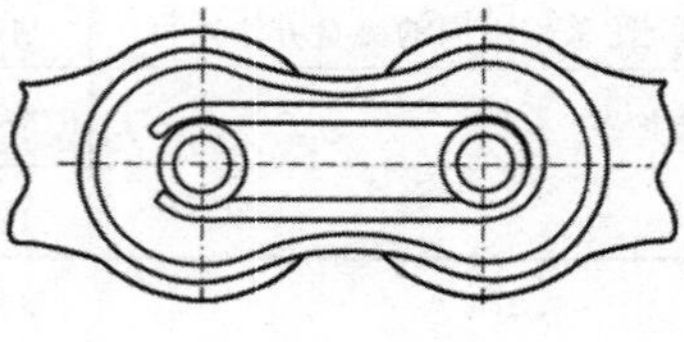

（b）弹簧卡连接

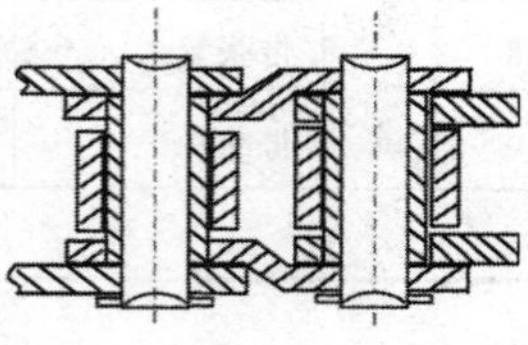

（c）过渡连接

图 3-2-4　链条接口形式

三、链传动的特点和应用

与带传动相比，由于链传动是啮合传动，可保证一定的平均传动比；张紧力小，故对轴的压力小；效率比带传动高；对工作条件要求低，可在高温、油污、潮湿等恶劣环境下工作。但其瞬时传动比变化造成从动轮瞬时转速不均匀，高速传动平稳性差，工作时有噪声。一般多用于要求平均传动比准确、中心距较大的两平行轴间。由于链传动的传动功率较大，特别适用于温度变化大且灰尘较多的场合，故应用于矿山机械、农业机械、石油机械、机床及摩托车中。

四、链传动装配的技术要求

（1）链轮与轴的配合必须符合设计要求。空套链轮应在轴上转动灵活。

（2）装配到轴上后，链轮允许跳动量如表 3-2-1 所示。

表 3-2-1　链轮允许跳动量表　（单位：mm）

链轮直径	径向	端面	链轮直径	径向	端面
≤100	0.25	0.3	＞300~400	1	1
＞100~200	0.5	0.5	＞400	1.2	1.5
＞200~300	0.75	0.8			

（3）主、从动链轮的轮齿几何中心平面应重合，其偏移量不得超过设计要求。若设计未规定，一般两轮中心平面轴向偏移误差和歪斜误差应小于或等于两轮中心距的千分之二，即 $\Delta e \leqslant 0.002a$，$\Delta \theta \leqslant 0.002a$，如图 3-2-5 所示。

（4）链条的下垂度要适当。下垂度可近似认为是两轮公切线与松边最远点的距离。链条与链轮啮合时，链条非工作边的下垂度应符合设计要求。若设计未规定，且链传动是水平或稍微倾斜的，则下垂度应小于等于两轮中心距的 1%～5%，即 $f=(1\%\sim5\%)a$，如图 3-2-6 所示。

对于重载、经常制动、起动、反转的链传动，以及接近垂直的链传动，下垂度应小于中心距的2%，即 f=2% a。

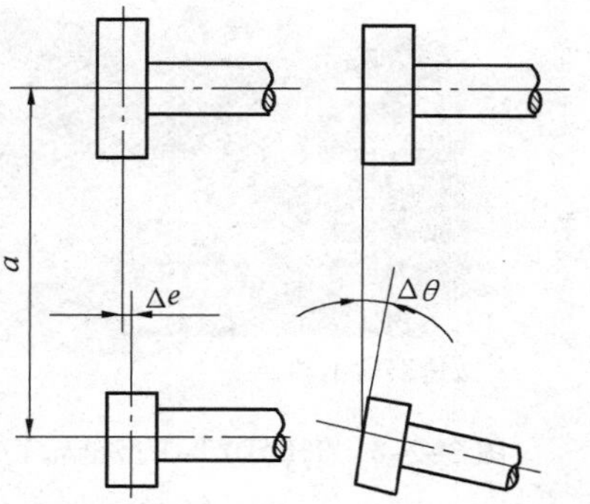

图 3-2-5　主从动链轮的安装方法

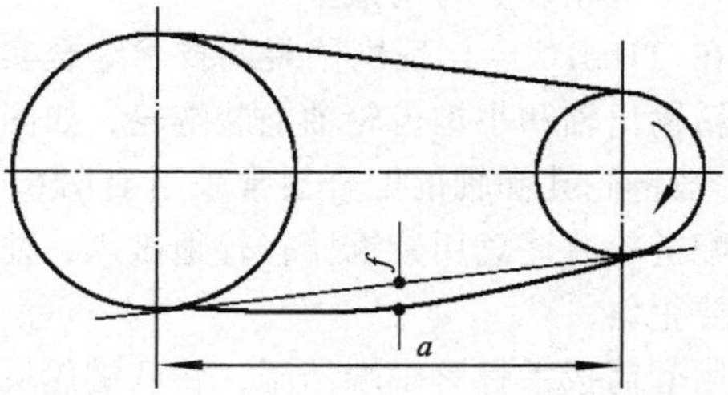

图 3-2-6　链条下垂示意图

（5）链传动的张紧。张紧的目的主要是为了避免链条在垂度过大时产生啮合不良、振动，同时也可增大包角。链传动的张紧方法有：

① 调整中心距。增大中心距使链张紧。对于滚子链传动，中心距的可调整量为 $2p$。

② 缩短链长。对于因磨损而变长的链条，可去掉 1 ~ 2 个链节，使链缩短而张紧。

③ 采用张紧装置。如图 3-2-7（a）中采用张紧轮。张紧轮一般置于松边靠近小链轮处的外侧。图 3-2-7（b）、图 3-2-7（c）则采用压板或托板，适宜于中心距较大的链传动。

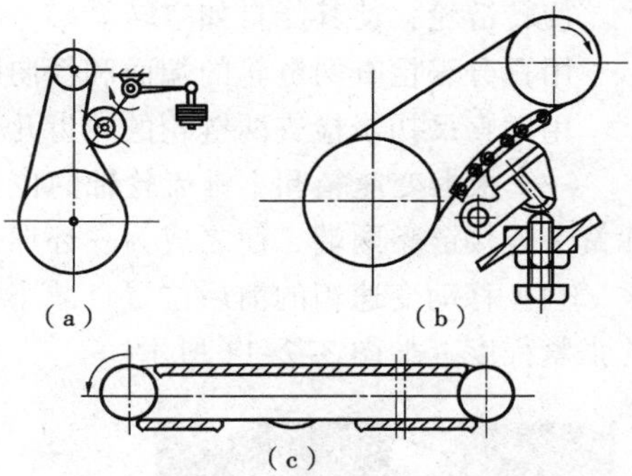

图 3-2-7　链轮张紧装置

任务实施

链传动和带传动的安装和调试方法基本相同。但由于链传动本身结构和装配技术要求有别于带传动，所以链传动的安装和调试有其特定的要求。

◎想一想： 如何根据链传动的装配技术要求安装和调试链轮、链条？

◎练一练： 安装调试一组滚子链传动（工量具清单见表 3-2-2）。

表 3-2-2　链传动的安装调试工量具清单

序　号	工具名称	数　量	序　号	工具名称	数　量
1	THMDZT-1 型机械装调技术综合实训装置	1 套/组	5	套筒扳手	1 套/组
2	百分表及表座	1 套/组	6	紫铜棒	1 根/组
3	塞尺	1 把/组	7	清洁布	若干
4	钢直尺	1 把/组	8	润滑油	若干

（1）清理、选配链条、链轮。

选配链条和主从动链轮，使链条的规格符合链轮。清理链轮孔和减速器输出轴、小锥齿轮轴，清理键和键槽，并涂抹润滑油。

（2）链轮装配与调试。

在 THMDZT-1 型机械装调技术综合实训装置的减速箱输出轴和小锥齿轮轴上装链轮，如图 3-2-8 所示。一般链轮孔和轴的配合通常采用 H7/k6 过渡配合，故装配链轮时注意用紫铜棒轻轻地敲入，注意控制链轮不要歪斜。

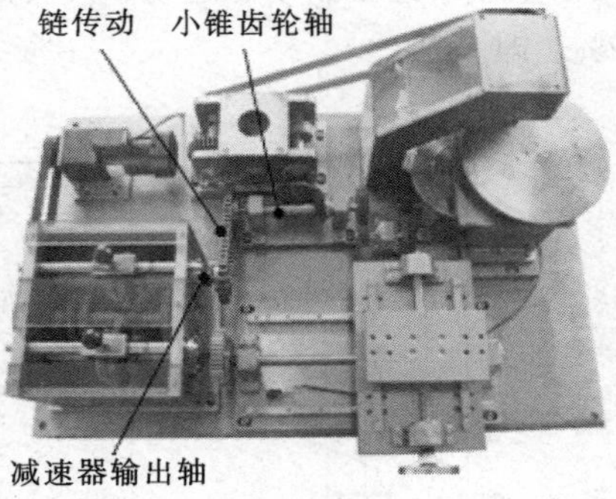

图 3-2-8　THMDZT-1 型链轮装调装置

用套筒扳手拧紧轴端挡圈，将两链轮固定在相应轴上。

旋转链轮，使其能自如空转。

用百分表检查两链轮的端面和径向跳动，使跳动误差小于端面和径向跳动误差允许值。

用钢直尺初步检查两链轮的轮齿几何中心平面，如图 3-2-9 所示。

（3）根据变速箱和小锥齿轮轴的位置，用截链器（见图 3-2-10）将链条截到合适长度，用弹簧卡连接链条两端，使之成为一环形链。

（4）移动变速箱的前后位置，减小两链轮的中心距，将链条安装上，并用经验法测试链条的张紧程度，如图 3-2-11 所示。

图 3-2-9　链轮安装检测

图 3-2-10　截链器

图 3-2-11　测试链条的张紧程度

（5）用钢直尺复检两链轮的轮齿几何中心平面，并用塞尺检查两链轮平面轴向偏移误差和歪斜误差，使误差<0.60 mm。

（6）链传动装置装配、调整合格后，对链条和链轮轮齿加足够的润滑剂。

◎小提示：

（1）当滚子链条两端采用的是弹簧卡连接的形式时，在连接时应使其开口端方向与链条工作时的运动方向相反，以免运转中弹簧卡受到碰撞而脱落。

（2）如若链传动结构不允许调节两轴中心距，则必须先将链条套在链轮上，然后再进行连接，此时需采用专用工具。图 3-2-12 所示为专用拉链器的一种。

图 3-2-12　专用拉链器

（3）链条应保持清洁，并定期对其注油保养，最好采用 30 号、40 号机油，可用油枪（无条件时毛刷也可）将润滑油均匀地分布在链条铰链间隙中并经常检查润滑效果。如摩擦面呈棕色或暗褐色时，一般说明供油不足，应及时涂上润滑油。如链条上积聚了灰尘泥沙和污渍，应及时用煤油清洗，洗净后将链条浸入润滑油中，使链条充分浸油后再装上。

（4）链条在使用过程中，正常的磨损会使链条逐渐伸长，结果链条下垂度会逐渐增大，链条产生剧烈跳动，链条磨损加大，甚至出现跳齿、脱齿的现象，应及时调整其松紧度，并观察前后链轮与链条及相关部件是否在同一直线上，发现问题应立刻校正，免除后患，确保万无一失。

（5）在更换链条时，应检查链轮齿形状况，当链轮齿磨有较大磨损时，则必须更换新的链轮。若仅换新链条，则不但不能保证正常的链传动，甚至会造成链条不必要的早期损坏和失效。

任务评价

链传动的安装调试评分表如表 3-2-3 所示。

表 3-2-3　链传动的安装调试评分表

序号	项目		评分标准	配分	自评	小组评	老师评	备注
1	装配链轮	准备工作	装配表面清理干净、润滑油涂抹均匀	5				
2		装配过程	紫铜棒敲击带轮位置匀称，链轮装入不出现歪斜	10				
			空套链轮在轴上转动灵活	10				
3	装配链条	精度检验	链轮径向跳动小于相应允差	10				
4			链轮端面跳动小于相应允差	10				
5			两轮中心平面轴向偏移误差和歪斜误差 $\leqslant 0.002a$	20				
6			链条连接处的弹簧卡方向与链条运动方向相反	10				
7			链条下垂量 $\leqslant 0.02a$	15				
8	维护保养		润滑油涂抹均匀、适量	10				
			合　计	100				

任务 3　齿轮传动的安装与调试

知识链接

一、齿轮传动的组成、特点

齿轮传动是利用两齿轮的轮齿相互啮合以传递动力和运动的机械传动装置。在所有的机械传动中，齿轮传动应用最广，可用来传递相对位置不远的两轴之间的运动和动力，可改变转速的大小和方向，与齿条配合时，可把旋转运动转变为直线运动，如图 3-3-1 所示。

（a）直齿圆柱齿轮传动　（b）直齿圆锥齿轮传动　（c）齿轮齿条传动

图 3-3-1　齿轮传动形式

齿轮传动在机械传动中应用广泛，它具有以下一些特点：能保证瞬时传动比恒定，传动准确可靠；传递的功率和速度范围大，如传递功率可以从很小至几十万千瓦；速度最高可达 300 m/s；齿轮直径可以从几毫米至二十多米；传动效率高，使用寿命长以及结构紧凑、体积小等。但是，它也有一些缺点，如噪声大；无过载保护作用；不宜用于远距离传动；制造齿轮需要有专门的设备，装配要求高等。

二、齿轮传动的装配技术要求

（1）齿轮孔与轴的配合要满足使用要求。如定位齿轮安装后不能产生偏心或歪斜；滑移齿轮在滑移过程中不应被咬死或产生阻滞现象；空套在轴上的齿轮，不得有晃动现象。

（2）保证齿轮有准确的安装中心距和适当的齿侧间隙。

齿轮副齿侧间隙简称侧隙，是指齿轮副按规定的位置安装后，其中一个齿轮固定时，另一个齿轮从工作齿面接触到非工作齿面接触所转过的齿宽中点节圆弧长，如图 3-3-2 所示。侧隙过小，齿轮传动不灵活，热胀时会卡齿，从而加剧齿面磨损；侧隙过大，换向时空行程大，易产生冲击和振动。

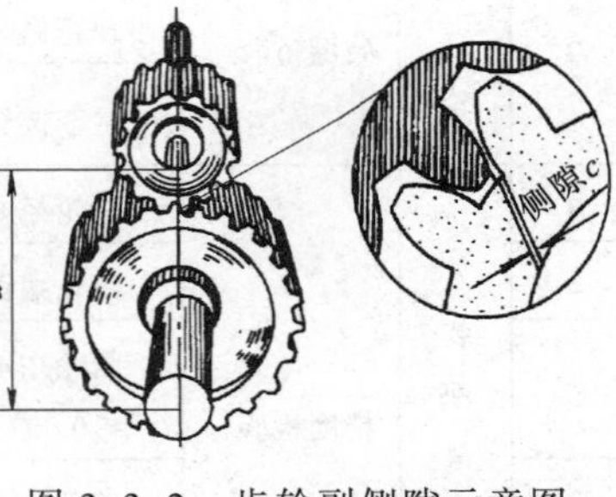

图 3-3-2　齿轮副侧隙示意图

（3）保证齿面接触精度，使齿面有正确的接触位置和一定的接触面积。

齿轮副的接触精度是用齿轮副的接触斑点和接触位置来评定的。相互啮合的两齿轮的接触斑点，用涂色法来检验或通过接触擦亮痕迹来检验。接触擦亮痕迹检验是装配好的齿轮副在轻微的制动下，运转后齿面上分布的接触擦亮痕迹。涂色法是将显示剂涂在主动齿轮上，来回转动该齿轮，以从动齿轮齿面上的斑点痕迹形状、位置和大小来判断啮合质量。通过检验，可以判断装配时产生误差的原因，如图 3-3-3 所示。

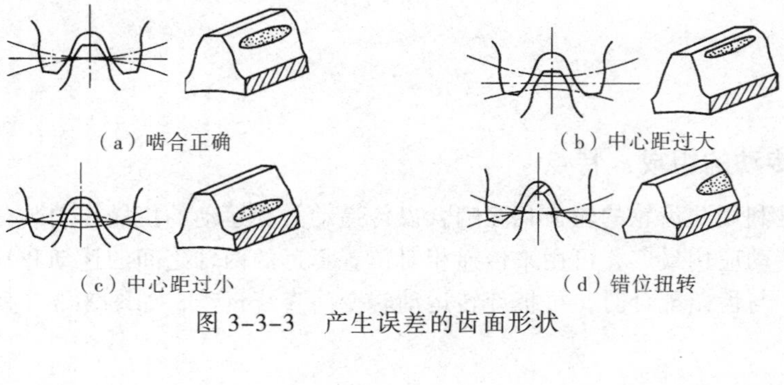

（a）啮合正确　（b）中心距过大

（c）中心距过小　（d）错位扭转

图 3-3-3　产生误差的齿面形状

（4）保证齿轮定位，滑移齿轮在轴上滑移时应有准确的定位，其错位量不得超过规定值。

（5）进行必要的动平衡试验。对转速较高、直径较大的齿轮，一般应在装配到轴上后做动平衡检查，以免工作时振动过大。

三、齿轮在轴上常见的安装方式

图 3-3-4 所示为齿轮在轴上常见的几种安装方式。按轴向和周向固定方式区分如下：图 3-3-4（a）为圆柱轴头、半圆键和轴端挡圈连接；图 3-3-4（b）为花键和轴端挡圈连接；图 3-3-4（c）为螺栓法兰连接；图 3-3-4（d）为圆锥轴头、半圆键和轴端挡圈连接；图 3-3-4（e）为带固定铆钉的压配；图 3-3-4（f）为花键连接。

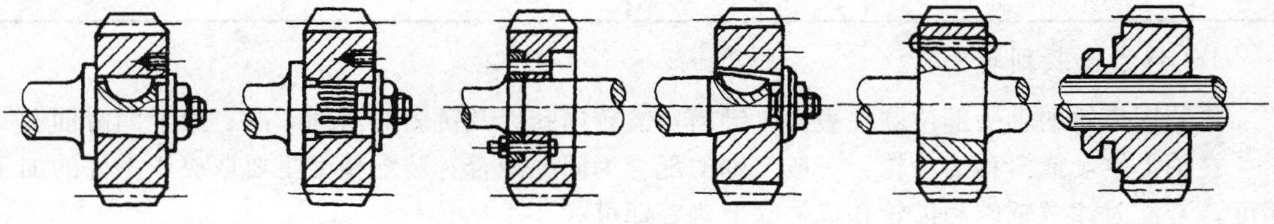

（a）　（b）　（c）　（d）　（e）　（f）

图 3-3-4　齿轮在轴上的安装方式

在轴上安装的齿轮，常见的装配误差形式如图 3-3-5 所示：图 3-3-5（a）为齿轮轴线的偏心，图 3-3-5（b）为齿轮轴线歪斜，图 3-3-5（c）为齿轮端面未贴紧轴肩。

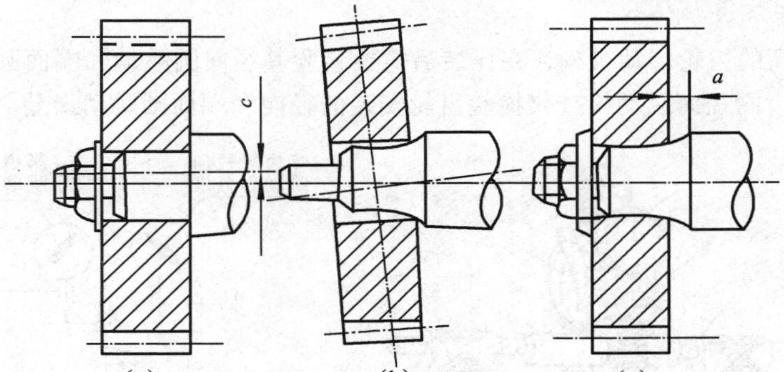

（a）　（b）　（c）

图 3-3-5　常见装配误差形式

任务实施

任务实施一：圆柱齿轮传动机构的装配

装配圆柱齿轮传动机构，一般是先把齿轮装在轴上，再把齿轮轴部件装入箱体中。

◎想一想：

（1）齿轮装配到轴上后的精度如何控制？

（2）齿轮轴装入箱体前又应控制哪些精度？

◎练一练：直齿圆柱齿轮装到轴上，然后装入箱体（工量具清单见表 3-3-1）。

表 3-3-1　圆柱齿轮安装调试工量具清单

序　号	工 具 名 称	数　量	序　号	工 具 名 称	数　量
1	百分表及表座	1 套/组	9	紫铜棒	1 根/组
2	塞尺	1 把/组	10	螺旋压入工具	1 套/组
3	钢直尺	1 把/组	11	套筒扳手	1 套/组
4	齿轮径向跳动测量仪	1 套	12	红丹粉	若干
5	游标卡尺	1 把/组	13	清洁布	若干
6	高度游标卡尺	1 把/组	14	润滑油	若干
7	千分尺	1 把/组	15	等高块	4 块/组
8	心棒	若干			

1. 将齿轮装到轴上

将装配齿轮的轴头部位圆柱表面、键槽、齿轮内孔以及键表面清理干净，涂上润滑油。

在轴上空套或滑移的齿轮，一般与轴的配合为间隙配合，装配精度主要取决于零件的加工精度。装配时注意轴端和齿轮孔口去除毛刺等即可。

在轴上的定位齿轮，通常与轴有少量过盈的配合（多数为过渡配合），装配时需加一定外力。若配合的过盈量不大，可用紫铜棒施力均匀地敲击装入或压装；过盈量较大的，可用螺旋压入工具压装，压装时，要避免齿轮歪斜和产生变形。

2. 检验齿轮安装精度

对精度要求高的齿轮传动机构，在压装后需要检验其径向圆跳动和端面圆跳动误差。可用图 3-3-6 所示的齿圈径向跳动检查仪检验齿轮安装的径向和端面圆跳动误差。

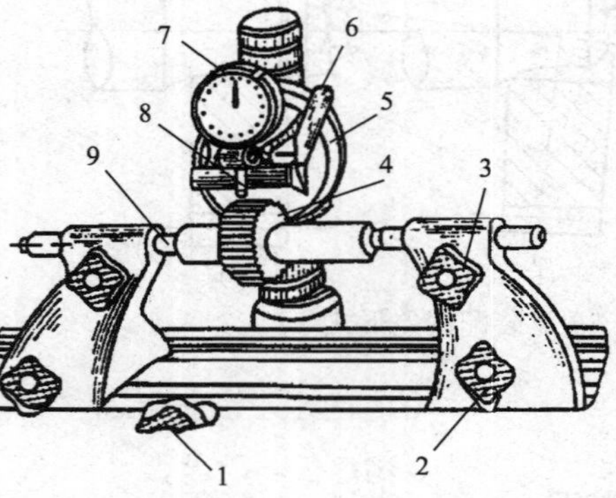

（a）

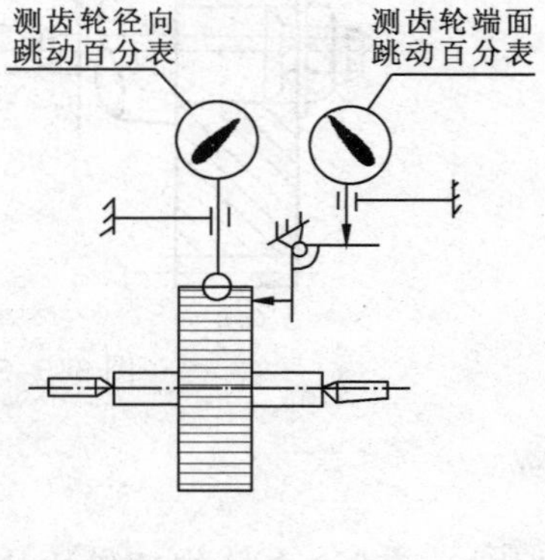

（b）

图 3-3-6　齿圈径向跳动检查仪

1—底座；2—工作台紧固螺钉；3—顶针紧固螺钉；4—被测齿轮；5—升降螺母

6—指示表抬起手柄；7—指示表；8—测量头；9—中心顶针

（1）查阅仪器附件盒表格，根据被测齿轮模数的不同选择合适的球形测量头；

（2）擦净测头并把它装在指示表量杆的下端；

（3）把擦净的被测齿轮装在仪器的中心顶尖上，安装后齿轮不应有轴向窜动，借助升降螺母 5 与抬起手柄 6 调整指示表，使指示表有一到二圈的压缩量；

（4）依次顺序测量各个齿面，并把指示表的读数记下；

（5）处理测量结果并判断合格性。

3. 将齿轮装入箱体

将齿轮轴部件装入箱体是一道重要的工序。齿轮的啮合质量要求包括适当的齿侧间隙、一定的接触面积以及正确的接触位置。除了齿轮本身的制造精度影响啮合质量外，齿轮箱体孔的尺寸精度、形状、位置精度都影响啮合质量。因此，将齿轮轴部件装入箱体前应检验箱体的主要部位是否达到规定的技术要求。

（1）对箱体的检查。

① 箱体孔距的检验。一对啮合的齿轮其安装中心距是影响侧隙的主要因素，应使孔距在规定的公差范围内。孔距的检验可以直接量孔边距和孔径尺寸再计算，也可以采用插入心棒量取尺寸后再计算。

图 3-3-7（a）所示为用游标卡尺或千分尺测得 L_1 或 L_2、d_1 及 d_2 的实际尺寸，再计算出实际的孔距尺寸 a 为

$$a = L_1 + \left(\frac{d_1}{2} + \frac{d_2}{2}\right) \text{或}\ a = L_2 - \left(\frac{d_1}{2} + \frac{d_2}{2}\right)$$

图 3-3-7（b）所示为用心棒和游标卡尺或千分尺测得 M_1 或 M_2、d_1 及 d_2 的实际尺寸，再计算出实际的孔距尺寸 a 为

$$a = \frac{M_1 + M_2}{2} - \frac{d_1 + d_2}{2}$$

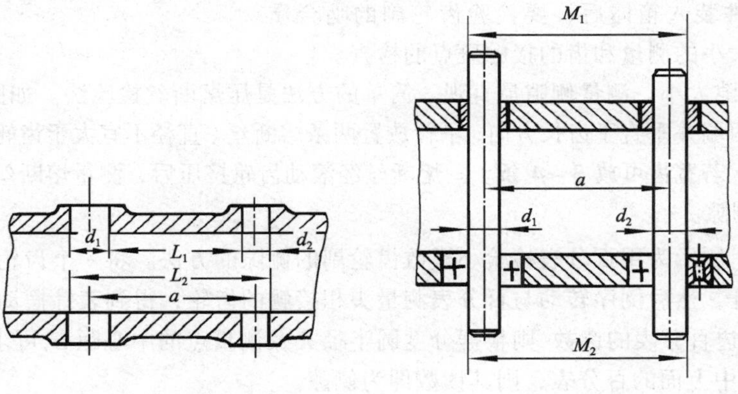

（a）直接测量法　　（b）心棒直接测量法

图 3-3-7　箱体孔距检验

② 孔系（轴系）平行度误差的检验。如图 3-3-7（b）所示方法还可用于测量齿轮安装孔轴线的平行度误差。用外径千分尺分别测量心棒两端的尺寸 M_1 和 M_2，其差值（$M_1 - M_2$）就是两轴孔轴线在所测长度内的平行度误差。

③ 轴线与基面的尺寸精度和平行度误差的检验。如图 3-3-8 所示，箱体基面用等高垫块支承在平板上，将心棒插入孔中。用高度游标卡尺测量（或在平板上用量块和百分表相对测量）心棒两端尺寸 h_1 和 h_2，则轴线与基面的距离 h 为

$$h=\frac{h_1+h_2}{2}-\frac{d}{2}-a$$

则平行度误差为 $\Delta=h_1-h_2$。

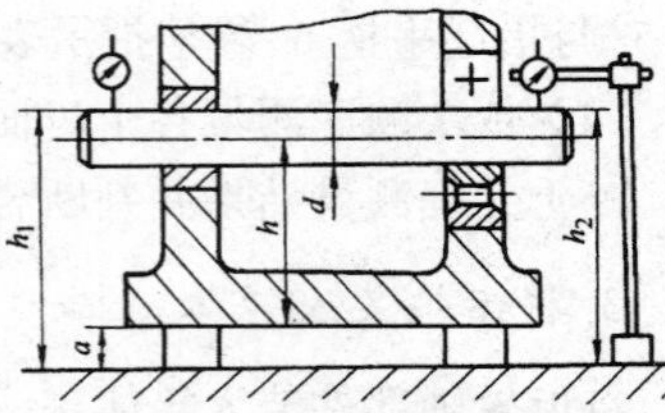

图 3-3-8　平行度误差检验

④ 孔中心线同轴度误差的检验。可用专用心棒、专用检验套或百分表配合使用检验。图 3-3-9（a）、图 3-3-9（b）所示为成批生产中，相同直径孔系和不同直径孔系用专用检验心棒检验的方法。若心棒能自由地推入几个孔或检验套中，表明孔的同轴度误差在规定的范围。图 3-3-9（c）所示为用检验心棒及百分表检验。在两孔中装入专用套，将心棒1插入套中，再将百分表2固定在心棒上，转动心棒即可测出同轴度误差值。

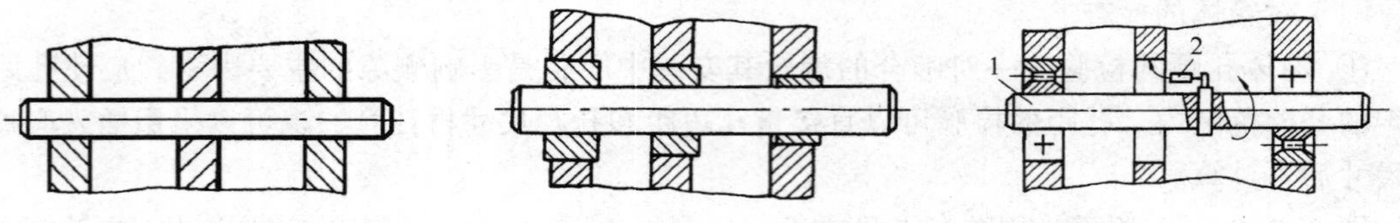

图 3-3-9　同轴度误差检验

⑤ 孔中心线与端面垂直度误差的检验。如图3-3-10所示，其中图 3-3-10（a）为将带有检验圆盘的心棒插入孔中，用涂色法或塞尺可检验轴线与孔端面的垂直度误差 Δ；图 3-3-10（b）为用百分表和心棒检验。心棒转动一周，百分表指示的最大值与最小值之差，即为端面对轴心线的垂直度误差。

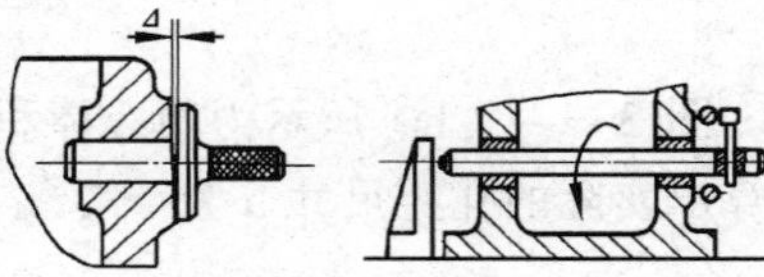

图 3-3-10　垂直度误差检验

（2）齿轮啮合质量检验。

齿轮轴部件装入箱体后，要检验齿轮副的啮合质量，包括侧隙大小的测量和齿的接触斑点的检查。

① 测量侧隙大小。测量侧隙最直观、简单的方法是压熔断丝检验法。如图 3-3-11 所示，在齿面沿齿长两端并垂直于齿长方向，平行放置两条熔断丝（直径不宜大于齿轮副规定的最小极限侧隙的 4 倍，若宽齿可放 3～4 条）。熔断丝经滚动齿轮挤压后，测量熔断丝最薄处的厚度，即为齿轮副的侧隙。

图 3-3-12 所示为用百分表检验小模数齿轮副的侧隙的方法。将一个齿轮固定，在另一个齿轮上装夹紧杆，然后倒序转动与百分表测量头相接触的齿轮，得到表针摆动的读数 C。若是图 3-3-12 中右边百分表的读数，则根据分度圆半径 R 及测量点的中心距 L，可求出侧隙：$j_n=C\frac{R}{L}$，若是图 3-3-12 中上面的百分表，则其读数即为侧隙。

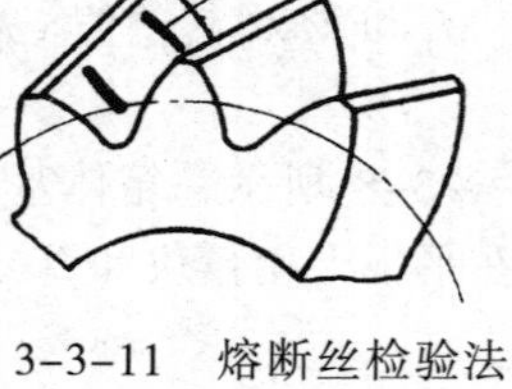

图 3-3-11　熔断丝检验法

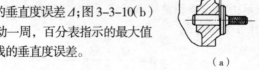

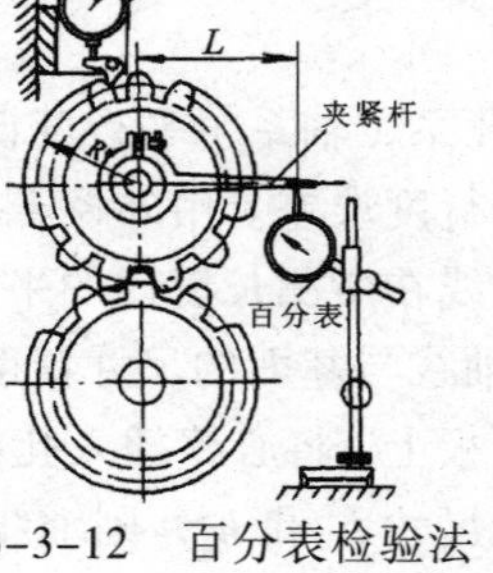

图 3-3-12　百分表检验法

② 接触精度检验。接触精度一般用涂色法检验接触斑点而得到。将红丹粉均匀地涂到主动齿轮齿面上，转动主动齿轮并使从动齿轮轻微制动，以取得齿面接触斑点。

齿轮上接触斑点的分布位置和大小取决于齿轮精度等级，一般齿轮传动（9 ~ 6 级精度）的轮齿高度和宽度上的接触斑点面积要求如表 3-3-2 所示。

表 3-3-2　一般齿轮传动的接触斑点

接触斑点	单　位	精度等级			
		6	7	8	9
按齿高不少于	%	50	45	40	30
按齿长不少于	%	70	60	50	40

其合理的分布位置应是相对于节圆对称分布。

根据接触斑点的分布位置和大小可以判断装配时产生误差的原因。渐开线圆柱齿轮接触斑点常见的问题、产生原因及其调整方法，如表 3-3-3 所示。当接触斑点的位置正确但面积太小时，可在齿面上加研磨剂使齿轮副转动进行对研，以达到足够的接触斑点百分比要求。

表 3-3-3　渐开线圆柱齿轮接触斑点及调整方法

接触斑点	原因分析	调整方法
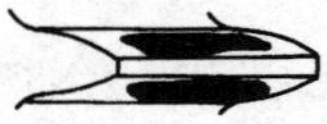 正常接触		
 同向偏接触	两齿轮轴线不平行	调整两齿轮轴线平行度在公差范围内
 异向偏接触	两齿轮轴线歪斜	在允许范围内，刮削轴瓦或调整轴承座
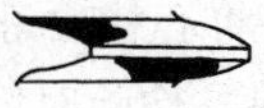 单面偏接触	两齿轮轴线不平行，同时歪斜	可在中心距公差范围内，刮削轴瓦或调整轴承座
 游离接触，在整个齿圈上接触区由一边逐渐移至另一边	齿端面与回转中心线不垂直	检查并校正齿轮端面与回转中心线的垂直度误差
不规则接触（有时齿面一个点接触，有时在端面边线上接触）	齿面有毛刺或有碰伤隆起	去除毛刺、修整
接触较好，但不规则	齿圈径向跳动太大	检查并消除齿圈的径向跳动误差

任务实施二：圆锥齿轮传动机构的装配

圆锥齿轮在轴上的安装方法与圆柱齿轮相似。但由于锥齿轮一般用来传递互相垂直两轴间的运动和动力，所以在两齿轮轴的轴向定位、侧隙的调整、箱体检验等方面有别于圆柱齿轮。

◎想一想：

（1）如何检查箱体中两轴安装孔的垂直度和相交程度？

（2）两锥齿轮轴线位置如何确定？

◎练一练：确定锥齿轮两轴夹角、轴向位置，检测锥齿轮啮合质量（工量具清单见表 3-3-4）。

表 3-3-4　圆锥齿轮安装调试工量具清单

序　号	工 具 名 称	数　量	序 号	工 具 名 称	数　量
1	百分表及表座	1 套/组	7	心棒	若干
2	测量心棒	1 把/组	8	紫铜棒	1 根/组
3	直角尺	1 把/组	9	红丹粉	若干
4	量块	1 套	10	清洁布	若干
5	塞尺	1 把/组	11	润滑油	若干
6	千斤顶	1 把/组			

1. 将圆锥齿轮安装到轴上

将圆锥齿轮安装到轴上，方法同圆柱齿轮。

2. 将齿轮装入箱体

锥齿轮的装配关键是确定锥齿轮的两轴夹角、轴向位置和啮合质量的检测。

（1）确定锥齿轮两轴夹角：通过检验箱体中两安装孔轴线的垂直度误差，确定锥齿轮两轴夹角。

① 锥齿轮两轴共面且垂直相交：箱体两安装孔的轴线垂直度误差可按图 3-3-13 所示的方法检验。

将百分表装在心棒 2 上，心棒上外加定位套以防心棒轴向窜动。旋转心棒 2，用百分表在图 3-3-13 左右两个位置（跨长为 L）检测出心棒的读数差，即为两孔在 L 长度内的垂直度误差。

若是成批检验两安装孔的轴交角，可用如图 3-3-14 所示的装置。将心棒 2 的测量端做成叉形槽，心棒 1 的测量端按垂直度公差做成两个阶梯形，即通端与止端。检验时，若通端能通过叉形槽而止端不能通过，则垂直度合格，否则即为超差。

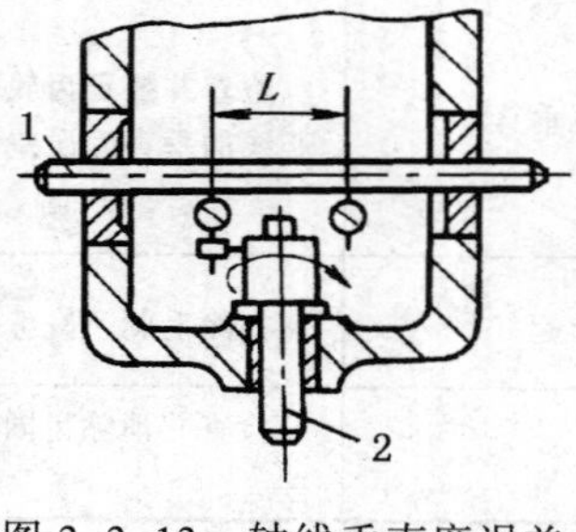

图 3-3-13　轴线垂直度误差

1,2—心棒

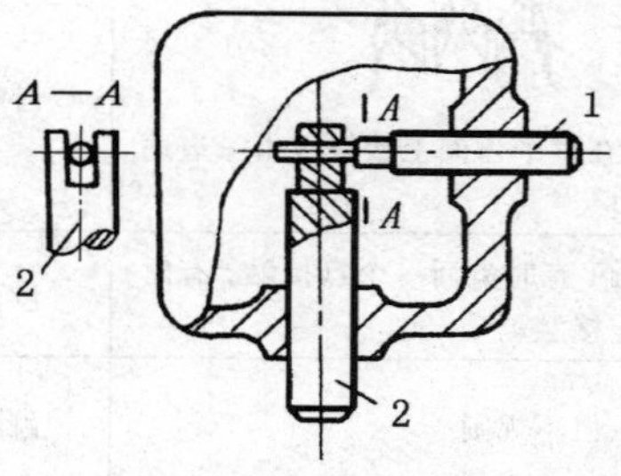

图 3-3-14　成批检验两安装孔装置

1,2—心棒

② 两锥齿轮轴异面垂直交错的两孔：箱体两安装孔轴线的垂直度误差可按图 3-3-15 所示的方法检验。

箱体用三个千斤顶 4 支承在平板上，用 90° 角尺 3 在互成 90° 的两个方位上找正，调整千斤顶使检验心棒 2 成垂直位置。此时，测量心棒 1 对平板的平行度误差，即为两孔轴线的垂直度误差。

（2）确定两锥齿轮轴向位置一对正确啮合的锥齿轮两分度圆锥相切、锥顶重合。装配时，先确定小齿轮的轴向位置：以“安装距离” l_1（小齿轮基准面 A 至大齿轮轴的距离，如图 3-3-16（a）所示来确定。

若小齿轮轴与大齿轮轴异面垂直交错，则小齿轮的轴向定位仍还以“安装距离” l_2 为依据，用专用量规测量如图 3-3-16（b）所示。若大齿轮尚未装好，那么可用工艺芯轴代替，然后按侧隙要求决定大齿轮的轴向位置。

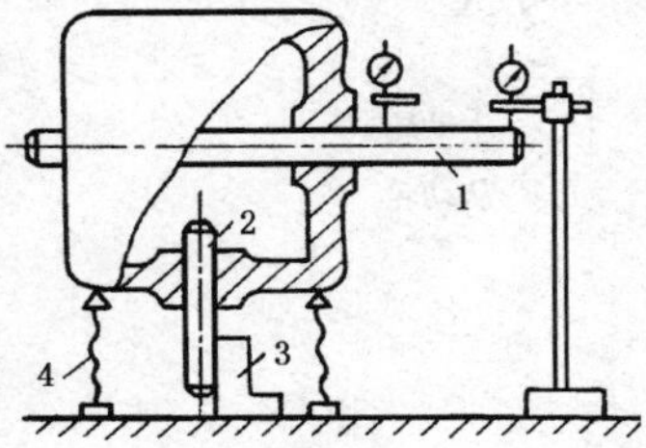

图 3-3-15　轴线垂直误差检验

1,2—心棒；3—角尺；4—千斤顶

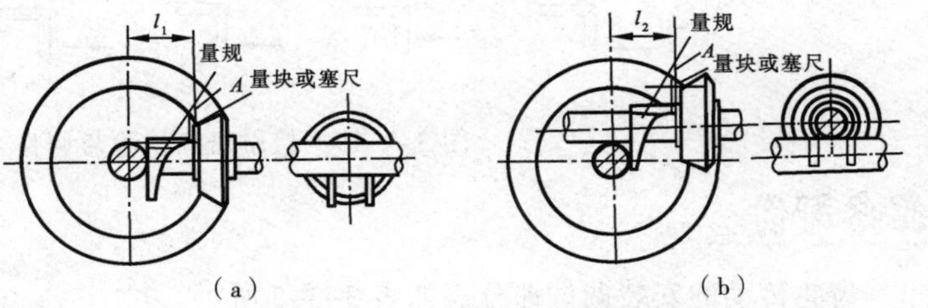

图 3-3-16　确定两锥齿轮轴向位置

若是用背锥面做基准的锥齿轮副，如图 3-3-17 所示，装配时将两齿轮 1、2 大端的轮齿端面对称平齐，大致调整轴向位置。然后用调整垫圈 1 的厚度，使齿轮 2 沿其轴向移动，一直移到两锥齿轮假想锥体顶点重合为止，将最后齿轮的位置固定。

3. 锥齿轮副啮合质量的检查与调整

锥齿轮传动的啮合质量检查，包括侧隙的检验和接触斑点的检验。

（1）侧隙的检验和调整。

锥齿轮侧隙的检验一般采用压熔断丝法，与圆柱齿轮基本相同。也可用百分表测定，如图 3-3-18 所示。测定时，锥齿轮副按规定的位置装好，固定其中一个齿轮，测量非工作齿面间的最短距离（以齿长中点处计量），即为法向侧隙值。

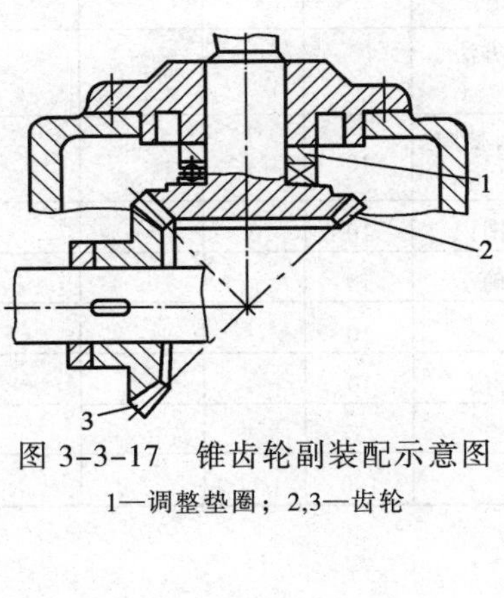

图 3-3-17　锥齿轮副装配示意图

1—调整垫圈；2,3—齿轮

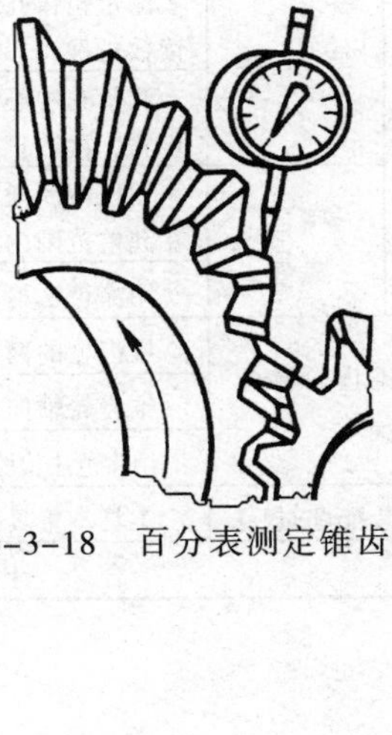

图 3-3-18　百分表测定锥齿侧隙

（2）接触斑点的检验与调整。

用涂色法检查锥齿面接触斑点：将显示剂涂在主动齿轮上，来回转动该齿轮，以从动齿轮齿面上的斑点痕迹形状、位置和大小来判断啮合质量。

对于工作载荷较大的锥齿轮副，其接触斑点应满足下列要求：即轻载荷时，斑点应略偏向小端，而重载荷时，接触斑点应从小端移向大端，且斑点的长度和高度均增大，以免大端区应力集中。

如果接触斑点不符合上述要求时，则可参照图 3-3-19 分析的原因（图中箭头方向即为调整方向）进行调整。

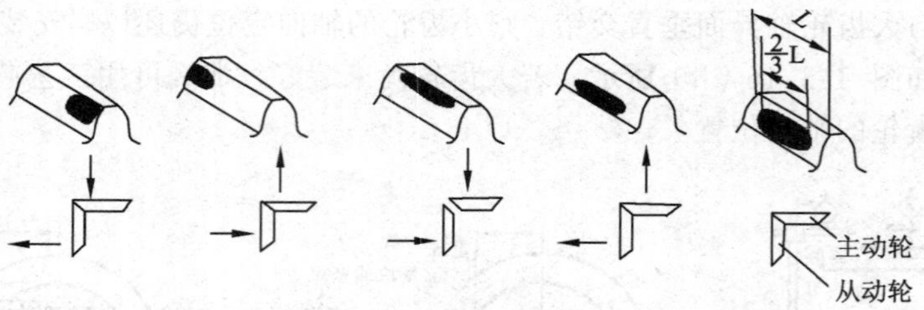

图 3-3-19　接触斑点检验与调整方法

任务评价

齿轮传动的安装调试评分表如表 3-3-5 所示。

表 3-3-5　齿轮传动的安装调试评分表

序号	项目		评分标准	配分	自评	小组评	老师评	备注
1	准备工作		装配表面清理干净、润滑油涂抹均匀	5				
2	齿轮装轴		齿轮装入齿轮轴时施力均匀，齿轮不歪斜、变形	10				
3			圆柱齿轮径向跳动、端面跳动检验方法、步骤正确	5				
4	圆柱齿轮装配调试	箱体检查	箱体孔距方法、步骤、读数、计算正确	5				
5			测量箱体孔系（轴系）平行度误差方法、步骤、读数正确	5				
6			测量箱体轴线与基面的尺寸精度和平行度误差方法、步骤、读数正确	5				
7			测量箱体孔中心线同轴度误差方法、步骤、读数正确	5				
8			测量孔中心线与箱体端面垂直度误差方法、步骤、读数正确	5				
9		啮合质量	用压熔断丝法测量侧隙大小方法正确，侧隙在允差范围内	10				
10			用涂色法检验齿轮接触精度在允差范围内	10				
11	锥齿轮装配调试		锥齿轮的两轴夹角检验方法、步骤正确	100				
12			锥齿轮轴向位置检验符合允差要求	10				
13			用涂色法检验锥齿轮接触精度在允差范围内	10				
14	装配调试规范		工具、量具清理后摆放整齐、保养得当	5				
合　计				100				

任务 4　蜗轮蜗杆传动的安装与调试

知识链接

一、蜗杆传动的组成、特点

蜗杆传动由蜗杆和蜗轮组成，常用于传递空间两交错轴间的运动及动力。通常两轴空间交错成 90°，如图 3-4-1 所示。

图 3-4-1　蜗杆传动机构

蜗杆传动机构具有传动比大而且准确、工作较平稳、噪声低、结构紧凑、可以自锁等优点。主要缺点是传动效率较低，工作时发热大，齿面容易磨损，需要有良好的润滑，而且使用抗胶合能力强的贵重金属材料，制造成本高。

二、蜗杆传动装配技术要求

（1）蜗杆轴线应与蜗轮轴心线互相垂直，并保持稳定性，两轴无轴向窜动。其交角允差如表 3-4-1 所示。

表 3-4-1　蜗杆蜗轮传动轴交角极限偏差　（单位：μm）

蜗轮齿长（mm）	精度等级						
	3	4	5	6	7	8	9
≤30	5	6	8	10	12	17	24
>30～50	5.6	7.1	9	11	14	19	28
>50～80	6.5	8	10	13	16	22	32
>80～120	7.5	9	12	15	19	24	36
>120～180	9	11	14	17	22	28	42
>180～250	—	13	16	20	25	32	48
>250	—	—	—	22	28	36	53

（2）蜗杆轴线应在蜗轮轮齿的中间对称平面内。

（3）蜗杆蜗轮间的中心距要准确，其中心距允差如表 3-4-2 所示。

表 3-4-2　蜗杆传动中心距极限偏差　（单位：μm）

转动中心距 a(mm)	精度等级											
	1	2	3	4	5	6	7	8	9	10	11	12
$a \leqslant 30$	3	5	7	11	17		26		42		65	
$30 < a \leqslant 50$	3.5	6	8	13	20		31		50		80	
$50 < a \leqslant 90$	4	7	10	15	23		37		60		90	
$90 < a \leqslant 120$	5	8	11	18	27		44		70		110	
$120 < a \leqslant 180$	6	9	13	20	32		50		80		125	
$180 < a \leqslant 250$	7	10	15	23	36		58		92		145	
$250 < a \leqslant 315$	8	12	16	26	40		65		105		160	

续上表

转动中心距 a (mm)	精度等级											
	1	2	3	4	5	6	7	8	9	10	11	12
$315<a\leqslant400$	9	13	18	28	45		70		115		180	
$400<a\leqslant500$	10	14	20	32	50		78		125		200	
$500<a\leqslant630$	11	15	22	35	55		87		140		220	
$630<a\leqslant800$	13	18	25	40	62		100		160		250	
$800<a\leqslant1\,000$	15	20	28	45	70		115		180		280	
$1\,000<a\leqslant1\,250$	17	23	33	52	82		130		210		330	

（4）有适当的齿侧间隙。

蜗轮与蜗杆的齿侧间隙一般为 0.30～0.65 mm，顶间隙应随蜗轮与蜗杆的位置而定：如蜗杆在上，蜗轮在下，其齿顶间隙不得小于 1 mm；如蜗杆在下，蜗轮在上，其齿顶间隙不得小于轴瓦间隙。蜗杆与蜗轮的啮合间隙可按表 3-4-3 进行检查和调整。

表 3-4-3　蜗杆传动的啮合间隙　　单位（mm）

中心距（a）	≤40	$40<a\leqslant80$	$80<a\leqslant160$	$160<a\leqslant320$	$320<a\leqslant630$	$630<a\leqslant1\,250$	$1250<a$
啮合间隙	0.055	0.095	0.13	0.19	0.26	0.38	0.53

（5）有正常的接触斑点。蜗杆传动的接触斑点要求如表 3-4-4 所示。

表 3-4-4　蜗杆传动的接触斑点要求　　单位（mm）

图　　例	精度等级	接触面积（%）	接触形状	接 触 位 置	接 触 位 置
		沿齿高≥	沿齿长≥		
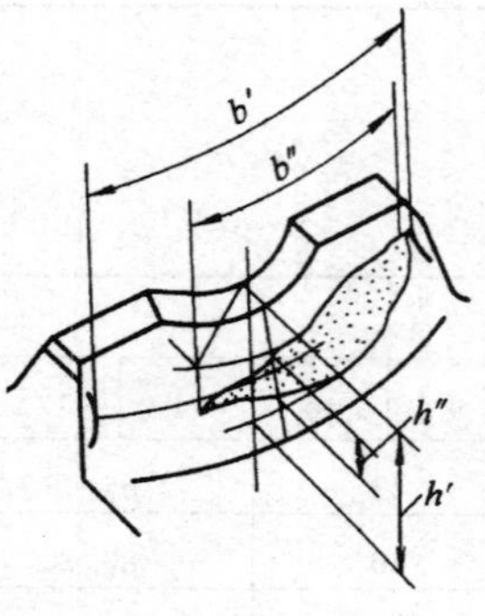	1 和 2	75	70	齿痕在齿高方向无断缺，不允许成带状条纹	痕迹分布位置趋近于齿面中部，允许略偏于啮合端。在齿顶和啮入、啮出端的棱边处不允许接触
	3 和 4	70	65		
	5 和 6	65	60		
	7 和 8	55	50	不作要求	痕迹应偏于啮出端，但不允许在齿顶和啮入、啮出端的棱边接触
沿齿长 $b''/b'\times100\%$	9 和 10	45	40		
沿齿长 $b''/b'\times100\%$	11 和 12	30	30		

三、蜗杆传动装配的三种误差

装配蜗杆传动过程中，可能产生的三种误差如图 3-4-2 所示。其中图 3-4-2（a）是蜗杆轴线与蜗轮轴线存在交角误差 $\Delta\Sigma$，而不是垂直成 90° ；图（b）是中心距存在误差 Δa，实际安装中心距 $L \neq a$ （理论安装中心距）；图 3-4-2（c）蜗轮中间平面与蜗杆轴线的偏移量 Δ。

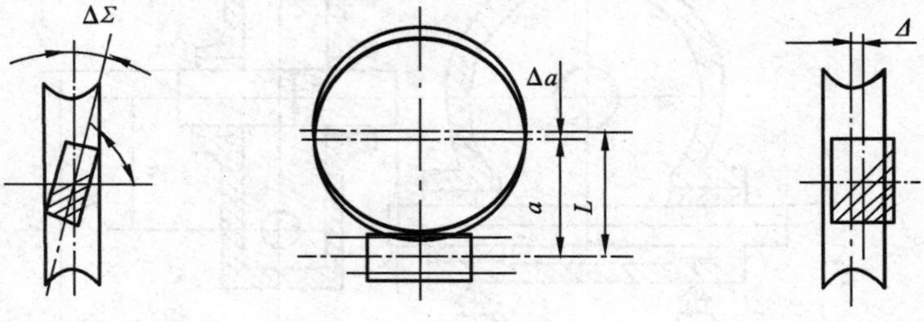

图 3-4-2　装配蜗杆传动的误差形式

任务实施

蜗杆传动机构的装配与调试

◎想一想：

（1）装配前需要对箱体进行怎样的检验？

（2）装配时应先装蜗杆还是先装蜗轮？

（3）蜗杆传动机构装配质量如何检验？

◎练一练：蜗杆传动机构安装和装配质量检验（装调工量具清单见表 3-4-5）。

表 3-4-5　蜗杆传动机构安装调试工量具清单

序 号	工 具 名 称	数 量	序号	工 具 名 称	数 量
1	百分表及表座	1 套/组	8	紫铜棒	1 根/组
2	齿轮径向跳动测量仪	1 套	9	螺旋压入工具	1 套/组
3	高度游标卡尺	1 把/组	10	套筒扳手	1 套/组
4	千分尺	1 套	11	红丹粉	若干
5	等高块	1 套/组	12	清洁布	若干
6	心棒	1 套/组	13	润滑油	若干
7	量块	1 套	14	千斤顶、平板	1 套/组

1．检验蜗杆箱体

在蜗杆、蜗轮装入箱体前，先检验蜗杆孔轴线和蜗轮孔轴线间的中心距误差和垂直度误差，能确保蜗杆传动机构装配技术要求。

（1）箱体孔中心距检验。

如图 3-4-3 所示，分别将检验心棒 1 和 2 插入箱孔中。将箱体用 3 个千斤顶支承在平板上，调整千斤顶，使其中一个心棒与平板平行，再分别测量两心棒至平板的高度，即可算出中心距 a：

$$a=(H_1-d_1/2)-(H_2-d_2/2)$$

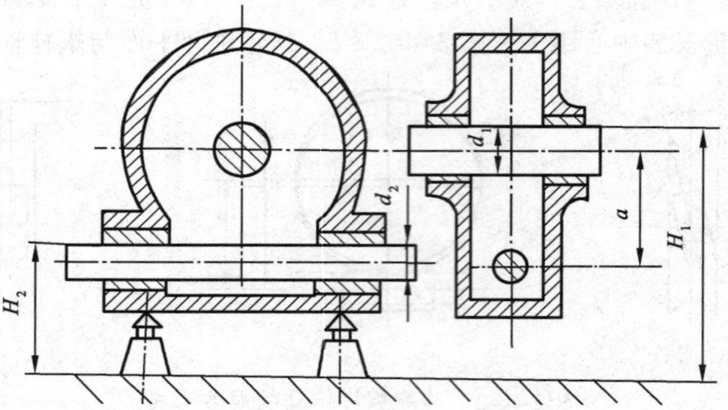

图 3-4-3 箱体孔中心距检验

（2）箱体孔轴线间的垂直度误差检验。

如图 3-4-3 所示，将心棒 1 和 2 分别插入箱体孔中，在心棒 2 的一端套一个百分表支架，并用螺钉紧固。百分表触头抵住心棒 1 并有一定预紧。旋转心棒 2 测至心棒 1 另一点，百分表上两点的读数差，即两轴线在 L 长度范围内的垂直度误差。

2. 蜗杆传动机构的装配

（1）装配蜗轮。组合式蜗轮需将蜗轮齿圈 1 压装在轮毂 2 上，并用螺钉紧固，如图 3-4-4 所示。

（2）将蜗轮装在轴上，安装和检验方法与圆柱齿轮相同。

（3）将箱体清洗干净，把蜗轮轴装入箱体，然后再装蜗杆。蜗杆轴线的位置是由箱体安装孔所确定的，调整轴承端盖垫圈的厚度控制蜗杆轴向间隙。改变蜗轮轴承盖垫圈厚度或用其他方式调整蜗轮的轴向位置，可以使蜗杆轴线位置在蜗轮中间平面内。

3. 蜗杆传动机构装配质量检验

（1）蜗轮轴向位置及接触斑点检验。用涂色法检验蜗杆与蜗轮的相互位置以及啮合的接触斑点。先将红丹粉涂在蜗杆螺旋面上，给蜗轮以轻微阻尼，转动蜗杆。根据蜗轮轮齿上的痕迹判断啮合质量。如图 3-4-5（a）所示，接触斑点位置在中部稍偏蜗杆旋出方向，表示接触正确。图 3-4-5（b）表示蜗杆偏左，图 3-4-5（c）表示蜗杆偏右，说明蜗轮轴线位置不正确，应通过改变垫片厚度等方式来调整蜗轮的轴向位置。接触斑点的长度，轻载时为齿宽的 25%～50%，满载时为齿宽的 90%左右。

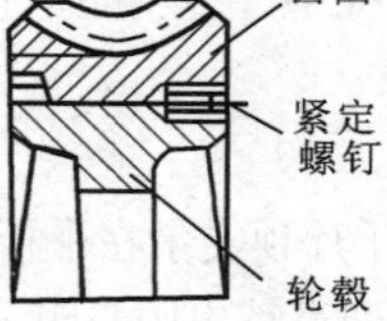

图 3-4-4 螺钉紧固蜗轮

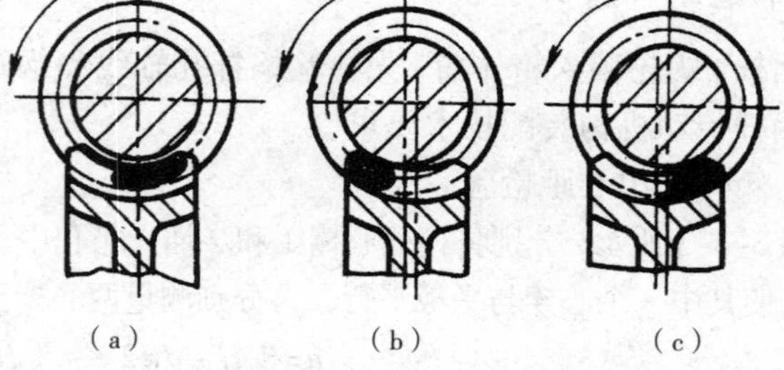

图 3-4-5 根据蜗轮轮齿上的痕迹判断啮合质量

（2）蜗杆传动侧隙的检验。蜗杆传动的侧隙如图 3-4-6 所示。对不太重要的蜗杆传动机构，可用经验法判断侧隙大小，即用手转动蜗杆，根据蜗杆的空程量判断侧隙大小。对要求较高的蜗杆传动，则用百分表进行测量，如图 3-4-7（a）所示。在蜗杆轴上固定一带角度尺的刻度盘，用百分表触头抵在蜗轮齿面上。用手转动蜗杆，在百分表指针不动的条件下，用刻度盘相对于固定指针的最大空程角来判断侧隙大小。如用百分表直接与蜗轮齿面接触有困难时，可在蜗轮轴上装一测量杆，如图 3-4-7（b）所示。

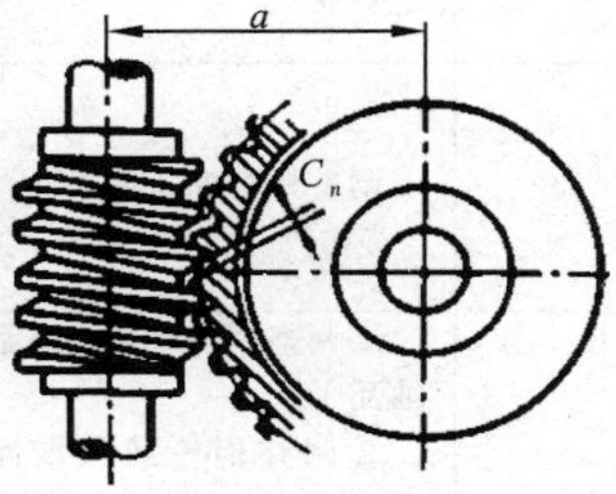

图 3-4-6　蜗杆传动的侧隙

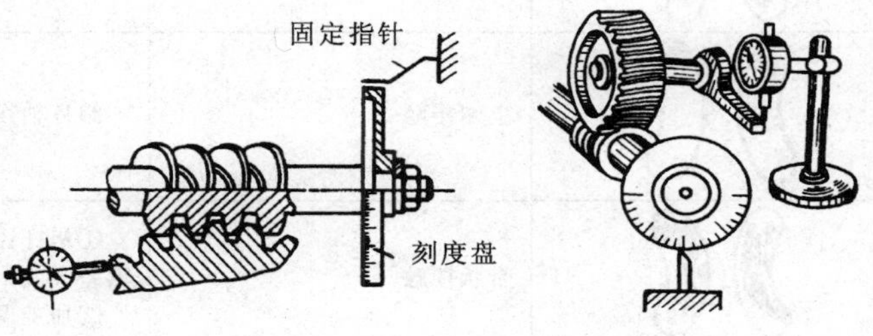

（a）　（b）

图 3-4-7　用百分表测量侧隙

侧隙与空程角有如下近似关系：

$$C_n=Z_1\pi m\alpha/360$$

式中　C_n——侧隙（mm）；

Z_1——蜗杆头数；

m——模数；

α——空程转角（°）。

4. 转动灵活性检查

蜗杆蜗轮传动装置装配完毕后，需检查它的转动灵活性。让蜗轮在任何位置上，用手轻而缓慢地用力均匀地旋转蜗杆，蜗轮、蜗杆传动没有忽松忽紧或咬住现象即可。

◎小提示：

蜗杆、蜗轮传动在承受载荷时，如有不正确接触，可按表 3-4-6 所示方法调整。

表 3-4-6　蜗轮齿面接触斑点及调整方法

接触斑点	症　状	原　因	调整方法
	正常接触		
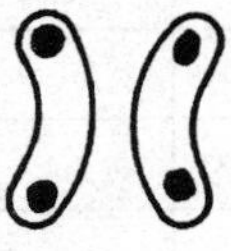	左、右齿面对角接触	中心距大或蜗杆轴线歪斜	①调整蜗杆座位置（缩小中心距） ②调整或修改蜗杆基面

续上表

接触斑点	症状	原因	调整方法
	中间接触	中心距小	调整蜗杆座位置（增大中心距）
	下端接触	蜗杆轴线歪斜	调整蜗杆座（向上）
	上端接触	蜗杆轴线歪斜	调整蜗杆座（向下）
	带状接触	①蜗杆径向跳动误差大 ②加工误差大	①调整蜗杆轴承（或刮轴瓦） ②调整蜗轮或采取跑合
	齿顶接触	蜗杆与终加工刀具齿形不一致	①调换蜗杆或蜗轮 ②重新加工（在中心距有充分条件的情况下）
	齿根接触	蜗杆与终加工刀具齿形不一致	①调换蜗杆或蜗轮 ②重新加工（在中心距有充分条件的情况下）

任务评价

蜗杆传动机构安装调试评分表如表 3-4-7 所示。

表 3-4-7　蜗杆传动机构安装调试评价表

序号	项　目	评分标准	配分	自评	小组评	老师评	备注
1	准备工作	装配表面清理干净、润滑油涂抹均匀	5				
2	箱体检验	箱体孔中心距检验方法、步骤、读数、计算正确，结果符合表 3-4-2 相应值	5				
3		箱体孔轴线间的垂直度误差检验方法、步骤、读数正确，结果符合表 3-4-1 相应值	5				
4	蜗杆传动机构装配	蜗轮齿圈压装在轮毂上方法正确，螺钉紧固后齿圈不松动	5				
5		蜗轮径向跳动、端面跳动检验方法、步骤正确	5				
6		蜗轮轮毂装入轴时施力均匀，轮毂不歪斜	5				
7		先装蜗轮再装蜗杆步骤正确	5				
8		调整蜗杆轴线在蜗轮中间平面内步骤、方法准确	10				

续上表

序号	项　目	评　分　标　准	配分	自评	小组评	老师评	备注
9	蜗杆传动装配质量检验	蜗杆蜗轮接触斑点检验方法、步骤正确，结果符合表 3-4-4 要求	20				
10		蜗杆传动侧隙的检验方法、步骤正确，结果符合表 3-4-3 要求	15				
11	转动灵活性检查	蜗轮在任意位置时转动蜗杆，没有忽松忽紧或咬住现象	15				
12	装配调试规范	工具、量具清理后摆放整齐、保养得当	5				
合　计			100				

思考与练习

一、填空题

1. 常用的机械传动装置包括________、________、________、________传动等。

2. 带传动是利用张紧在带轮上的________进行________或________传递的一种机械传动。根据传动原理的不同，有________型带传动和有靠带与带轮上的齿相互啮合传动的________带传动。

3. ________为同步带的公称长度。

4. 同步带的最基本参数是________和________。为此国际上有________和________两种标准。

5. 若两同步带轮的中心距大于最小带轮直径的 8 倍时，则两带轮应有________。

6. V 带传动的主要组成是________、________和________。

7. 一般带轮孔和轴的连接采用________配合。

8. 链传动由________、________和________（中间挠性件）组成，通过________的链节与________上的轮齿相________传递运动和动力。

9. 常用的传动链有________和________。

10. 滚子链中相邻两滚子的中心距称为________，用 p 表示，是链条的主要参数。

11. 滚子链　10A−1 × 86 GB/T 1243—2006 表示________________。

12. 齿轮传动是利用两齿轮的轮齿相互________以传递________和________的机械传动装置。在所有的机械传动中，齿轮传动应用最广，可用来传递________的两轴之间的运动和力。

13. 齿轮轴部件装入箱体后，要检验齿轮副的________，包括________的测量和________的检查。

14. 蜗杆传动由________和________组成，常用于传递________两轴间的运动及动力。

二、判断题

1. 成组 V 带传动更换时，只更换损坏的那根带，这样即节约又能保证 V 带正常工作。（　　）

2. 带传动中，在预紧力相同的条件下，V 带比平带能传递较大的功率，是因为 V 带没有接头。（　　）

3. 清洁同步带时，若同步带较脏，应将带在清洁剂中浸泡或者使用清洁剂刷洗。（　　）

4. 同步带难以安装的场合，不得用工具把同步带予撬入带轮，可以敲同步带翻过带轮侧面挡边。（　　）

5. 滚子链中节距 p 越大，链条各零件尺寸越大，所能传递的功率也越大。（　　）

6. 奇数节滚子链可采用弹簧卡连接链条两端。（　　）

7. 用弹簧卡连接链条时，其开口端方向与链条工作时的运动方向相反，以免运转中弹簧卡受到碰撞而脱落。（　　）

8. 如若链传动结构不允许调节两轴中心距，则必须先将链条套在链轮上，然后再进行连接。（　　）

9. 如链条上积聚了灰尘泥沙和污渍，应及时用煤油清洗，洗净后将链条浸入润滑油中，使链条充分浸油后再装上。（　　）

10. 链条在使用过程中，正常的磨损会使链条逐渐伸长，结果链条下垂度会逐渐增大，链条产生剧烈跳动，链条磨损加大，甚至出现跳齿、脱齿的现象。（　　）

三、问答题

1. V带传动装置的技术要求有哪些？如不符合要求，对传动有何影响？
2. 为什么要调整传动带的张紧力？如何调整？
3. 带轮一般安装在轴端，轴与带轮有哪几种连接方式？装配时要注意什么问题？
4. V带安装的要点是什么？安装后如何调整？
5. 如何检测带轮的安装精度？
6. 带传动张紧维护的要点是什么？
7. 为什么要控制同步带传动的预紧力？如何检查与调整同步带预紧力？
8. 链条一般选奇数节还是偶数节？分别怎么连接？连接时应注意什么问题？
9. 简述链传动的特点和应用。
10. 如何确定链条的下垂量?如何对链条进行张紧？
11. 如何进行链轮的装配和调试？
12. 齿轮传动的装配技术要求有哪些？
13. 齿轮装在轴上后，为什么要检查径向和端面跳动？如何检查？
14. 齿轮传动的啮合质量包括哪几方面要求？受哪些因素影响？
15. 什么是齿轮传动的侧隙？为什么齿轮传动要留有侧隙？用压熔断丝检验如何测量齿轮间隙？
16. 蜗杆传动机构装配的技术要求有哪些？
17. 蜗杆传动机构啮合后的接触斑点应怎样计算？
18. 简述蜗杆传动的装配顺序。
19. 蜗杆传动机构装配质量如何检验？

项目 4

减速器及其零部件安装与调试

情景导入

小张刚从学校毕业，在一家工厂从事车床操作工作。有一次和师傅一起改造机床，在师傅的引导下对主轴箱内的齿轮啮合很好奇。这些齿轮是什么原理呢？电动机输出的转速是一定的，但通过这些齿轮啮合使得输出的主轴转速可以很快或很慢并稳定转速。其实，使得电动机转速增加或减少的核心原理，就是减速器原理。

减速器是一种由封闭在箱体内的齿轮传动、蜗杆蜗轮传动和齿轮蜗杆传动所组成的独立部件，常用在原动部分与工作部分之间作为减速的传动装置。有些场合也可作为增速的传动装置，就称为增速器。

项目目标

- 了解并熟悉减速器的用途、结构、工作原理；
- 掌握减速器的运行原理，并学会分析减速器的传动特点；
- 熟悉减速器及其零配件的装调要求；
- 熟悉减速器及其零配件的运行环境及应用场合；
- 学会典型的减速器零件的拆装；
- 掌握减速器装配的特点。

轴类零件的
安装与调试

任务 1　轴类零件的安装与调试

一般来说，零件的长度比零件的直径大很多的圆柱形零件，便称之为轴。做回转运动的零件都要装在轴上来实现其回转运动及传递转矩的作用。常见的轴有直轴、曲轴和螺纹轴。

情景提问

通过实物教具和教学多媒体展示轴在机器中的应用实例，并展示 THMDZT-1 型机械装调设备中——减速器中的轴系零件（其中轴上有两个没有固定好的轴上零件）。

提问：

（1）该减速器中轴的作用是什么？

（2）该减速器中轴属于哪种类型的轴？

（3）该减速器中的轴上零件是否能正常工作？为什么？

知识链接

一、直轴类零件

在一般情况下，轴的工作能力取决于它的强度和刚度，对于机床主轴，这两点尤为重要。而高速转轴还需要良好的振动稳定性。轴上零件常将其毂和轴连在一起。轴和毂的固定可分为轴向固定和周向固定两种。

轴的主要功用是用来支承旋转的机械零件，如齿轮、带轮、链轮、凸轮等，传递运动和动力。图 4–1–1 所示为减速器中的轴。

图 4–1–1　减速器中的轴

根据轴的承载情况可分为转轴、心轴和传动轴三类。生活中，有很多轴的运用，如自行车。自行车工作时前轮轮毂和滚珠一起相对于前叉和车轴转动，而车轴本身固定不动，且仅承受横向力产生的弯矩，故自行车前轮为固定心轴。原理图如图 4–1–2 所示。

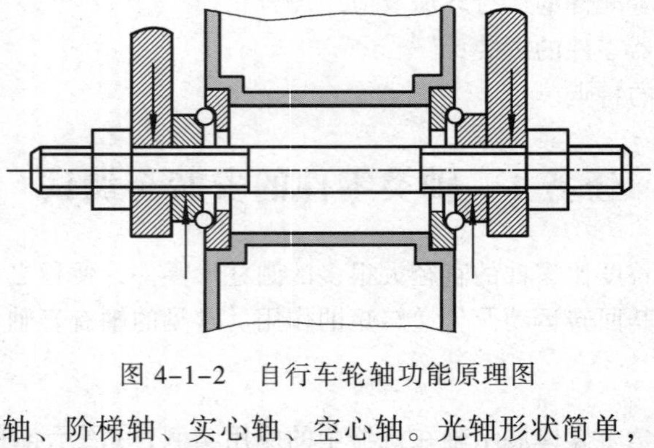

图 4–1–2　自行车轮轴功能原理图

按轴的形状分为光轴、阶梯轴、实心轴、空心轴。光轴形状简单，加工容易，应力集中源少，但轴上零件不易装配及定位。光轴主要用于心轴和传动轴。光轴的应用如图 4–1–3 所示。

轴一般是实心轴，有特殊要求时也可制成空心轴，如航空发动机的主轴，车床的主轴等。

轴的材料主要是碳钢和合金钢，钢轴的毛坯多数用圆钢或锻件，各种热处理和表面强化处理可以显著提高轴的抗疲劳强度。碳钢比合金钢价廉，且具有较好的综合力学性能，对应力集中的敏感性较低，应用较多，适用于一般要求的轴，尤其以 45 号钢应用最广。合金钢具有较高的力学性能，但价格较贵，多用于有特殊要求的轴。如传递大功率并要求减小尺寸和质量、要求高的耐磨性，以及处于高温、低温和腐蚀条件件等。

在一般工作温度下（低于 200 ℃），各种碳钢和合金钢的弹性模量均相差不多，因此相同尺寸的碳钢和合金钢轴的刚度相差不多。

高强度铸铁和球墨铸铁可用于制造外形复杂的轴，且具有价廉、良好的吸振性和耐磨性，以及对应力集中的敏感性较低等优点，但是质地较脆。

轴上各部分分为：轴颈、轴头、轴身，如图 4–1–4 所示。轴上被支承部分称轴颈，安装轮毂部分称为轴头，连接轴颈和轴头的部分称为轴身。

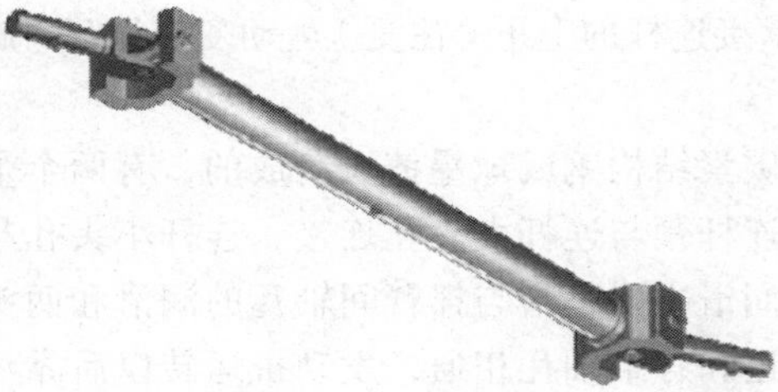

图 4–1–3　光轴的应用

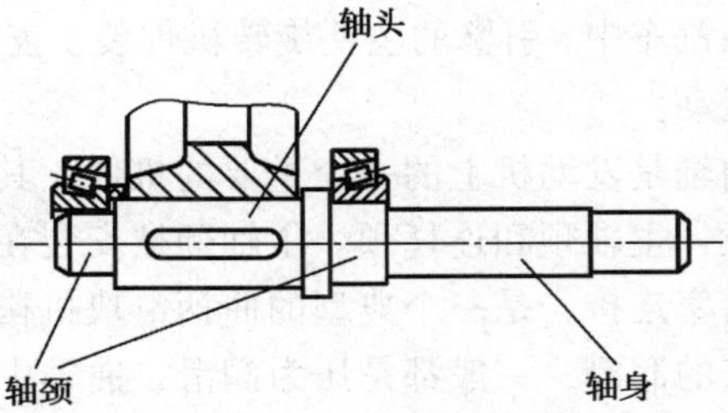

图 4–1–4　轴上各部分组成

为了保证轴上零件有准确的工作位置，必须进行轴向和周向定位。轴上零件的固定方法有：轴肩、挡圈、圆螺母、圆锥形轴头等，如表 4–1–1 所示。

表 4–1–1　轴上零件的轴向固定方法

轴肩	轴肩	轴肩
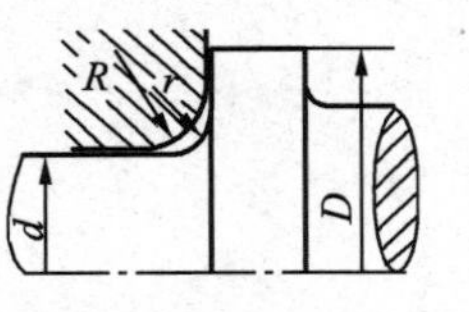	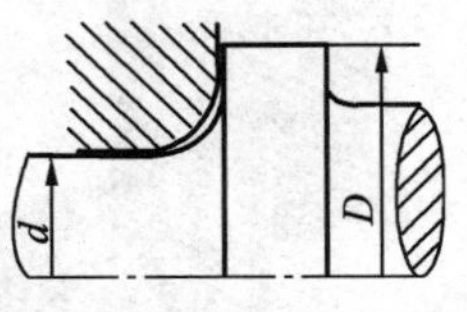	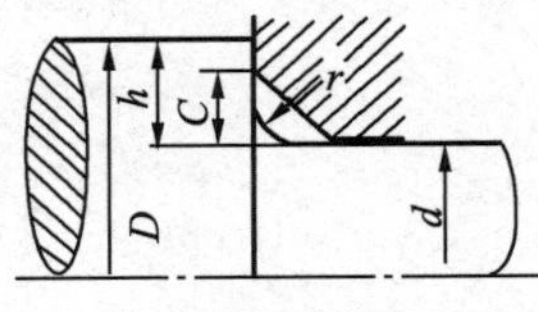
螺母	双螺母	紧固螺钉
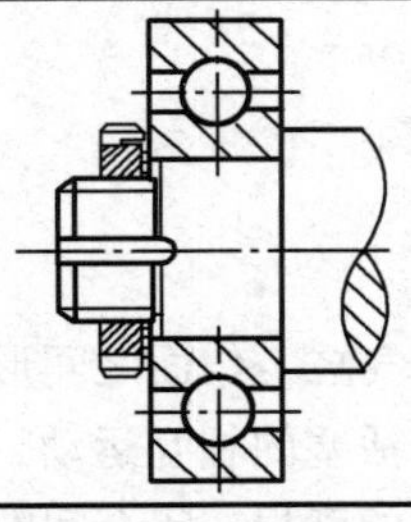	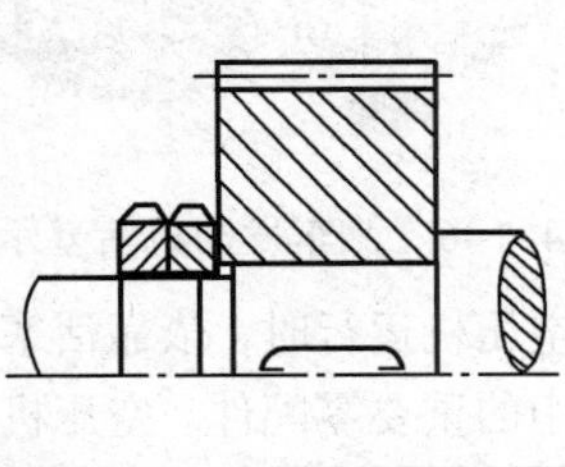	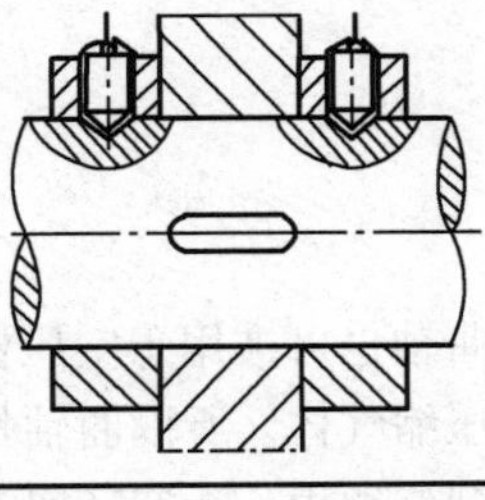

轴肩结构简单，可以承受较大的轴向力。螺钉锁紧挡圈用紧固螺钉固定在轴上，在轴上零件两侧各用一个挡圈时，可任意调整轴上零件的位置，装拆方便，但不能承受大的轴向力。当轴上零件一边采用轴肩定位时，另一边可采用套筒定位，以便于装拆。轴端挡圈常用于轴端零件的固定。圆锥形轴头对中好，常用于转速较高时，也常用于轴端零件的固定。

二、曲轴类零件

曲轴被广泛应用于各种各样的机器当中，图 4–1–5 所示为曲轴示意图。

图 4–1–5　曲轴示意图

在汽车中，引擎的主要旋转机件装上连杆后，可承接连杆的上下（往复）运动变成循环（旋转）运动。

曲轴是发动机上的一个重要的机件，其材料是由碳素结构钢或球墨铸铁制成的，有两个重要部位：主轴颈和连杆颈。主轴颈被安装在缸体上，连杆颈与连杆大头孔连接，连杆小头孔与汽缸活塞连接，是一个典型的曲柄滑块机构。曲轴的润滑主要是指与摇臂间轴瓦的润滑和两头固定点的润滑，一般都是压力润滑，曲轴中间会有油道和各个轴瓦相通，发动机运转以后靠油泵提供压力供油进行润滑、降温。发动机工作过程就是，活塞经过混合压缩气的燃爆，推动活塞做直线运动，并通过连杆将力传给曲轴，由曲轴将直线运动转变为旋转运动。曲轴的旋转是发动机的动力源，如图 4–1–6 所示。

图 4–1–6　汽车发动机活塞示意图

曲轴也可被用于空压机中，当空压机运行时，依靠活塞、活塞环与气缸工作面之间形成的密封腔压缩气体。所以曲轴是空压机中的重要零配件。空压机通过曲轴与活塞的相互运动，把空气压缩到气缸内。活塞环留有防抱缸的闭合间隙，而且随着活塞环与气缸的磨损，闭合间隙不断增大。因此，压缩气体时会有少量压缩空气向曲轴箱泄漏。压缩空气从压力状态降到零压状态时，大量吸热降温，产生冷凝水。由于压缩机运行时，曲轴箱有一定温度，通常在 55～70℃。一般情况下，进入曲轴箱的冷凝水被蒸发掉，曲轴箱不会积水。但是，当曲轴箱内的冷凝水形成量大于蒸发量时，曲轴箱就会产生积水。

三、螺纹连接件

1. 螺纹连接概念

螺纹轴的主要特点是轴上有用于连接的螺纹。螺纹连接是一种可拆卸的紧固连接，它具有结构简单、连接紧凑可靠、装拆方便等优点，故在连接中被广泛应用。螺纹连接的分类很多，通常可以分为普通和特殊螺纹连接两种。普通的螺纹连接，基本牙型是三角螺纹，牙型角为 60° 。它的基本类型有：一般螺栓连接、双头螺柱连接和螺钉连接，如图 4-1-7 所示。

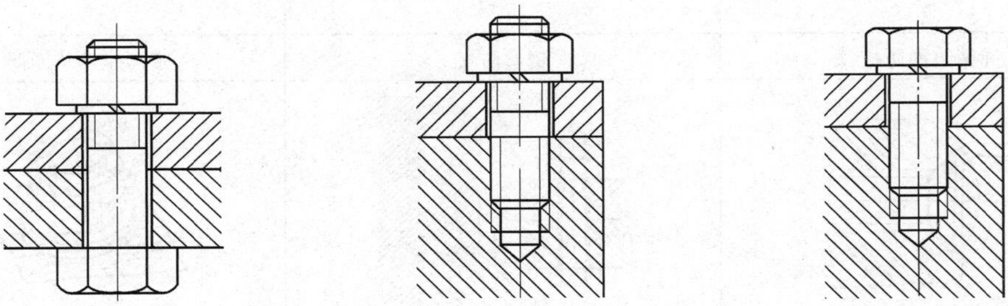

（a）双头螺栓连接　　（b）螺柱连接　　（c）螺钉连接

图 4-1-7　普通螺纹连接的种类

通常螺纹连接为了使螺纹副产生一定的摩擦阻力，就需要有足够的预紧力。预紧力的大小一般由预紧工具（如扳手）决定，如表 4-1-2 所示。

表 4-1-2　常用扳手

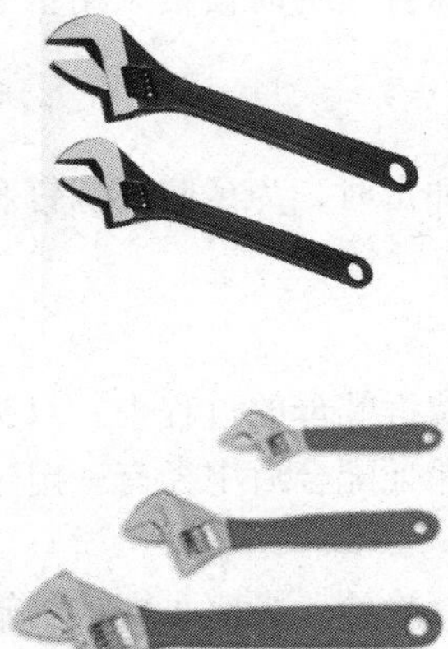	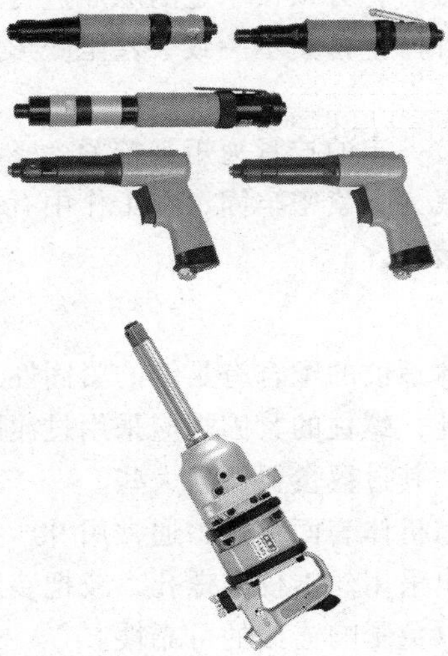	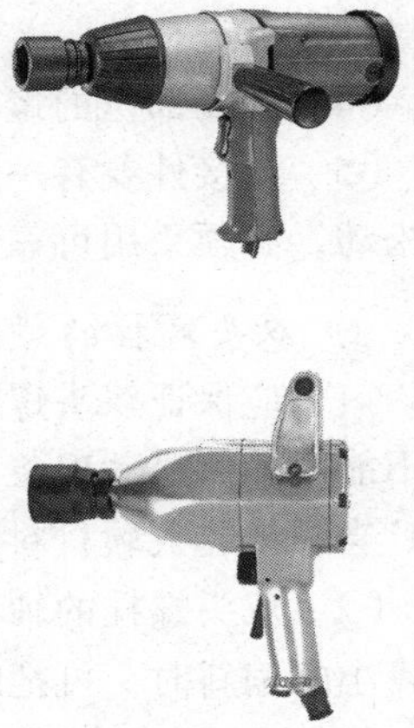
普通扳手	气动扳手	电动扳手

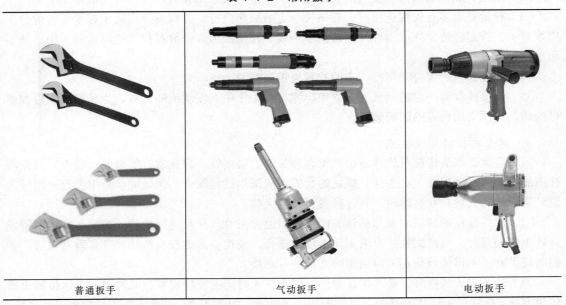

使用板手进行预紧的时候，一般只要预紧力大小合适，螺纹连接不松动便可。螺纹连接一般都有自锁性，不容易松脱，但在冲击力大的环境中也会松脱，所以有必要采取必要的防松措施，如表 4-1-3 所示。

表 4-1-3　防松措施

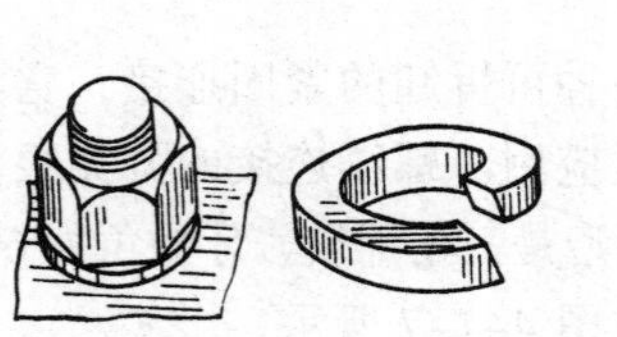	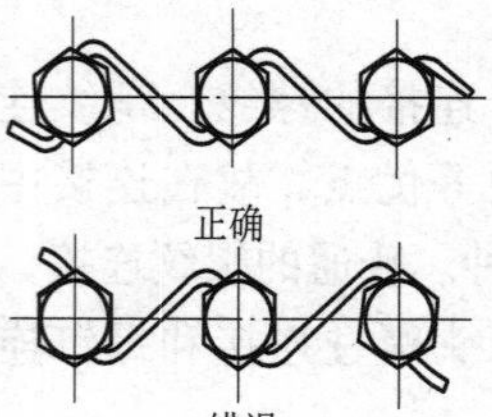	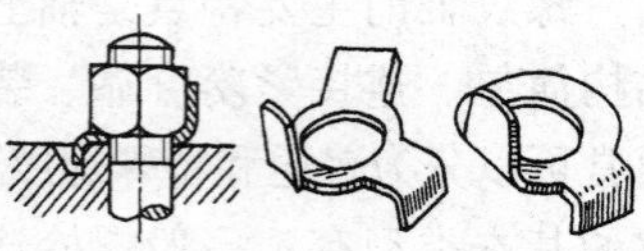
弹簧垫圈防松	钢丝防松	带耳止动垫圈防松
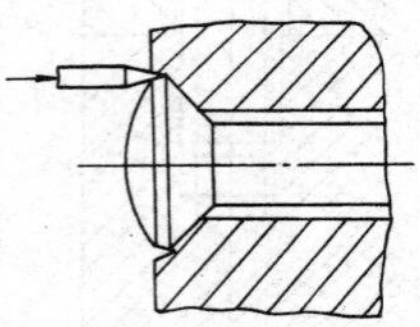	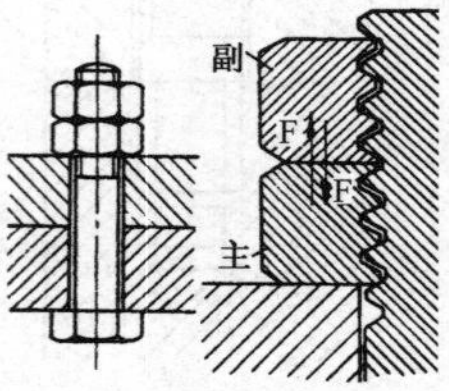	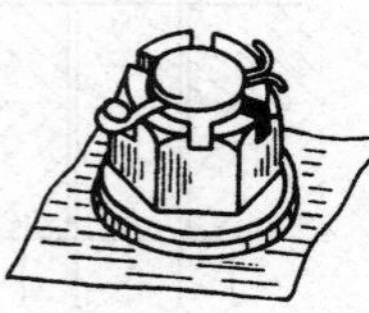
样冲点铆防松	锁紧螺母防松	开口销防松

2. 螺栓、螺母的装配要点

（1）螺栓、螺钉或螺母与贴合的表面要光洁、平整，贴合处的表面应当经过加工，否则容易使连接件松动。

（2）螺栓、螺钉或螺母和接触的表面之间应保持清洁，螺孔内的脏物应当清理干净。

（3）拧紧成组多点螺纹连接时，必须按一定的顺序进行，并做到分次逐步拧紧（一般分三次拧紧），否则会使零件或螺杆产生松紧不一致，甚至变形。一般在拧紧的时候是采用扩展型和对称型来进行的。

（4）主要部位的螺钉必须按一定的拧紧力矩来拧紧。

（5）连接件要有一定的夹紧力，紧密牢固，在工作中有振动或冲击时，为了防止螺钉和螺母松动，必须采用可靠的防松装置。

3. 双头螺柱的装配要点

（1）应保证双头螺柱与机体螺纹的配合有足够的紧固性（即在装拆螺母的过程中，双头螺柱不能有任何松动现象）。为此，螺柱的紧固端应采用过渡配合，保证配合后中径有一定过盈量。当螺柱装入软材料机体时，其过盈量要适当大些。

（2）双头螺柱的轴线必须与机体表面垂直，通常用 90° 角尺进行检验。当双头螺柱的轴线有较小的偏斜时，可把螺柱拧出采用丝锥校准螺孔，或把装入的双头螺柱校准到垂直位置，如偏斜较大时，不得强行修正，以免影响连接的可靠性。

（3）装入双头螺柱时，必须用油润滑，以免拧入时产生咬住现象，同时可使今后拆卸更换较为方便。拧紧双头螺柱的专用工具如图 4-1-8 所示。图 4-1-8（a）所示为用两个螺母拧紧法，先将两个螺母相互锁紧在双头螺柱上，然后扳动上面的一个螺母，把双头螺柱拧入螺孔中。

图 4-1-8（b）所示为使用长螺母的拧紧法。用止动螺钉来阻止长螺母和双头螺柱之间的相对运动，然后扳动长螺母，这样双头螺柱即可拧入。要松掉螺母时，先使止动螺钉回松，就可旋下螺母。

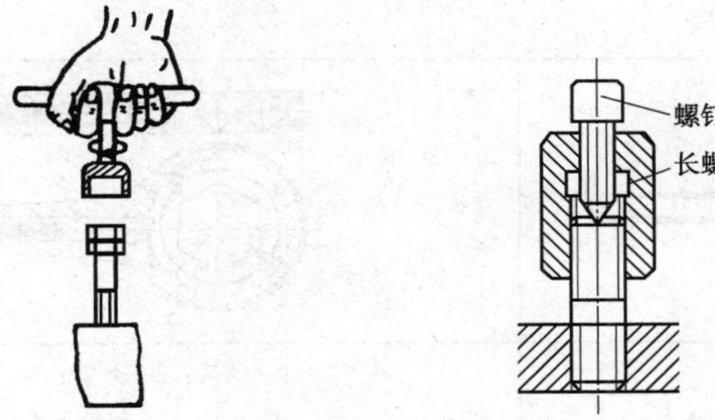

（a）用双螺母拧紧图　　（b）用长螺母拧紧

图 4-1-8　拧紧双头螺柱的专用工具

任务实施

减速器轴零件拆装

对 THMDZT-1 实训装置中减速器进行装拆。其中轴零件的装拆都需要经过哪些步骤，通过实践了解减速器中轴零件装拆的调试任务。

◎想一想：

进行轴类零件拆装的时候都需要哪些工具？需要注意哪些事项？

轴类零件拆装工具如表 4-1-4 所示。

表 4-1-4　轴类零件的拆装工具

<table>
<tr><td>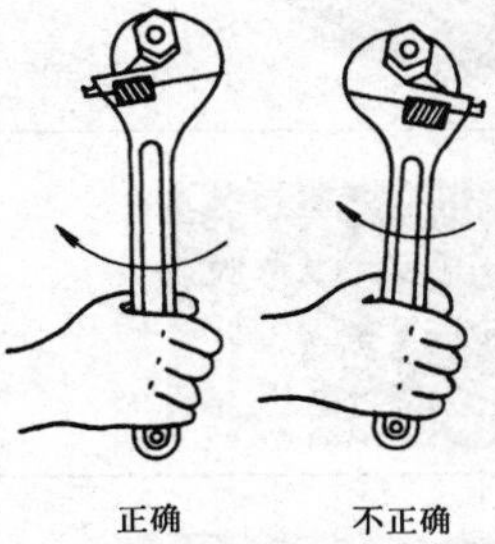</td><td>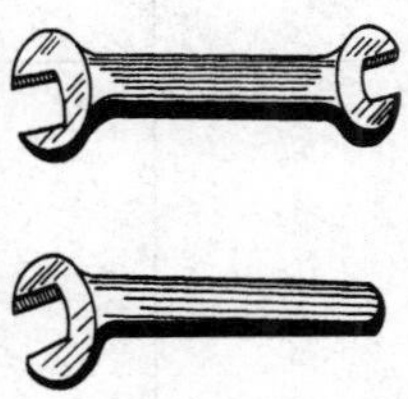</td><td>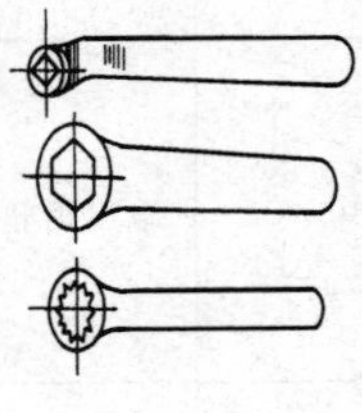</td></tr>
<tr><td>活扳手的使用</td><td>呆扳手</td><td>整体扳手</td></tr>
<tr><td>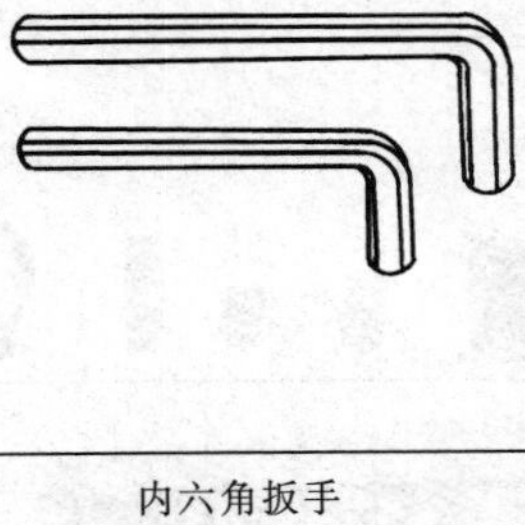</td><td colspan="2">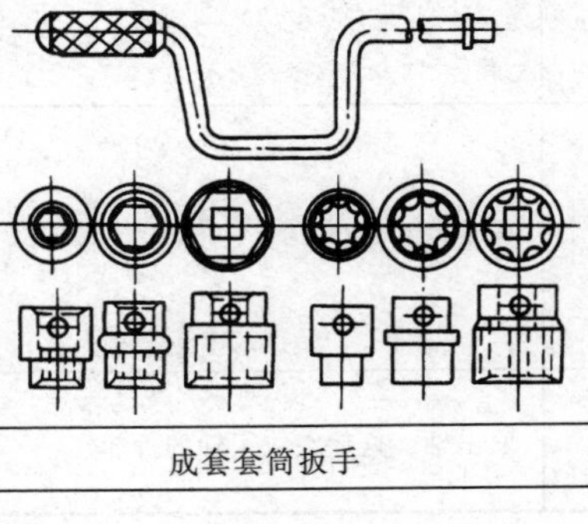</td></tr>
<tr><td>内六角扳手</td><td colspan="2">成套套筒扳手</td></tr>
</table>

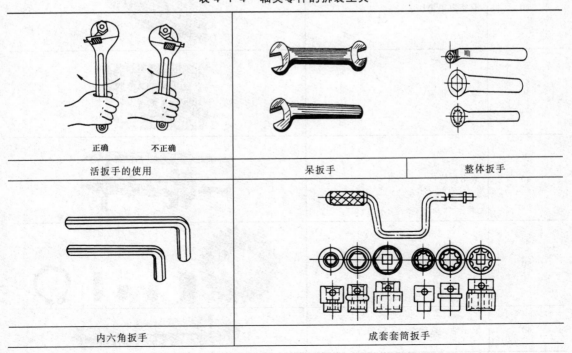

续上表

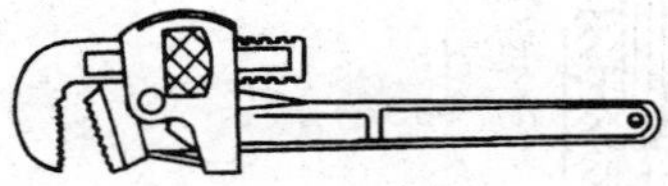	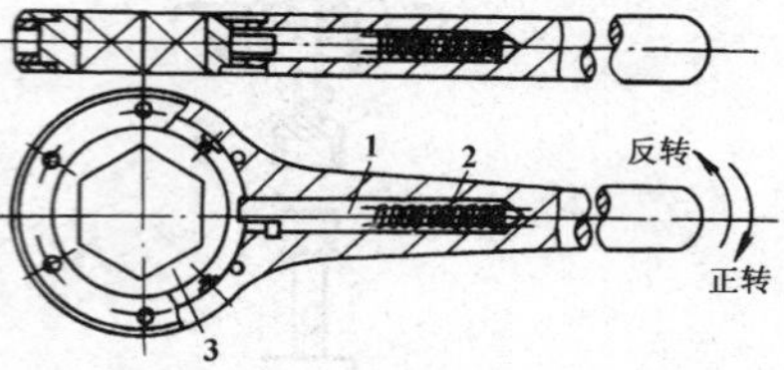
管钳	1—棘爪；2—弹簧；3—内六角套筒 棘轮扳手

◎**练一练**：减速器中轴类零件拆装的步骤如表 4-1-5 所示。

表 4-1-5　减速器中轴类零件拆装工艺

工　序　号	内　　容	拆　卸　工　具
10	使用活扳手对 THMDZT-1 实训装置中减速器轴外螺纹进行拆卸	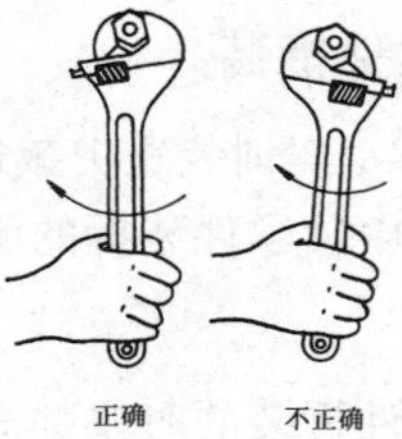
20	直接取出垫片	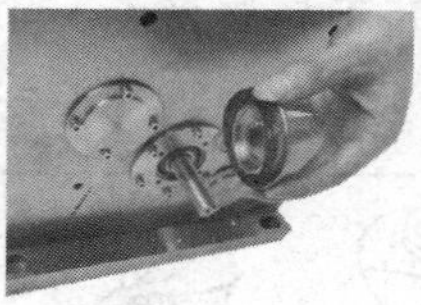
30	取出齿轮轴	
40	取出齿轮	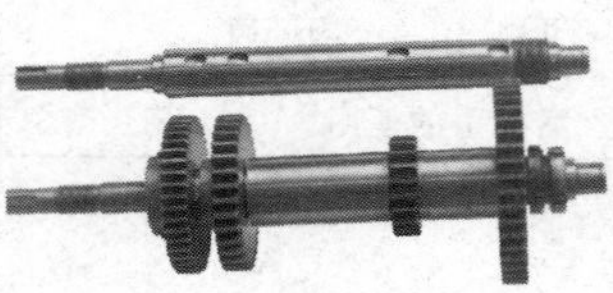
50	取出键和齿轮	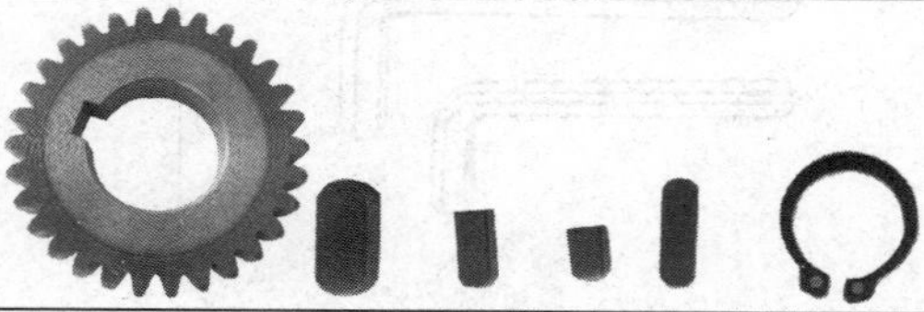
60	取出轴，这就完成了轴的拆卸	

任务评价

理论知识主要通过学生作业形式进行个人评价、小组互评和教师评价。实践操作则通过项目任务，根据各同学的完成情况进行评价。评价表格如表 4-1-6 所示。

表 4-1-6 任务评价记录表

评价项目	评价内容	分值	个人评价	小组互评	教师评价	得分
理论知识	了解轴在减速器中的作用	5				
	掌握轴的主要功用	10				
	掌握螺纹连接件的防松措施	10				
	熟悉轴类零件的拆装工具	10				
实践操作	会使用轴类零件的拆装工具	10				
	学会轴类零件的拆装步骤，并且在老师的指导下完成	10				
	学会轴类零件的检测	10				
安全文明	遵守操作规程	5				
	职业素质规范化养成	5				
	7S 整理	5				
学习态度	考勤情况	5				
	遵守实习纪律	5				
	团队协作	10				
	总得分	100				
成果分享	收获之处					
	不足之处					
	改进措施					

任务拓展

轴类零件检测与修复

轴类零件是组成各类机械设备的重要零件，它承受载荷和传递转矩，影响设备的精度。尤其是机床类设备，主轴部件担负着机床的主要切削运动，对被加工工件的精度和表面粗糙度以及生产率都有直接影响。

轴是最容易磨损或损坏的零件，常见的失效形式有三种：磨损、断裂、变形。

轴的具体修复内容主要有以下几个方面。

1. 轴颈磨损的修复

轴颈因磨损而失去原有的尺寸和形状精度，变成椭圆形或圆锥形等，此时常用以下方法修复。

（1）镶套法修复。当轴颈磨损量小于 0.5 mm 时，可用机械加工方法使轴颈恢复正确的几何形状，然后按轴颈的实际尺寸选配新轴衬。这种用镶套进行修复的方法可避免轴颈的变形，在实践中经常使用。

（2）堆焊法修复。几乎所有的堆焊工艺都能用于轴颈的修复。堆焊后不进行机械加工的，堆焊层厚度应保持在 1.5 ~ 2.0 mm；若堆焊后仍需进行机械加工的，堆焊层的厚度应使轴颈比其名义尺寸大 2 ~ 3 mm。堆焊后应进行退火处理。

（3）电镀或喷涂修复。当轴颈磨损量在 0.4 mm 以下时，可镀铬修复，但成本较高，只适于重要的轴。为降低成本，对于不重要的轴应采用低温镀铁修复，此方法效果很好，原材料便宜、成本低、污染小、镀层厚度可达 1.5 mm，有较高的硬度。磨损量不大的也可采用喷涂修复。

（4）粘接修复。把磨损的轴颈车小 1 mm，然后用玻璃纤维蘸上环氧树脂胶，逐层地缠在轴颈上，待固化后加工到规定的尺寸。

2. 中心孔损坏的修复

修复前，首先除去孔内的油污和铁锈，检查损坏情况，如果损坏不严重，用三角刮刀或油石等进行修整；当损坏严重时，应将轴装在车床上用中心钻加工修复，直至完全符合规定的技术要求。

3. 圆角的修复

圆角对轴的使用性能影响很大，特别是在交变载荷作用下，常因轴颈直径突变部位的圆角被破坏或圆角半径减小导致轴折断。因此，圆角的修复不可忽视。

圆角的磨伤可用细锉或车削、磨削加工修复。当圆角磨损很大时，需要进行堆焊，退火后车削至原尺寸。圆角修复后，不可有划痕、擦伤或刀迹，圆角半径也不能减小，否则会减弱轴的性能并导致轴的损坏。

4. 螺纹的修复

当轴表面上的螺纹碰伤、螺母不能拧入时，可用圆板牙或车削加工修整。若螺纹滑牙或掉牙，可先把螺纹全部车削掉，然后进行堆焊，再车削加工修复。

5. 键槽的修复

当键槽只有小凹痕、毛刺或轻微磨损时，可用细锉、油石或刮刀等进行修整。若键槽磨损较大，可扩大键槽或重新开槽，并配大尺寸的键或阶梯键，也可在原槽位置上旋转 90° 或 180° 重新按标准开槽。开槽前需先把旧键槽用气焊或电焊填满。

6. 花键轴的修复

（1）当键齿磨损不大时，先将花键部分退火，进行局部加热，然后用钝錾子对准键齿中间，手锤敲击，并沿键长移动，使键宽增加 0.5 ~ 1.0 mm。花键被挤压后，劈成的槽可用电焊焊补，最后进行机械加工和热处理。

（2）采用纵向或横向施焊的自动堆焊方法。纵向堆焊时，把清洗好的花键轴装到堆焊机床上，机床不转动，将振动堆焊机头旋转 90° ，并将焊嘴调整到与轴中心线成 45° 的键齿侧面。焊丝伸出端与工件表面的接触点应在键齿的节径上，由床头向尾架方向施焊。横向施焊与一般轴类零件修复时的自动堆焊相同。为保证堆焊质量，焊前应将工件预热。堆焊结束时，应在焊丝离开工件后断电，以免产生端面弧坑。堆焊后要重新进行铣削或磨削加工，以达到规定的技术要求。

（3）按照规定的工艺规程进行低温镀铁，镀铁后再进行磨削加工，使其符合规定的技术要求。

7. 裂纹和折断的修复

轴出现裂纹后若不及时修复，就有折断的危险。

对于轻微裂纹还可采用粘接修复：先在裂纹处开槽，然后用环氧树脂胶填补和粘接，待固化后进行机械加工。

对于承受载荷不大或不重要的轴，其裂纹深度不超过轴直径的 10%时，可采用焊补修复。焊补前，必须认真做好清洁工作，并在裂纹处开好坡口。焊补时，先在坡口周围加热，然后再进行焊补。为消除内应力，焊补后需进行回火处理，最后通过机械加工达到规定的技术要求。

对于承受载荷很大或重要的轴，其裂纹深度超过轴直径的 10%或存在角度超过 10° 的扭转变形，则应予以调换。

任务 2　键零件的安装与调试

键是用来连接轴和轴上零件，以传递钮矩和动力的一种机械零件。键具有结构简单、工作可靠、装拆方便等优点，因此在机械构件中得到广泛应用。键连接有松键连接和紧键连接之分。松键连接常见种类如图 4-2-1 所示，紧键连接常见种类如图 4-2-2 所示，主要区别在于紧键连接顶面没有间隙。

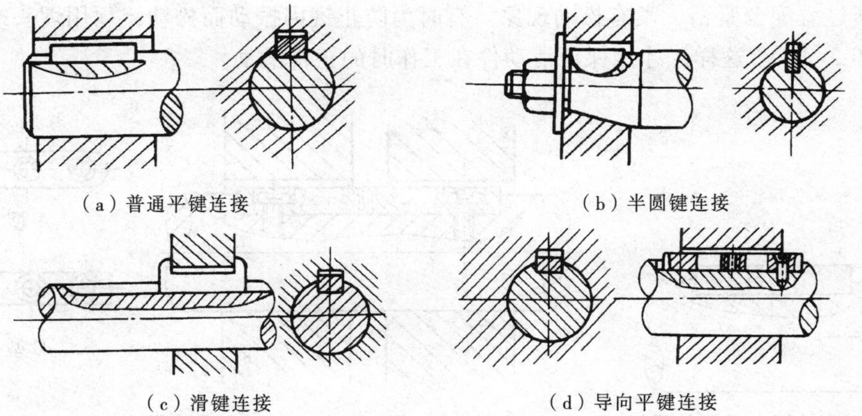
（a）普通平键连接　（b）半圆键连接　（c）滑键连接　（d）导向平键连接

图 4-2-1　松键连接

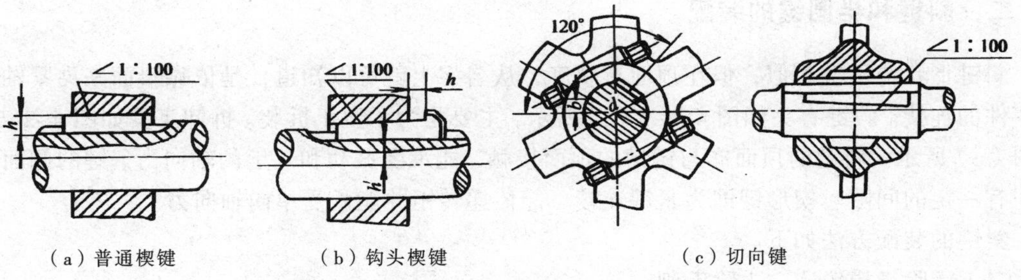

（a）普通楔键　（b）钩头楔键　（c）切向键

图 4-2-2　紧键连接

知识链接

一、平键、滑键和导键的装配

平键连接，顾名思义，键的外型是平整的，在机械设备中应用比较广泛。平键在装配时，与轴上键槽的两侧面必须有过盈配合。当轴有正反转的时候，键不会松动，以保证轴和键的使用寿命及工作平稳。键顶面和轮毂间是间隙配合。

平键装配方法如下。

（1）清除键槽的锐边，以防装配时过紧。

（2）修配键与槽的配合精度及键的长度。

（3）修锉键的圆头。

（4）键安装于轴的键槽中必须与槽底接触，一般采用虎钳夹紧或敲击等方法。

（5）轮毂上的键槽与键配合过紧时，可修整但不允许松动。

（6）为了使键拆卸时不损坏，可在键上面备有螺孔，如图 4–2–3 所示。

滑键和导键不仅带动轮毂旋转，还须使轮毂沿轴线方向在轴上来回移动，装配时，键与滑动件轮毂键槽（键座）宽度的配合必须是间隙配合，而键与非滑动件（轴）的键座（或键槽）两侧面必须过盈配合紧密，没有松动现象。有时为防止键因振动而松动，须用埋头螺钉把键固定（见图 4–2–4）。这样，才能保证滑动件在工作时的正常滑动。

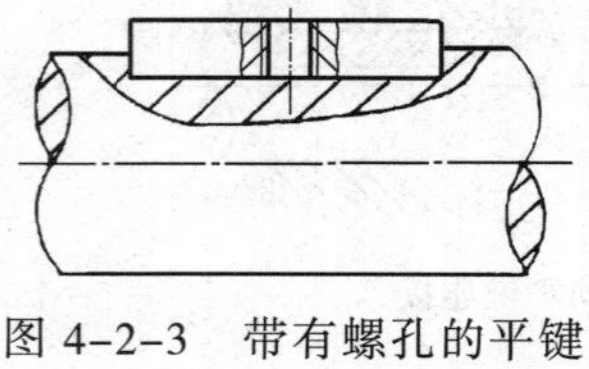

图 4–2–3　带有螺孔的平键

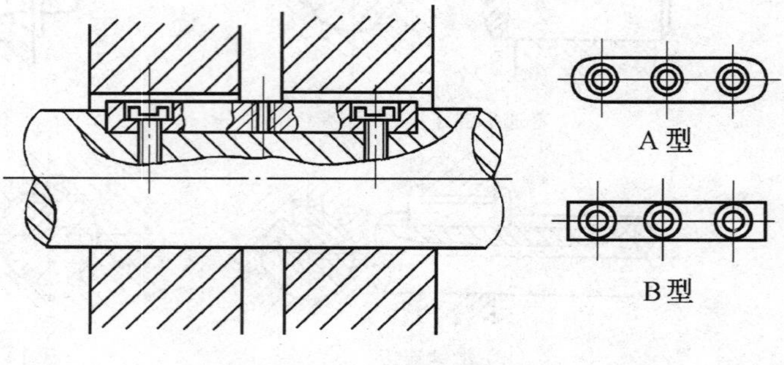

图 4–2–4　导键固定在轴上

二、斜键和半圆键的装配

斜键形状与平键相似，但在顶面有斜度，从名字上就可以知道，是依靠斜面来夹紧轴与轴上零件的连接。斜键有头如图 4–2–5（a）所示，主要是为了便于拆装。拆卸工具如图 4–2–5（b）和图（c）所示。斜键的顶面亦与键槽的顶面接触，能承受振动和一定的轴向力。键的侧面与键槽间有一定的间隙。楔形键即为紧键连接，能传递转矩并能承受单向轴向力。

斜键的装配方法如下。

（1）清除键槽锐边，去除毛刺。

（2）修配键与槽的配合精度，把轮毂套上。

（3）使轴与轮毂键槽对正，使键和轮毂键槽紧密贴合，并使接触长度符合要求。

（4）清洗斜键及键槽等，加上润滑油，使其紧密配合。

半圆键一般用在直径较小的轴或锥形轴上，以传递不大的动力，如机床上手轮和轴配合等。这种键的装配方法与平键相同，但键在键槽中可以滑动。根据场合的不同，采用不同的连接方式。

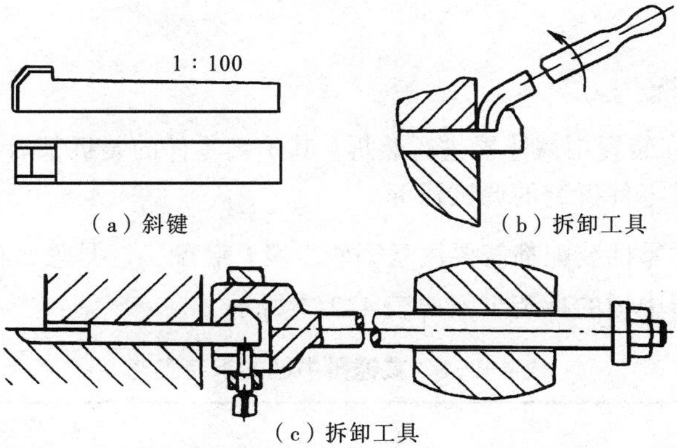

图 4-2-5　斜键及拆卸工具

三、花键的装配

花键连接是由外花键和内花键组成的，适用于定心精度要求高、裁荷大或经常滑移的连接。花键连接的齿数、尺寸、配合等均按标准选取，可用于静连接或动连接。按其齿形可分为矩形花键（GB/T 1144—2001）和渐开线花键（GB/T 3478.1—2008）。

花键的应用比较广泛，连接轴的强度高，传递转矩大，导向好。但制造成本较高，广泛用于轴类零件的制造业中，如图 4-2-6 所示。

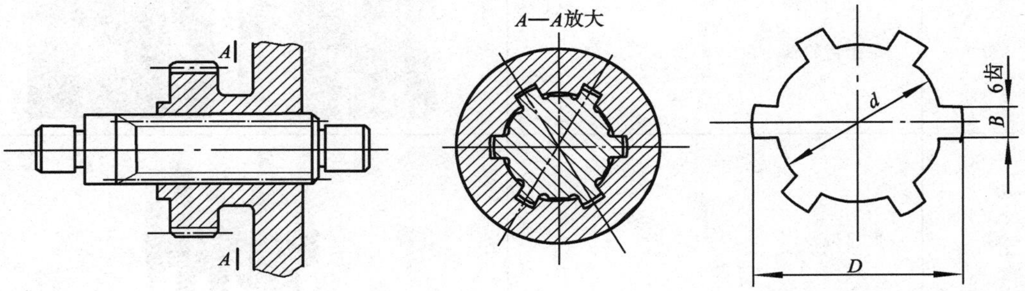

图 4-2-6　花键连接

花键由键数、大径和键宽三个因素组成。花键定心方式有大径（D）、小径（d）和齿侧定心（B）。其中，精度高、质量好的是小径定心方式，如图 4-2-6 所示。花键配合包括定心直径、非定心直径和键宽配合。

花键连接的装配要求：

（1）固定连接的花键。先去除毛刺，加入润滑油，用紫铜棒轻锤而入，直至合适方好。但是对于配合较紧的话，就要采用温差变化，按照热胀冷缩的原理，将其加热后进行装配。

（2）滑动连接的花键。滑动连接主要指花键与轴进行滑动连接。所以，连接的时候一定是间隙配合。花键轴在滚或铣出后，一般外圆经过磨削，花键孔是拉出来的，因此，轴与孔配合比较准确。

任务实施

减速器键零件装拆

对 THMDZT-1 实训装置中减速器进行装拆。其中键零件的装拆都需要经过哪些步骤，通过实践，了解减速器中键零件拆装的调试任务。

◎想一想：进行键零件装配都需要注意哪些步聚？装配工艺是怎么样的？

◎练一练：减速器中键的拆装步骤如表 4-2-1 所示。

表 4-2-1　减速器中键的拆装工艺

工　序　号	内　　容	拆　卸　工　具
10	使用内六角对 THMDZT-1 实训装置中减速器轴外端盖进行拆卸	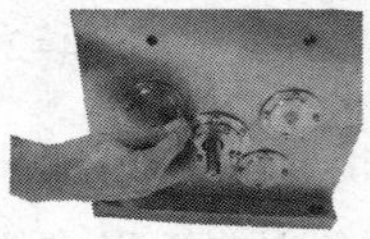 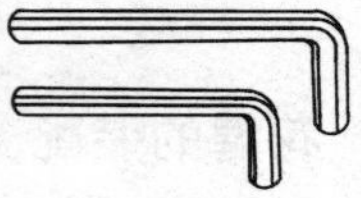
20	直接取下外端盖	
30	取出齿轮轴	 
40	取出齿轮	
50	取出键，这就完成了键零件的拆卸	

任务评价

理论知识主要通过学生作业形式进行个人评价、小组互评和教师评价。实践操作则通过项目任务，根据各同学的完成情况进行评价。评价表格如表 4-2-2 所示。

表 4-2-2　任务评价记录表

评价项目	评价内容	分值	个人评价	小组互评	教师评价	得分
理论知识	了解键在减速器中的作用	5				
	掌握键的主要功用	10				
	掌握键的分类	10				
	熟悉键的装配工艺	10				
实践操作	掌握键的装配工艺	20				
	学会键的松紧调节步骤，并且在老师的指导下完成	10				
安全文明	遵守操作规程	5				
	职业素质规范化养成	5				
	7S 整理	5				
学习态度	考勤情况	5				
	遵守实习纪律	5				
	团队协作	10				
	总得分	100				
成果分享	收获之处					
	不足之处					
	改进措施					

任务拓展

旋转件的平衡装调

齿轮、带轮、飞轮及各种转子等机器中的旋转件由于材料密度不均匀、加工精度或其他原因都会使旋转件的重心和旋转中心不重合。当旋转件旋转时，产生一定的离心力。这种离心力将使机械效率、工作精度和可靠性下降，加速零件的损坏，缩短机械的使用寿命。因为当这些惯性力的大小和方向呈周期性变化时，会使机械和基础产生振动。所以，研究机构平衡的目的，就是要消除或减小惯性力的不良影响，这是机械工程中的重要问题。

旋转件的不平衡形式：由于回转件结构不对称、制造和安装不准确或材料不均匀等原因，使其质心偏离回转轴线，当回转件转动时，将产生离心惯性力。在高速、重载、精密的机械中，离心惯性力的平衡是很重要的。

根据回转件不平衡质量的分布情况，回转件平衡问题可分为静平衡和动平衡。

1. 静平衡

质量分布在同一回转平面内的平衡问题是静平衡。如齿轮、带轮、飞轮等回转件，可以认为其质量分布在同一回转平面内，这类回转件的平衡问题属于静平衡。静平衡的条件：回转件上各质量的离心惯性力的向量和等于零或质径积的向量和等于零。

2. 动平衡

动平衡是指质量分布不在同一回转平面内的平衡问题，对于轴向宽度较大的回转件，如多缸发动机、电动机转子和机床主轴等，这些构件的质量分布不在同一回转平面内，但可看做是分布在垂直于回转轴线的若干互相平行的回转平面内。

如果回转件的质心不在旋转轴线上，则既有不平衡的惯性力，又有不平衡的惯性力矩。这种包含惯性力和惯性力矩的不平衡称为动不平衡。因此，回转件动平衡的条件是：回转件上各个质量的离心惯性力的向量和等于零，同时，离心惯性力矩的向量和也等于零。

任务 3　销零件的安装与调试

销连接是用销钉把机械零件连接在一起，使之不能转动或移动。所以，销连接可以起到定位、连接和保险作用。根据销的外形形式，连接所用的销子有圆柱销和圆锥销两种。一般，圆锥销的锥度为 1∶50。

通常，按照销连接的用途，销子又可分成紧固销和定位销，除某些定位销外，销与销孔都是依靠过盈达到紧固的连接。销零件中的紧固销除了可用于定位外，还可用于紧固连接。而定位销，只是用于定位用，不作紧固连接。

知识链接

一、圆柱销的装配

圆柱销的装配非常重要，主要特点是销零件不能被随意拆卸。所以，圆柱销全靠配合时的过盈，故一经拆卸失去过盈就必须调换。为了保证销子与销孔的过盈量，要求销子和销孔表面粗糙度较小，通常两零件的销孔必须同时钻出，并经过铰孔，以保证两零件销孔的重合性、销孔的尺寸及较小的表面粗糙度，如图 4-3-1 所示。

装配时，在销子上涂油，用铜棒垫在销子端面上，把销子打入孔中。但是，对某些定位销，只能用压入法把销子压入孔内，如图 4-3-2 所示。压入法比打入法好，销子不会变形、工件间不会移动，但是也是要根据销的使用情况来定。

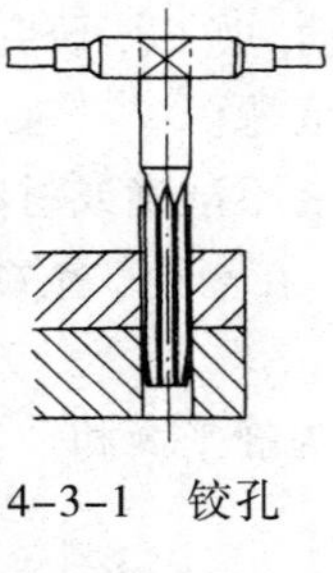

图 4-3-1　铰孔

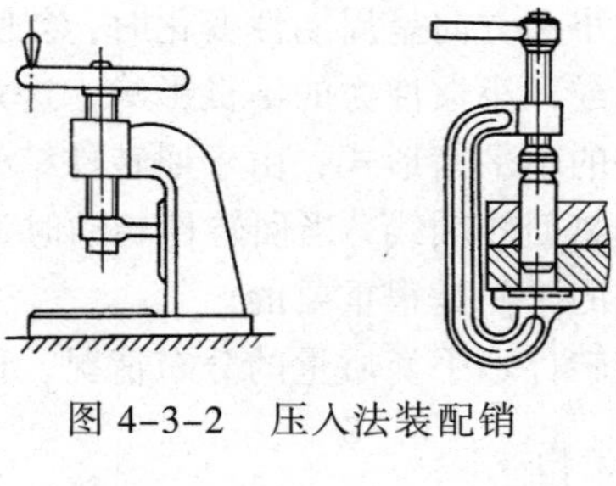

图 4-3-2　压入法装配销

二、圆锥销的装配

销主要用来固定零件之间的相对位置时，称为定位销，它是组合加工和装配时的重要辅助零件；用于接接时，称为连接销，可传递不大的载荷；作为安全装置中的过载剪断元件时，称为安全销。

大部分圆锥销是定位销。圆锥销的优点是装拆方便，可在一个孔内装拆几次，而不损坏连接面质量。装配后，销子的大端应稍露出零件的表面，或与零件的表面一样平；小头应与零件表面一样平或缩进一些。圆锥孔铰好后，则能获得正常的过盈，而销子装入孔中的深度一般也较适当。

有时为了便于取出销子，可采用带螺纹的圆锥销上的螺母即可将带外螺纹的销子拔出。对带内螺纹的圆锥销要用拔销器取出，如图 4-3-3 所示。

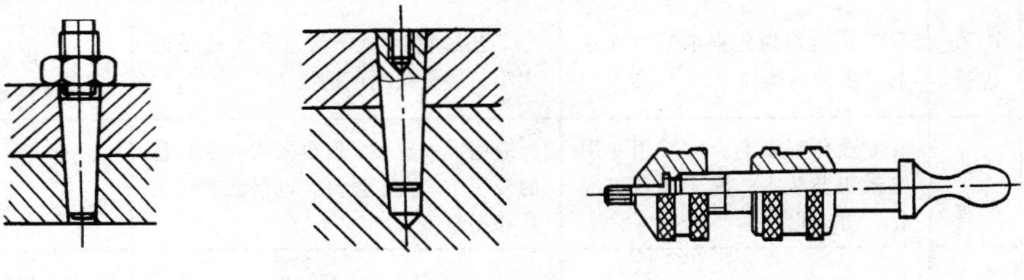

（a）带外螺纹圆锥销　（b）带内螺纹圆锥销　（c）拔销器

图 4-3-3　圆锥销拆卸

圆锥销用途：基础工程、汽摩配件、轻工、机械、电力、低压电器、家具，五金工具、建筑装潢、交通设施等。

三、装配

装配不仅是最终保证产品质量的重要环节，而且在装配过程中可以发现机器在设计和制造过程中所存在的问题，如设计上的错误和结构工艺性不好，零件加工过程中存在的质量问题以及装配工艺本身的问题，从而在设计、制造和装配方面不断改进。因此，装配在保证产品质量中占有非常重要的地位。

装配工作，包括部装、总装、调整、检验和试机等工作，如表 4-3-1 所示。装配质量的好坏，对整个产品的质量起着决定性的作用。通过装配才能形成最终产品，并保证它具有规定的精度及设计所定的使用功能以及验收质量标准。如果装配不当，不重视清理工作，不按工艺技术文件要求装配，即使所有零件加工质量都合格，也不一定能够装配出合格的、优质的产品。这种装配质量较差的产品，精度低、性能差、功率损耗大、寿命短、不受用户的欢迎。装配工作是一项非常重要而细致的工作，必须认真按照产品装配图的要求，制订出合理的装配工艺规程，以提高装配精度，达到优质、低耗、高效。

表 4-3-1　各种生产类型装配工作的特点

生产类型		大批大量生产	成批生产	单件小批生产
基本特性		产品固定，生产活动长期重复，生产周期一般较短	产品在系列化范围内变动，分批交替投产或多品种同时投产，生产活动在一定时期内重复	产品经常变换，不定期重复生产，生产周期一般较长
装配工作特点	组织形式	多采用流水装配线：有连续移动、间歇移动及可变节奏等移动方式，还可采用自动装配机或自动装配线	笨重、批量不大的产品多采用固定流水装配，批量较大时采用流水装配，多品种平行投产时多品种可变节奏流水装配	多采用固定装配或固定式流水装配进行总装，同时对批量较大的部件亦可采用流水装配

续上表

生产类型		大批大量生产	成批生产	单件小批生产
装配工作特点	装配工艺方法	按互换法装配，允许有少量简单的调整，精密偶件成对供应或分组供应装配，无任何修配工作	主要采用互换法，但灵活运用其他保证装配精度的装配工艺方法，如调整法、修配法及合并法，以节约加工费用	以修配法及调整法为主，互换件比例较少
	工艺过程	工艺过程划分很细，力求达到高度的均衡性	工艺过程的划分须适合于批量的大小，尽量使生产均衡	一般不制订详细工艺文件，工序可适当调度，工艺也可灵活掌握
	工艺装备	专业化程度高，宜采用专用高效工艺装备，易于实现机械化、自动化	通用设备较多，但也采用一定数量的专用工、夹、量具，以保证装配质量和提高工效	一般为通用设备及通用工、夹、量具
	手工操作要求	手工操作比重小，熟练程度容易提高，便于培养新工人	手工操作比重较大，技术水平要求较高	手工操作比重大，要求工人有高的技术水平和多方面工艺知识
应用实例		汽车、拖拉机、内燃机、滚动轴承、手表、缝纫机、电气开关	机床、机车车辆、中小型锅炉、矿山采掘机械	重型机床、重型机器、汽轮机、大型内燃机、大型锅炉

任务实施

减速器圆柱销拆装

对 THMDZT-1 实训装置中减速器进行拆装，了解其中销零件的使用，销零件的拆装都要经过哪些步骤，需要哪些工具？THMDZT-1 型实训装置是依据装配钳工国家职业标准及行业标准，结合各职业学校、技工院校“数控技术及其应用”“机械制造技术”“机电设备安装与维修”“机械装配”“机械设备装配与自动控制”等专业的培养目标而研制。

◎想一想：进行销零件装配都需要注意哪些步骤？装配工艺是怎么样的？

◎练一练：减速器中销零件的拆装。

减速器中销的拆装工具如表 4-3-2 所示。

表 4-3-2 减速器中销的拆装工具

名称	工具	使用说明
内六角扳手	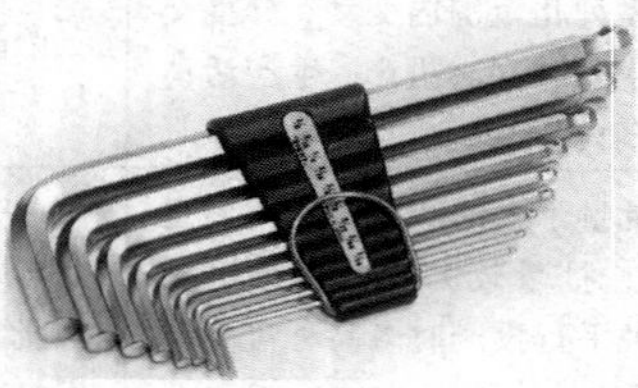	内六角扳手也叫艾伦扳手，它是一种拧紧或旋松头部带内六角螺丝的工具

续上表

名　称	工　　具	使　用　说　明
橡胶锤		橡胶锤是一种用橡胶制成的锤子，敲击时可以防止被敲击对象变形
螺钉旋具		螺钉旋具是一种拧紧或旋松头部带一字或十字槽螺钉的工具
三爪拉马	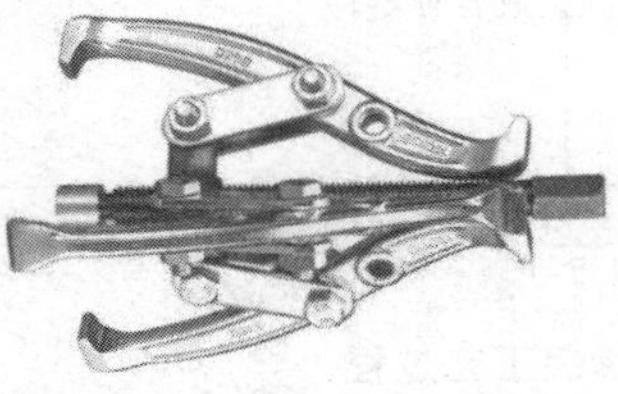	三爪拉马是机械维修中经常使用的工具。主要用来将损坏的轴承从轴上沿轴向拆卸下来。主要由旋柄、螺旋杆和拉爪构成
活动扳手	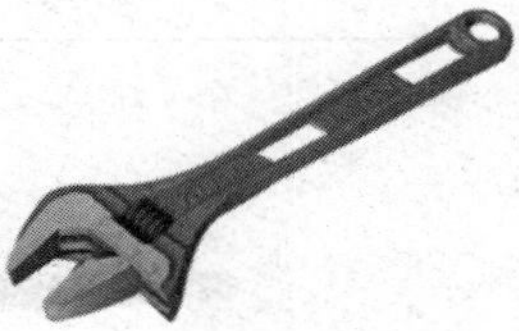	活动扳手，是用来紧固和起松螺母的一种工具
圆螺母扳手	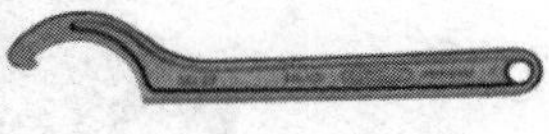	圆螺母扳手是用来松紧圆螺母的一种工具
卡簧钳	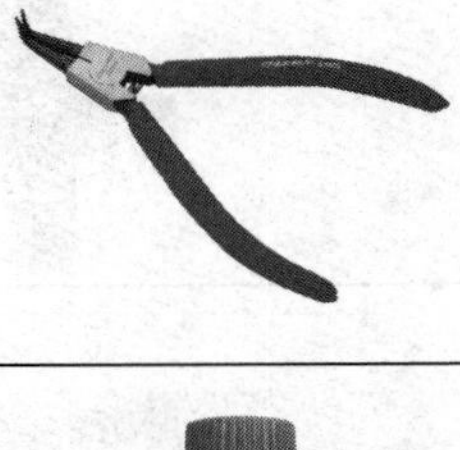	卡簧钳主要用于安装卡簧，方便卡簧的安装，提高工作效率，能防止卡簧安装过程中伤手
防锈油	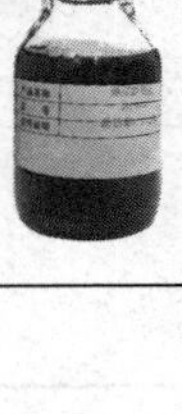	防锈油是含有缓蚀剂的石油类制剂，用于金属制品防锈或封存的油品

续上表

名称	工具	使用说明
紫铜棒	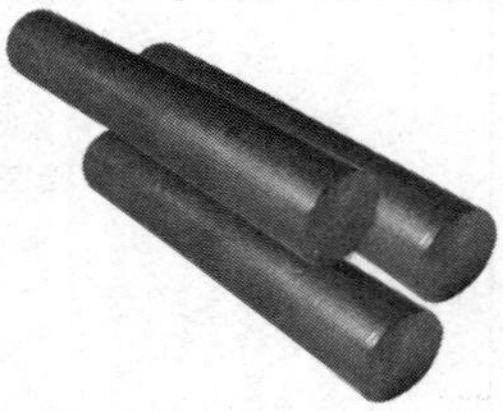	在装配过程中为防止对零件造成损伤，可垫紫铜棒，传递力不造成设备表面损坏
零件盒		零件盒也称元件盒，适合工厂、办公室各种小型零件、物料、文具用品等存储使用。零件盒用于存放各种零件

减速器中销零件拆装的工艺步骤如表 4-3-3 所示。

表 4-3-3　销零件拆装工艺过程

工序号	内容	拆卸工具
10	使用半月钳对 THMDZT-1 实训装置中减速器轴外紧固螺纹进行拆卸	
20	直接取下外紧固螺纹	
30	取出齿轮轴	
40	拆卸开箱体	
50	取出销，这就完成了零件的拆卸	

任务评价

理论知识主要通过学生作业形式进行个人评价、小组互评和教师评价。实践操作则通过项目任务，根据各同学的完成情况进行评价，评价表格如表4-3-4所示。

表4-3-4　任务评价记录表

评价项目	评价内容		分值	个人评价	小组互评	教师评价	得分
基础知识	了解销在减速器中的作用，熟悉销的装配工艺		50				
任务实施	掌握销的装配工艺；学会销的调节步骤，在老师的指导下完成，填写好工艺过程资料		50				
	合计		100				
成果分享	收获之处						
	不足之处						
	改进措施						

任务拓展

过盈连接的装配

过盈连接是指孔和轴利用过盈量达到紧固连接的配合。装配后，轴的直径被缩小，压缩孔的直径被扩大，由于材料发生弹性变形，使轴和孔的配合产生压力，依靠此压力产生摩擦力来传递转矩和轴向力。

过盈连接结构简单，同轴度高，承载能力强，并能承受变载和冲击力，还可避免配合零件由于切削键槽而削弱被连接零件的强度。但对配合表面的加工精度要求较高，装配和拆卸较困难。轮箍、齿轮内孔与轮毂外圆的连接都采用过盈连接。

一、过盈连接装配技术要求

（1）有适当的过盈量。过盈量太小不能满足传递转矩的要求，过盈量过大则增加装配难度。因此，配合后的过盈量是按被连接件要求的紧固程度确定的。

（2）有较高的配合表面精度。配合表面应有较高的形状、位置精度和较小的表面粗糙度值。装配时，注意保持轴孔的同轴度，以保证有较高的对中性。

（3）有适当的倒角。为了便于装配，孔端和轴的进入端应有适当倒角，角度大小为 $\alpha = 5° \sim 10°$，其中轴向长短视直径大小而定，一般应短于3 mm。

二、过盈连接的装配工艺

按孔和轴配合后产生的过盈量，可采用压装、热装或冷装法装配。选用热装法和冷装法可比压装法多承受3倍的转矩和轴向力，且不需另加紧固件。

（1）压装法。当配合尺寸较小和过盈量不大时，可选用在常温下将配合的两零件压到配合位置的压装法。

如图 4-3-4（a）所示，是用锤子加垫块敲击压入的压装法。这种方法简单，但导向性不好，容易发生歪斜，适用于过渡配合或配合长度较短的连接件。此方法多用于单件生产。

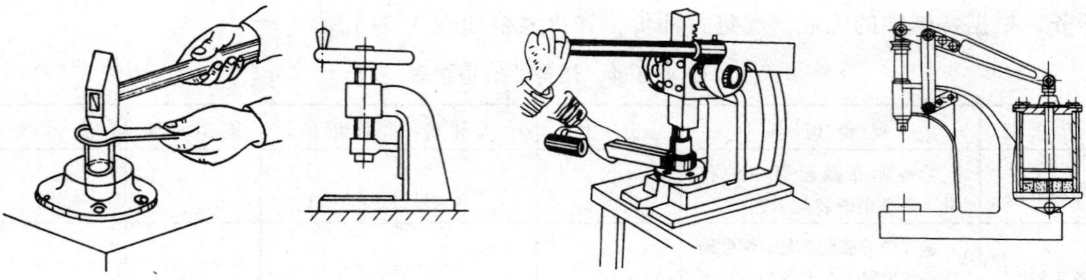

（a）手锤敲入　（b）螺旋压力机压入　（c）齿条压力机压入　（d）气动杠杆压力机

图 4-3-4　压装方法和设备

如图 4-3-4（b）、（c）、（d）所示，分别为螺旋压力机、齿条压力机和气动杠杆压力机。用这些设备进行压合时，其导向性比敲击压入好，适用于压装过渡配合和较小过盈量的配合，如小型轮圈、轮毂、齿轮、套筒和一般要求的滚动轴承等。此方法也多用于小批生产。

（2）热装法。热装法又称红套法，它是利用金属材料热胀冷缩的物理特性进行装配的。其工艺是在具有过盈配合的两零件中，先将包容件加热，使之胀大，然后将被包容件装入到配合位置，待冷缩后，配合件就形成能传递轴向力、转矩或轴向力与转矩同时存在的结合体。

加热方法如下所示。

① 热浸加热法。常用于尺寸及过盈量较小的连接件，如轴承。此方法是将机油放在铁盒内加热，再将需加热的零件放入油内即可。对于忌油的连接件，则可采用沸水或蒸汽加热。

② 氧-乙炔焰加热法。多用于较小零件的加热，这种加热方法简单，但易于过烧，故要求具有熟练的操作技术。

③ 电阻加热法。用镍-铬电阻丝绕在耐热瓷管上，放入被加热零件的孔里，对镍-铬电阻丝通电便可加热。为了防止散热，可用石棉板做一外罩盖在零件上，这种方法可用于有精密设备和易燃易爆物品的场所。

④ 电感应加热法。利用交变电流通过铁芯（被加热零件可视为铁芯）外的线圈，使铁芯产生交变磁场，在铁芯内与磁力线垂直方向产生感应电动势，此感应电动势以铁芯为导体产生电流。这种电流在铁芯内形成的涡流现象称为涡流。在铁芯内电能转化为热能，铁芯变热。此方法操作简单，加热均匀，最适合于装有精密设备和有易爆易燃物品的场所。

（3）冷装法。冷装法是将被包容件用冷却剂冷却使之缩小，再把被包容件装入到配合位置的过程。如小过盈量的小型配合件和薄壁衬套等，均可采用干冰冷缩（可冷至-78℃），操作比较简便。对于过盈量较大的配合件，如发动机连杆衬套等，可采用液氮冷缩（可冷至-195℃），其冷缩时间短，生产率较高。

冷装法与热装法相比，收缩变形量较小，因而多用于过渡配合，有时也用于过盈配合。冷却前应将被冷却件的尺寸进行精确测量，并按冷却的工序及要求在常温下进行试装演习，其目的是为了准备好操作和检查的必要工具、量具及冷藏运输容器，检查操作工艺是否可行。

冷装配合要特别注意操作安全。

任务 4　常用减速器的安装与调试

减速器是原动机和工作机之间的独立的闭式传动装置，用来降低转速和增大转矩，以满足工作需要。选用减速器时应根据工作机的选用条件、技术参数，动力机的性能，经济性等因素，比较不同类型、品种减速器的外廓尺寸、传动效率、承载能力、质量、价格等，选择最适合的减速器。

减速器由于结构简单紧凑、传动效率较高，传递运动准确可靠、使用维护简单方便，被广泛应用于机器的传动机构。减速器按照传动部件不同可分为：圆柱齿轮减速器、蜗杆蜗轮减速器、齿轮蜗杆减速器、行星齿轮减速器，如表 4-4-1 所示。

表 4-4-1　减速器的主要类型及分类

类　型	减速器种类	类　型	减速器种类
圆柱齿轮减速器		齿轮蜗杆减速器	
蜗杆蜗轮减速器		行星齿轮减速器	

知识链接

一、减速器的组成

减速器主要由传动零件（齿轮或蜗杆）、轴、轴承、箱体及其附件组成。其基本结构有三大部分：

1. 齿轮、轴及轴承组合

小齿轮与轴制成一体，称齿轮轴，这种结构用于齿轮直径与轴的直径相差不大的情况下。如果轴的直径为 d，齿轮齿根圆的直径为 df，则当 $df-d \leqslant 6 \sim 7m_n$ 时，应采用这种结构。而当 $df-d > 6 \sim 7m_n$ 时，采用齿轮与轴分开为两个零件的结构，如低速轴与大齿轮。此时齿轮与轴的周向固定是平键连接，轴上零件利用轴肩、轴套和轴承盖作轴向固定。两轴均采用了深沟球轴承。这种组合用于承受径向载荷和不大的轴向载荷的情况。当轴向载荷较大时，应采用角接触球轴承、圆锥滚子轴承或深沟球轴承与推力轴承的组合结构。轴承利用齿轮旋转时溅起的稀油进行润滑。箱座中油池的润滑油被旋转的齿轮溅起飞溅到箱盖的内壁上，沿内壁流到分箱面坡口后，通过导油槽流入轴承。当浸油齿轮圆周速度 $v \leqslant 2$ m/s 时，应采用润滑脂润滑轴承，为避免可能溅起的稀油冲掉润滑脂，可采用挡油环将其分开。为防止润滑油流失和外界灰尘进入箱内，在轴承端盖和外伸轴之间装有密封元件。

2. 箱体

箱体是减速器的重要组成部件。它是传动零件的基座，应具有足够的强度和刚度。

箱体通常用灰铸铁制造，对于重载或有冲击载荷的减速器也可以采用铸钢箱体。单件生产的减速器，为了简化工艺、降低成本，可采用钢板焊接的箱体。

灰铸铁具有很好的铸造性能和减振性能。为了便于轴系部件的安装和拆卸，箱体制成沿轴心线水平剖分式，上箱盖和下箱体用螺栓连接成一体。轴承座的连接螺栓应尽量靠近轴承座孔，而轴承座旁的凸台应具有足够的承托面，以便放置连接螺栓，并保证旋紧螺栓时需要的扳手空间。为保证箱体具有足够的刚度，在轴承孔附近加支承肋。为保证减速器安置在基础上的稳定性并尽可能减少箱体底座平面的机械加工面积，箱体底座一般不采用完整的平面。

3. 减速器附件

为了保证减速器的正常工作，除了对齿轮、轴、轴承组合和箱体的结构设计给予足够的重视外，还应考虑到为减速器润滑油池注油、排油、检查油面高度、加工及拆装检修时箱盖与箱座的精确定位、吊装等辅助零件和部件的合理选择和设计。

（1）检查孔：为检查传动零件的啮合情况，并向箱内注入润滑油，应在箱体的适当位置设置检查孔。检查孔设在上箱盖顶部能直接观察到齿轮啮合部位处。平时，检查孔的盖板用螺钉固定在箱盖上。

（2）通气器：减速器工作时，箱体内温度升高，气体膨胀，压力增大，为使箱内热胀空气能自由排出，以保持箱内外压力平衡，不致使润滑油沿分箱面或轴伸密封件等其他缝隙渗漏，通常在箱体顶部装设通气器。

（3）轴承盖：为固定轴系部件的轴向位置并承受轴向载荷，轴承座孔两端用轴承盖封闭。轴承盖有凸缘式和嵌入式两种。利用六角螺栓固定在箱体上，外伸轴处的轴承盖是通孔，其中装有密封装置。凸缘式轴承盖的优点是拆装、调整轴承方便，但和嵌入式轴承盖相比，零件数目较多，尺寸较大，外观不平整。

（4）定位销：为保证每次拆装箱盖时，仍保持轴承座孔制造加工时的精度，应在精加工轴承孔前，在箱盖与箱座的连接凸缘上配装定位销。安置在箱体纵向两侧连接凸缘上，对称箱体应呈对称布置，以免错装。

（5）油面指示器：检查减速器内油池油面的高度时，经常保持油池内有适量的油，一般在箱体便于观察、油面较稳定的部位，故应装设油面指示器。

（6）放油螺塞：换油时，排放污油和清洗剂，应在箱座底部油池的最低位置处开设放油孔，平时用螺塞将放油孔堵住，放油螺塞和箱体结合面间应加防漏用的垫圈。

（7）启箱螺钉：为加强密封效果，通常在装配时于箱体剖分面上涂以水玻璃或密封胶，因而在拆卸时往往因胶结紧密难于开盖。为此常在箱盖连接凸缘的适当位置，加工出1～2个螺孔，旋入启箱用的圆柱端或平端的启箱螺钉。旋动启箱螺钉便可将上箱盖顶起。小型减速器也可不设启箱螺钉，启盖时用起子撬开箱盖，启箱螺钉的大小可同于凸缘连接螺栓。

二、蜗杆减速器装配

1. 蜗杆减速器结构和技术要求

蜗杆减速器安装在原动机与工作机之间，用来降低原动机的转速和相应地改变工作机的转矩。蜗杆减速器的特点是在外廓尺寸不大的情况下，可以获得大的传动比，工作平稳，噪声较小。采用下蜗杆结构，能使啮合部位的润滑和冷却均较好；同时蜗杆轴承的润滑也很方便。为了便于检视齿轮的啮合情况及向箱体注入润滑油，箱盖上设有窥视孔并装上盖板，以防止灰尘和杂物进入箱内。

减速器的运动由原动机通过万向节传递，经蜗杆轴传至蜗轮。蜗轮安装在装有锥齿轮、调整垫圈的轴上。蜗轮的运动借助于轴上的平键传给锥齿轮副，最后由安装在锥齿轮轴上的圆柱齿轮传出与工作机相连接。

蜗杆减速器装配后应达到下列要求。

（1）固定连接部位必须保证连接牢固。

（2）旋转机构必须能灵活地转动，轴承间隙合适，润滑良好，润滑油不得有渗漏现象。

（3）锥齿轮副、蜗杆副的啮合侧隙和接触斑点必须达到规定的技术要求。

（4）各啮合副轴线之间应有正确的相对位置。

2. 蜗杆减速器的装配工艺

装配的主要工作是：零件的清洗、整形和补充加工，零件预装、组装、调整等。以图4-4-1所示的蜗杆减速器为例，来说明部件装配的全过程。

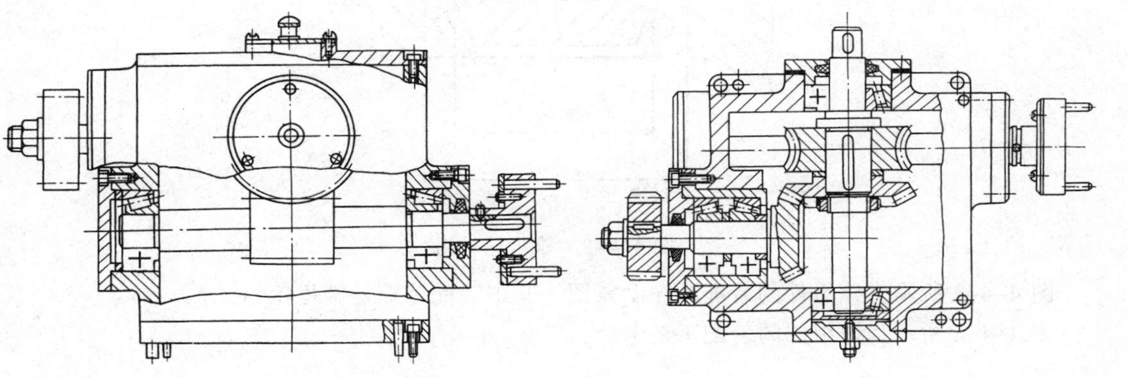

图4-4-1　蜗杆减速器

1）零件的清洗、整形和补充加工

（1）零件的清洗主要是清除零件表面的防锈油、灰尘、切屑等污物，达到规定的清洁度。

（2）零件的整形，主要是修锉箱盖、轴承盖等铸件的不加工面，使其外形与箱体结合的部位外形一致，同时修锉零件上的锐角、毛刺和工序运转中可能因碰撞而产生的印痕。这项工作往往容易被忽视，从而影响装配的质量。

（3）零件上的某些部位需要在装配时进行补充加工，例如，对箱体与箱盖、箱盖与盖板以及各轴承盖与箱体等的连接螺孔进行配钻销孔和攻螺纹等。

2）零件的预装配

零件的预装配又称试配。对某些相配零件应先予装配，待配合达到要求后再拆下。在试配过程中，有时还要进行刮削、锉配等工作。

3）组件的装配分析

由减速器的装配图可以看出，其中蜗杆轴、蜗轮轴和锥齿轮轴及其轴上的有关零件，虽然它们是独立的三个部分，然而从装配的角度看，除锥齿轮组件外，其余两根轴及其轴上所有的零件，都不能单独地进行装配。

按装配单元系统图的概念，该减速器可以划分为锥齿轮轴、蜗轮轴、蜗杆轴、万向节、3个轴承盖及箱盖共 8 个组件，其中只有锥齿轮轴组可以进行单独装配（见图 4-4-2）。这是因为该组件装入箱体部分的所有零件，其外形的直径尺寸都小于箱体孔。

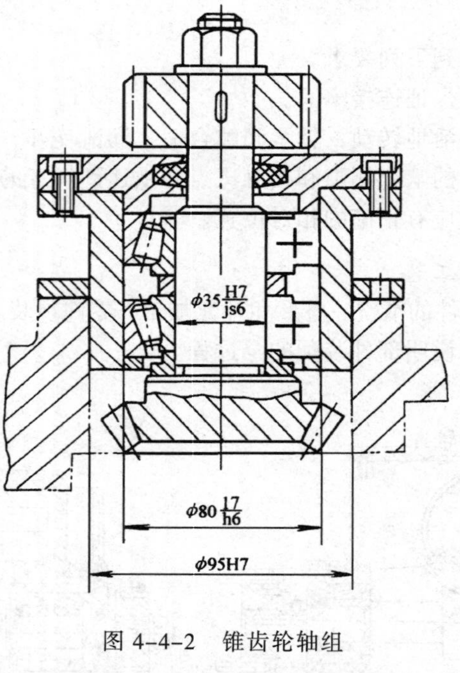

图 4-4-2　锥齿轮轴组

图 4-4-3 所示为该组件的装配顺序示意图，其中装配基准是锥齿轮轴。

表 4-4-2 所示为该组件的装配工艺卡。

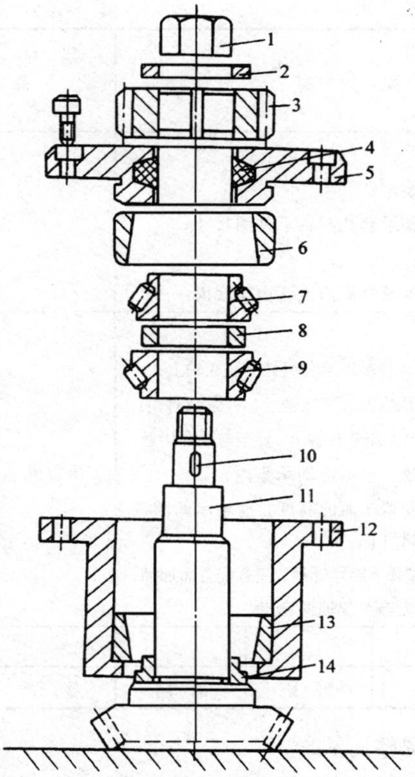

图 4-4-3　锥齿轮轴组件装配顺序图

1—螺母；2—垫圈；3—齿轮；4—毛毡；5—轴承盖；6、13—轴承外圈；7、9—轴承内圈；8—隔圈；10—键；11—锥齿轮轴；12—轴承套；14—衬垫

表 4-4-2　锥齿轮轴组件装配工艺卡

（锥齿轮轴组件装配图）			装配技术要求				
			（1）组装时，各装入零件应符合图样要求 （2）组装后锥齿轮应转动灵活，无轴向窜动				
工　厂		装　配　工　艺　卡	产品型号	部件名称		装配图号	
				轴 承 套			
车间名称		工　段 / 班　组	工序数量	部 件 数		净　重	
装配车间			4	1			
工序号	工步号	装　配　内　容	设　备	工艺装备：名称	工艺装备：编号	工人技术等级	工序时间
Ⅰ	1	分组件装配： 锥齿轮轴与衬垫的装配； 以锥齿轮轴为基准，将衬垫套装在轴上					
Ⅱ	1	分组件装配：轴承套与轴承外圈的装配； 将已剪好的毛毯塞入轴承盖槽内					

续上表

工序号	工步号	装配内容	设备	工艺装备		工人技术等级	工序时间
				名称	编号		
Ⅲ	 1 2 3	分组件装配： 轴承套与轴承外圈的装配； 用专用量具分别检查轴承套孔与轴承外圈尺寸； 在配合面上涂上机油； 以轴承套为基准，将轴承外圈压入孔内至底面					
Ⅳ	 1 2 3 4 5 6 7	轴承套组件装配： 以锥齿轮轴组件为基准，将轴承套分组件套装在轴上； 在配合面上加油，将轴承内圈压装在轴上，并紧贴衬垫； 套上隔圈，将另一轴承内圈压装在轴上，直至与隔套接触； 将另一轴承外圈涂上油，轻压至轴承套内； 装入轴承盖分组件，调整端面的高度，使轴承间隙符合要求后，旋紧三个螺钉； 安装平键，套装齿轮，垫圈，旋紧螺母，注意配合面加油； 检查锥齿轮轴转动的灵活性及轴向窜动	压力机				

编 号	日 期	签 章	编 号	日 期	签 章	编制	移交	批 准	第 张	

4）蜗杆减速器的总装与调整

在完成减速器各组件的装配后，即可进行总装工作。减速器的总装是从基准零件——箱体开始的。根据该减速器的结构特点，采用先装蜗杆，后装蜗轮的装配顺序。

（1）将蜗杆组件（蜗杆与两轴承内圈的组合）首先装入箱体，如图 4-4-4 所示，然后从箱体孔的两端装入两轴承外圈，再装上右端轴承盖组件，并用螺钉旋紧。这时可轻轻敲击蜗杆轴端，使右端轴承消除间隙并贴紧轴承盖；再装入左端调整垫圈和轴承盖，并测量间隙 Δ，以便确定垫圈的厚度；最后将上述零件装入，用螺钉旋紧。为了使蜗杆装配后保持 0.01 ~ 0.02 mm 的轴向间隙，可用百分表在轴的伸出端进行检查。

（2）将蜗轮轴组件及锥齿轮轴组件装入箱体。这项工作是该减速器装配的关键，装配后应满足两个基本要求：即蜗轮轮齿的中间平面应与蜗杆轴心线重合，以保证轮齿正确啮合；两锥齿轮的轴向位置要准确，以保证两锥齿轮的正确啮合。从装配图可知：蜗轮轴向位置由轴承盖的预留调整量来控制；锥齿轮的轴向位置由调整垫圈的尺寸控制。装配工作分为两步。

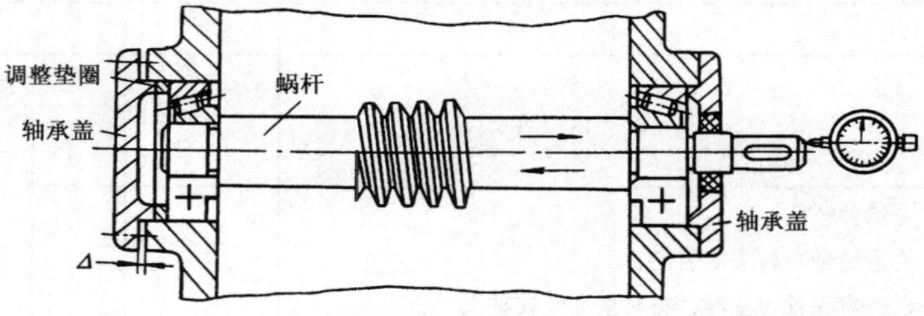

图 4-4-4　调整蜗杆轴的轴向间隙

① 预装配。

先将轴承内圈装入轴 4 的大端，在通过箱体孔时，装上蜗轮 5 以及轴承外圈、轴承套 3（以便于拆卸），如图 4-4-5 所示。移动轴 4，使蜗轮与蜗杆达到正确的啮合位置，用深度游标卡尺 2 测量尺寸 H，并调整轴承盖的台肩尺寸（台肩尺寸=$H_{-0.02}^{\ 0}$ mm）。

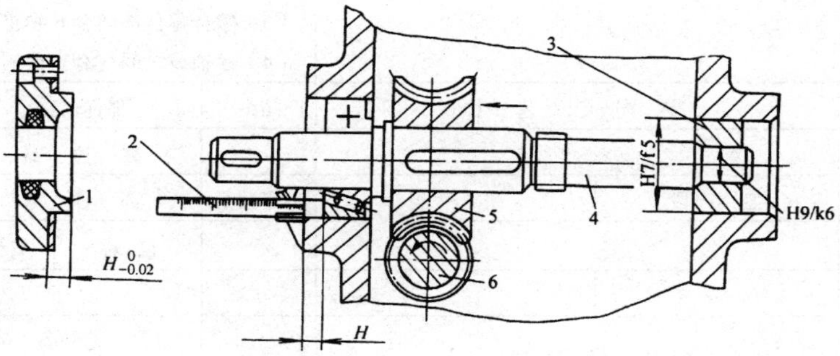

图 4-4-5　调整蜗轮示意图

1—轴承盖；2—深度游标卡尺；3—轴承套（代替轴承）；4—轴；5—蜗轮；6—蜗杆

如图 4-4-6 所示，将各有关零部件装入（后装锥齿轮轴组件），调整两锥齿轮位置使其正常啮合，分别测量 H_1 和 H_2，并调整好垫圈尺寸，然后卸下各零件。

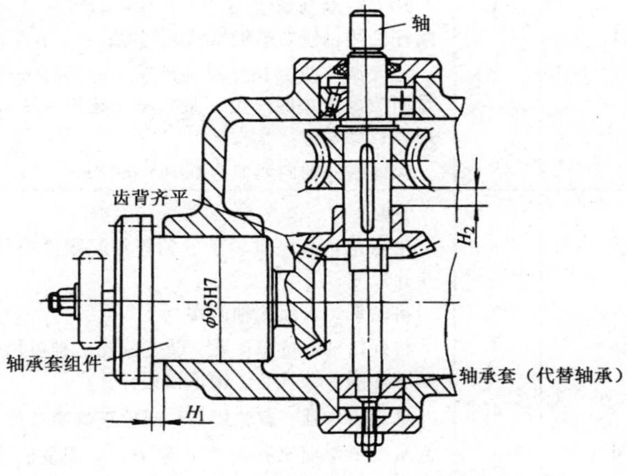

图 4-4-6　锥齿轮调整示意图

② 最后装配。

从大轴承孔方向将蜗轮轴装入，同时依次将键、蜗轮、垫圈（按 H_2）、锥齿轮、带翅垫圈和圆螺母装在轴上。从箱体轴承孔的两端分别装入滚动轴承及轴承盖，用螺钉旋紧并调好轴承间隙。将零件装好后，用手转动蜗杆轴时，应灵活无阻滞现象。

将锥齿轮轴组件（包括轴承套组件）与调整垫圈尺寸按 H_1 一起装入箱体，用螺钉紧固。复验齿轮啮合侧隙量，并做进一步调整。

（3）在锥齿轮轴端安装万向节，用涂色法进行跑合，检验齿轮的接触斑点情况，并做必要的调整。

（4）清理减速器内腔，保持清洁度要求，安装箱盖组件，注入润滑油，最后装上箱盖，连上万向节和电动机。

（5）空运转试车。用手拨动万向节试转，一切符合要求后，接上电源，用电动机带动进行空运转试车。试车时，运转 30 min 左右后，观察运转情况。此时，轴承的温度不能超过规定要求，齿轮无显著噪声，减速器符合装配后的各项技术要求。

蜗杆减速器的总装工艺卡如表 4-4-3 所示。

表 4-4-3　蜗杆减速器的总装工艺卡

<table>
<tr><td colspan="5" rowspan="2">蜗杆减速器总装图</td><td colspan="4">装配技术要求</td></tr>
<tr><td colspan="4">（1）固定连接件必须保证将零、组件紧固在一起
（2）旋转机构必须转动灵活，轴承间隙合适，润滑良好
（3）啮合零件的啮合必须符合图样要求
（4）各轴线之间应有正确的相对位置</td></tr>
<tr><td colspan="2">工　厂</td><td colspan="2">装　配　工　艺　卡</td><td>产品型号</td><td colspan="2">部件名称</td><td colspan="2">装配图号</td></tr>
<tr><td colspan="2"></td><td colspan="2"></td><td></td><td colspan="2">减　速　器</td><td colspan="2"></td></tr>
<tr><td colspan="2">车间名称</td><td>工　段</td><td>班　组</td><td>工序数量</td><td colspan="2">部　件　数</td><td colspan="2">净　重</td></tr>
<tr><td></td><td></td><td colspan="2"></td><td></td><td>名 称</td><td>编号</td><td colspan="2"></td></tr>
<tr><td colspan="2">装配车间</td><td></td><td></td><td>5</td><td colspan="2">1</td><td colspan="2"></td></tr>
<tr><td rowspan="2">工序号</td><td rowspan="2">工步号</td><td colspan="2" rowspan="2">装　配　内　容</td><td rowspan="2">设备</td><td colspan="2">工艺装备</td><td rowspan="2">工人技术等级</td><td rowspan="2">工序时间</td></tr>
<tr><td>名 称</td><td>编号</td></tr>
<tr><td>Ⅰ</td><td>
1
2
3

4

5</td><td colspan="2">装蜗杆组件装入箱体
用专用量具分别检查箱体孔和轴承外圈尺寸；
从箱体孔两端装入轴承外圈；
装上右端轴承盖组件，并用螺钉旋紧，轻敲蜗杆轴端，使右端轴承消除间隙；
装入调整垫圈和左端轴承盖，并用百分表测量间隙确定垫圈厚度，最后将上述零件装入，用螺钉旋紧；
保证蜗杆轴向间隙为 0.01～0.02 mm</td><td>压力机</td><td>卡规、塞规、百分表、磁性表座</td><td></td><td></td><td></td></tr>
<tr><td>Ⅱ</td><td>
1

2
3

4

5
6

7</td><td colspan="2">预装配：
用专用量具测量轴承、轴等相配零件的外圈及孔尺寸；
将轴承装入蜗轮轴两端
将蜗轮轴通过箱体孔，装上蜗轮、锥齿轮轴、轴承外圈、轴承套、轴承盖组件；
移动蜗轮轴，调整蜗杆与蜗轮正确啮合位置，测量轴承端面至孔端面距离 H，并调整轴承盖台肩尺寸（台肩尺寸= $H_{-0.02}^{\ 0}$ mm）；
装上蜗轮轴两端轴承盖，并用螺钉拧紧；
装入轴承套组件，调整两锥齿轮正确的啮合位置（使齿背齐平）；
分别测量轴承套组件肩面与孔端面的距离 H_1，以及锥齿轮端面与蜗轮端面的距离 H_2，并调好垫圈尺寸，然后卸下各零件</td><td>压力机</td><td>卡规、塞规

深度游标卡尺、内径千分尺、塞尺</td><td></td><td></td><td></td></tr>
<tr><td>Ⅲ</td><td>
1

2</td><td colspan="2">最后装配：
从大轴孔方向装入蜗轮轴，同时依次将键、蜗轮、垫圈、锥齿轮、带翅垫圈和圆螺母装在轴上。然后从箱体轴承孔两端分别装入滚动轴承及轴承盖，用螺钉旋紧并调好间隙，装好后，用手转动蜗杆时，应灵活无阻滞现象。
将锥齿轮组件（包括轴承套组件）与调整垫圈一起装入箱体，并用螺钉紧固</td><td>压力机</td><td></td><td></td><td></td><td></td></tr>
</table>

续上表

<table>
<tr><th rowspan="2">工序号</th><th rowspan="2">工步号</th><th colspan="4" rowspan="2">装　配　内　容</th><th rowspan="2">设备</th><th colspan="2">工艺装备</th><th rowspan="2">工人技术等级</th><th rowspan="2">工序时间</th></tr>
<tr><th>名 称</th><th>编号</th></tr>
<tr><td>Ⅳ</td><td>1</td><td colspan="4">安装万向节清理内腔，注入润滑油，及安装箱盖零件</td><td></td><td></td><td></td><td></td><td></td></tr>
<tr><td>Ⅴ</td><td>1</td><td colspan="4">运转实验：
连接电动机，接上电源，进行空车实验，运转 30 min 后，要求齿轮无明显噪声，轴承温度不超过规定要求以及减速器符合装配后各项技术要求</td><td></td><td></td><td></td><td></td><td></td></tr>
<tr><td colspan="2"></td><td></td><td></td><td></td><td></td><td></td><td></td><td></td><td></td><td></td></tr>
<tr><td colspan="2">编　号</td><td>日 期</td><td>签 章</td><td>编 号</td><td>日 期</td><td>签 章</td><td>编 制</td><td>移 交</td><td>批　准</td><td>第张</td></tr>
</table>

任务实施

齿轮减速器的装配与调整

对 THMDZT-1 实训装置中减速器进行整体拆装，培养自己的识图能力。加强对装配工艺的重视，一部机器由许多不同的部件组成，部件又由许多不同的零件组成，因此装配工艺就是整个装配过程中的总指挥，指导装配工作的顺序。掌握齿轮减速器的装配方法，能够根据机械设备的技术要求、按工艺过程进行装配，并达到技术要求。进行齿轮减速器设备空运转试验，对常见故障能够进行分析判断。

齿轮减速器装调

◎想一想：对 THMDZT-1 实训装置中减速器进行装配都需要注意哪些步聚？装配工艺是怎么样的？轴承是怎么装配的？

◎练一练：齿轮减速器的拆装工具如表 4-4-4 所示。

表 4-4-4　齿轮减速器的拆装工具

名　称	工　具	型号及规格	数　量	备　注
实训装置	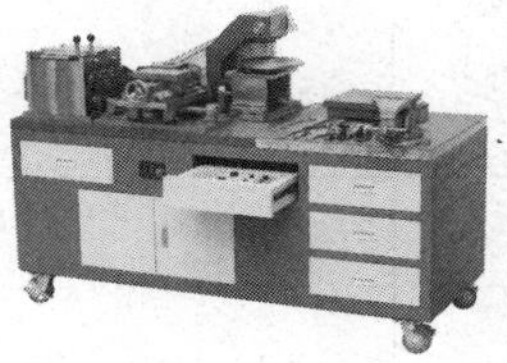	THMDZT-1 型	1 套	
内六角扳手	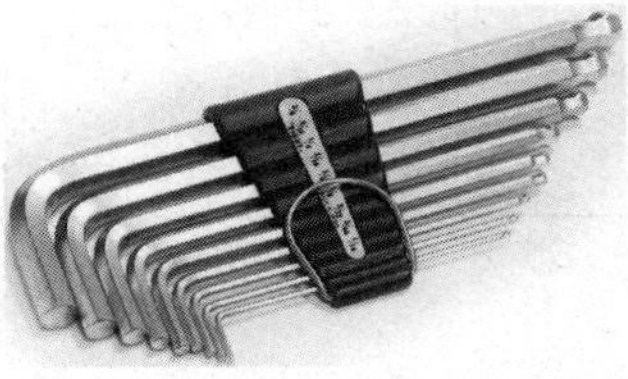		1 套	

续上表

名　　称	工　　具	型号及规格	数　量	备　注
橡胶锤			1 把	
螺钉旋具			1 把	
拉马	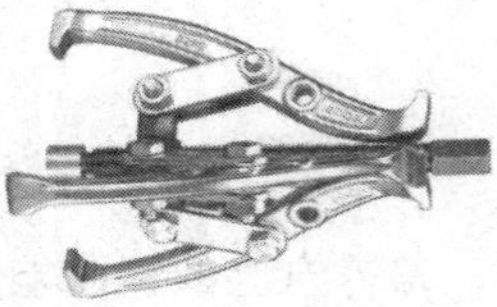		1 个	
活动扳手	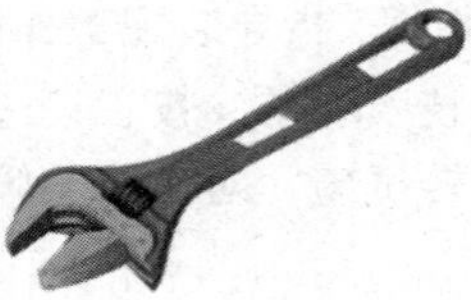	250mm	1 把	
圆螺母扳手		M16、M27 圆螺母用	各 1 把	
卡簧钳	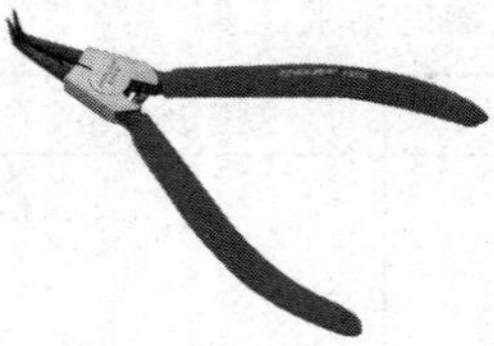	直角、弯角 7 寸	各 1 把	
防锈油			若干	

续上表

名　称	工　具	型号及规格	数　量	备　注
紫铜棒			1 根	
零件盒			2 个	

装配需要达到的要求：

（1）能够读懂齿轮减速器的部件装配图。 通过装配图能够清楚零件之间的装配关系，机构的运动原理及功能。理解图纸中的技术要求，基本零件的结构装配方法，轴承、齿轮精度的调整等。

（2）能够规范合理地写出齿轮减速器的装配工艺过程。

（3）轴承的装配。轴承的清洗（一般用柴油、煤油）；规范装配，不能盲目敲打（通过钢套，用锤子均匀地敲打）；根据运动部位要求，加入适量润滑脂。

（4）齿轮的装配。齿轮的定位可靠，以承担负载、移动齿轮的灵活性。圆柱啮合齿轮的啮合齿面宽度差不得超过 5%（即两个齿轮的错位）。

（5）装配的规范化。合理的装配顺序；传动部件主次分明；运动部件的润滑；啮合部件间隙的调整。

装配步骤如表 4-4-5 所示。

表 4-4-5　齿轮减速器装配步骤

装配前准备	熟悉图纸和零件清单和装配任务； 检查文件和零件的完备情况； 选择合适的工具、量具； 用清洁布清洗零件	
装配步骤	左右挡板的安装	将左右挡板固定在齿轮减速器底座上
	输入轴的安装	将两个角接触轴承（按背靠背的装配方法）装在输入轴上，轴承中间加轴承内、外圈套筒。安装轴承座套和轴承透盖，轴承座套与轴承透盖通过测量增加厚度最接近的垫圈。安装好齿轮和轴套后，轴承座套固定在箱体上，挤压深沟球轴承的内圈把轴承安装在轴上，装上轴承闷盖，闷盖与箱体之间增加 0.3 mm 厚的垫圈。套上轴承内圈预紧套筒。最后通过调整圆螺母来调整两角接触轴承的预紧力

续上表

装配步骤	中间轴的安装	把深沟球轴承压装到固定轴一端，安装两个齿轮和齿轮中间的齿轮套筒及轴套后，挤压深沟球轴承的内圈，把轴承安装在轴上，最后装上两端的闷盖。闷盖与箱体之间通过测量增加垫圈，游动端一端不用测量直接增加 0.3 mm 厚的垫圈
	输出轴的安装	将轴承座套套在输入轴上，把两个角接触轴承（按背靠背的装配方法）装在轴上，轴承中间加轴承内、外圈套筒。装上轴承透盖，透盖与轴承套之间通过测量增加厚度最接近的垫圈。安装好齿轮后，装紧两个圆螺母，挤压深沟球轴承的内圈把轴承安装在轴上，装上轴承闷盖，闷盖与箱体之间增加 0.3 mm 厚的垫圈。套上轴承内圈预紧套筒。最后通过调整圆螺母来调整两角接触轴承的预紧力
	完成	完成齿轮减速器的安装和调整

任务评价

理论知识主要通过学生作业形式进行个人评价、小组互评和教师评价。实践操作则通过项目任务，根据各同学的完成情况进行评价。评价表格如表 4-4-6 所示。

表 4-4-6　任务评价记录表

评价项目	评价内容	分值	个人评价	小组互评	教师评价	得分
理论知识	了解减速器的分类	5				
	掌握蜗杆减速器的装调方法	10				
	掌握齿轮减速器的装调方法	10				
	熟悉减速器的拆装工具	10				
实践操作	会使用减速器的拆装工具	10				
	学会齿轮减速器的拆装步骤，并且在老师的指导下完成	10				
	学会减速器的调试方法	10				
安全文明	遵守操作规程	5				
	职业素质规范化养成	5				
	7S 整理	5				
学习态度	考勤情况	5				
	遵守实习纪律	5				
	团队协作	10				
	合计	100				
成果分享	收获之处					
	不足之处					
	改进措施					

思考与练习

一、选择题

1. 按照轴的外形来分，外形是直的圆柱轴称为（　　）。

A. 直轴　　B. 曲轴　　C. 空心轴

2. 空气压缩机中传动轴称为（　　）。

A. 直轴　　B. 曲轴　　C. 空心轴

3. 自行车的前轴是（　　）。

A. 直轴　　B. 曲轴　　C. 空心轴

4. 自行车的中轴是（　　）。

A. 直轴　　B. 曲轴　　C. 空心轴

5. 当轴上安装的零件要承受轴向力时，采用（　　）进行轴向固定，所能承受的轴向力较大。

A. 螺母　　B. 紧固螺钉　　C. 弹性挡圈

6. 在常用的螺纹连接中，自锁性能最好的螺纹是（　　）。

A. 三角形螺纹　　B. 梯形螺纹　　C. 锯齿形螺纹　　D. 矩形螺纹

7. 当两个被连接件之一太厚，不宜制成通孔且需要经常拆卸时，往往采用（　　）。

A. 螺钉连接　　B. 螺栓连接；　　C. 双头螺柱连接　　D. 紧固螺钉连接

8. 当键槽只有小凹痕、毛刺或轻微磨损时，可用细锉、（　　）或刮刀等进行修整。

A. 油石　　B. 毛刷　　C. 砂纸　　D. 粗砂纸

9. 半圆键形状与平键相似，但在外形上有（　　）。

A. 斜度　　B. 弯度　　C. 圆弧　　D. 螺纹

10. 普通平键连接的用途是使轴与轮毂之间（　　）。

A. 沿轴向固定并传递轴向力　　B. 沿周向固定并传递转矩

C. 沿轴向可相对滑动起导向作用　　D. 既沿轴向固定又沿周向固定

11. 装配工作有很多，以下不是装配工作的是（　　）。

A. 部装　　B. 调整　　C. 产品验收

12. 半圆键和切向键应用场合是（　　）。

A. 前者多用于传递较大转矩　　B. 后者多用于传递较小转矩；

C. 前者多用于传递较小转矩　　D. 后者多用于传递较大转矩；

E. 二者都用于传递较大转矩　　F. 二者都用于传递较小转矩。

13. （　　）不能作为螺栓连接优点。

A. 构造简单　　B. 装拆方便　　C. 连接可靠

D. 在变载荷下也具有很高的疲劳强度

E. 多数零件已标准化，生产率高，成本低廉

14. 键的剖面尺寸通常是根据（　　）按标准选择的。

A. 传递扭矩的大小　　B. 传递功率的大小

C. 轮毂的长度　　D. 轴的直径

15. 键的长度主要是根据（　　）来选择的。

A. 传递扭矩的大小　　B. 传递功率的大小

C. 轮毂的长度　　D. 轴的直径

16. 灰铸铁具有很好的铸造性能和（　　）性能。

A. 减振　　B. 锻造　　C. 收缩　　D. 膨胀

17. 汽车车轮的上方，用板弹簧制成弹性悬挂装置，其作用是（　　）。

A. 缓冲吸振　　B. 控制运动　　C. 储存能量　　D. 测量载荷

18. 按孔和轴配合后产生的过盈量，可采用（　　）、热装或冷装法装配。

A. 压装　　B. 安装　　C. 锥子　　D. 收缩

二、填空题

1. 根据螺纹连接防松原理的不同，它可分为________防松和________防松。
2. 在键连接中，楔键连接的主要缺点是________。
3. 对于螺纹连接，当两被连接件中其一较厚不能使用螺栓时，则应用________连接或________连接，其中经常拆卸时选用________连接。
4. 在平键连接中，平键的剖面尺寸一般按________确定。
5. 在螺纹连接中，按螺母是否拧紧分为紧螺栓连接和松螺栓连接，前者既能承受________向载荷，又能承受________向载荷，后者只能承受________向载荷。
6. 常用螺纹连接的形式有________连接、________连接、________连接、________连接。
7. 螺纹的牙形不同应用场合不同，________螺纹常用于连接，________螺纹常用于传动。
8. 在振动、冲击或变载荷作用下的螺栓连接，应采用________装置，以保证连接的可靠。
9. 在螺纹中，单线螺纹主要用于连接，其原因是________，多线螺纹用于传动，其原因是________。
10. 曲轴的润滑主要是指与摇臂间________的润滑和两头固定点的润滑。
11. 常用螺纹的类型主要有________、________、________、________和________。
12. 曲轴也被用于空气压缩机中，当空气压缩机运行时，是依靠活塞、活塞环与________工作面之间形成的密封腔压缩气体的。
13. 当轴表面上的螺纹碰伤、螺母不能拧入时，可用________或________修整。
14. 当键齿磨损不大时，先将花键部分退火，进行局部加热，然后用钝錾子对准键齿中间，手锤敲击，并沿键长移动，使键宽增加________。
15. 对于承受载荷很大或重要的轴，其裂纹深度超过轴直径的________或存在角度超过 10° 的扭转变形，则应予以调换。
16. 减速器按照传动部件的不同分为________、________、________和________。
17. 轴的主要用途是用来支撑旋转的________，如齿轮、带轮、链轮等，传递________和________。
18. 根据轴的承载情况可分为________、________和________三类。
19. 轴常见的失效形式有________、________和________。
20. 轴颈磨损的修复方法________、________、________和________。

三、分析思考题

1. 轴的分类有哪些?各适用于何种场合?
2. 轴的主要功用有哪些?举例说明。
3. 简述螺栓、螺母的装配要点?
4. 轴上零件的轴向固定方法有哪些?各有什么特点?
5. 为什么转轴常设计成阶梯形结构?

6. 轴颈磨损的修复方法有哪些？

7. 简述中心孔的修复方法。

8. 简述花键轴的修复方法。

9. 键连接有哪些主要类型？各有何主要特点？

10. 平键连接的工作原理是什么？主要失效形式有哪些？

11. 销有哪几种？其结构特点是什么？各用在何种场合？

12. 导向平键连接和滑键连接有什么不同，各适用于何种场合？

13. 平键和楔键在结构和使用性能上有何区别？为什么平键应用较广？

14. 半圆键与普通平键连接相比，有什么优缺点？它适用于什么场合？

15. 普通平键和半圆键是如何进行标注的？

16. 花键连接和平键连接相比有哪些优缺点？为什么矩形花键和渐开形花键应用较广？三角形花键多用于什么场合？

17. 矩形花键连接有哪几种定心方式？为什么多采用按外径 D 定心？按内径 d 定心常用于何种场合？

18. 花键的主要尺寸参数有哪些？这些参数如何选择？

19. 标准矩形花键如何进行标注？

20. 花键连接的主要失效形式是什么？

项目 5

二维工作台安装与调试

情景导入

随着现代制造技术的不断发展，机械传动机构的定位精度、导向精度和进给速度在不断提高，使传统的传动、导向机构发生了重大变化。直线导轨、滚珠丝杠的应用极大地提高了各种机械的性能。直线导轨副以其独有的特性，逐渐取代了传统的滑动直线导轨，广泛地应用在精密机械、自动化、各种动力传输、医疗和航空航天等行业上。机械行业使用直线导轨，适应了现今机械对于高精度、高速度、节约能源以及缩短产品开发周期的要求，已被广泛应用在各种重型组合加工机床、数控机床、高精度电火花切割机、磨床、工业用机器人乃至一般产业用的机械中。滚珠丝杠由螺杆、螺母和滚珠组成，能将回转运动转化为直线运动，或将直线运动转化为回转运动。由于摩擦阻力很小，滚珠丝杠被广泛应用于各种工业设备和精密仪器，其主要功能是将旋转运动转换成线性运动，或将扭矩转换成轴向反作用力，同时兼具高精度、可逆性和高效率的特点。

二维工作台主要由直线导轨、滚珠丝杠副、底板、中滑板、上滑板等构成。二维工作台的装配与调试，是对机床进给、传动系统等的仿真训练。

项目目标

- 通过识读二维工作台的装配图样，理清零部件之间的装配关系，理解机构的运动原理及功能，并能根据图样中的技术要求，熟悉基本零部件的结构以及装配和调试方法等；
- 能够规范合理地写出二维工作台的装配工艺过程；
- 装配直线导轨和滚珠丝杠的过程规范、方法正确、使用工量具合理；
- 能够进行设备几何精度误差的准确测量和分析，并有效实施设备精度调整；
- 对常见故障能够进行判断分析；
- 学会典型的二维工作台的拆装；
- 学会二维工作台各零部件装配的特点。

任务 1　直线导轨副的安装与调试

二维工作台主要由底板、中滑板、上滑板、直线导轨副、滚珠丝杠副、轴承座、圆螺母、限位开关、手轮、齿轮、等高垫块、轴端挡圈、导轨基准块、导轨定位块、轴用弹性挡圈、角接触轴承（7202AC）、深沟球轴承（6202-2RZ）、螺栓、弹簧垫圈、平垫圈等组成，如图 5-1-1 所示。

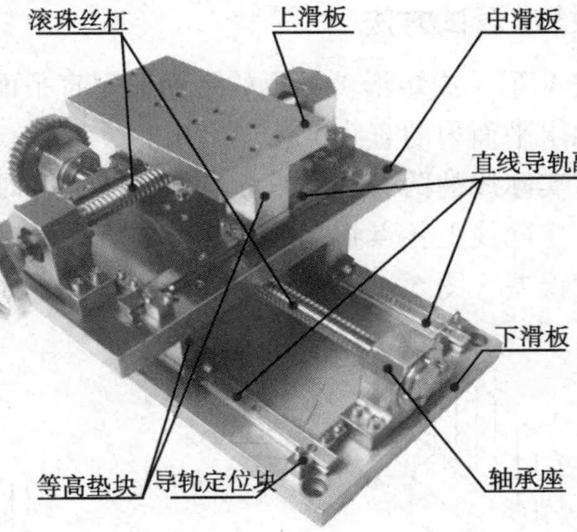

图 5-1-1　二维工作台

知识链接

一、直线导轨副的性能及装调技术要求

直线导轨副的性能特点介绍如下。

（1）定位精度高：滚动直线导轨的运动借助钢球滚动实现，导轨副摩擦阻力小，动静摩擦阻力差值小，低速时不易产生爬行。重复定位精度高，适合做频繁启动或换向的运动部件。可将机床定位精度设定到超微米级。同时根据需要，适当增加预载荷，确保钢球不发生滑动，实现平稳运动，减小了运动的冲击和振动。

（2）磨损小：滚动接触由于摩擦耗能小，滚动面的摩擦损耗也相应减少，故能使滚动直线导轨系统长期处于高精度状态。同时，由于使用润滑油也很少，这使得在机床的润滑系统设计及使用维护方面都变得非常容易。

（3）适应高速运动且大幅降低驱动功率：采用滚动直线导轨副的机床由于摩擦阻力小，可使所需的动力源及动力传递机构小型化，使驱动扭矩大大减少，使机床所需电力降低 80%，节能效果明显。可实现机床的高速运动，机床的工作效率提高 20%~30%。

（4）承载能力强：滚动直线导轨副具有较好的承载性能，可以承受不同方向的力和力矩载荷，如承受上下左右方向的力，以及颠簸力矩、摇动力矩和摆动力矩。因此，具有很好的载荷适应性。在设计制造中加以适当的预加载荷可以增加阻尼，以提高抗振性，同时可以消除高频振动现象。

（5）组装容易并具互换性：滚动导轨具有互换性，只要更换滑块或导轨或整个滚动导轨副，机床即可重新获得高精度。

直线导轨副安装、调试技术要求：

① 正确写出直线导轨副装配工艺过程；

② 正确测量调整直线导轨副与基准面的平行度；

③ 正确测量调整两直线导轨间的平行度；

④ 正确掌握直线导轨副紧固螺钉的装配顺序。

二、直线导轨副的精度调试方法

导轨直线度是指组成 V 形（或矩形）导轨的平面与垂直平面（或水平面）交线的直线度，且常以交线在垂直平面和水平面内的直线度体现出来。

在既定平面内，包容实际线的两平行直线的最小区域宽度即为直线度误差。有时也以实际线的两端点连线为基准，实际线上各点到基准直线坐标值中最大的一个正值与最大一个负值的绝对值之和，作为直线度误差。图 5-1-2 所示为导轨在垂直平面和水平面内的直线度误差。

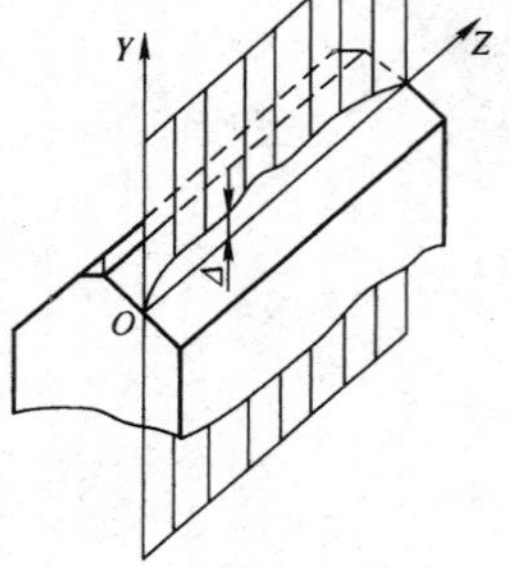

（a）导轨在垂直面内的直线度误差

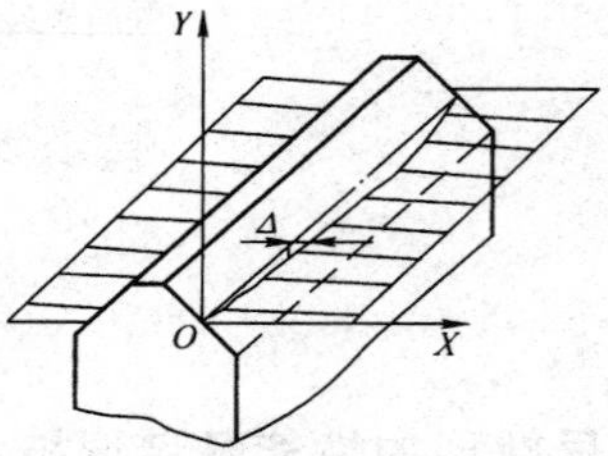

（b）导轨在水平面内的直线度误差

图 5-1-2　导轨直线度误差

1. 导轨在垂直平面内直线度的调试方法

（1）水平仪调试法。

用水平仪调整导轨在垂直平面内直线度误差。调试过程需要步步进行调试，不能太急，慢慢地调试才能获得较高的精确度。

① 水平仪的放置方法。若被测量导轨安装在纵向（沿测量方向）对自然水平有较大的倾斜时，可允许按图 5-1-3 所示方法，在水平仪 1 和桥板 2 之间垫一些薄片 4。调试的目的只是为了求出各挡之间倾斜度的变化，因而垫纸条后对评定结果并无影响。若被调试的导轨安装在横向（垂直于测量方向）对自然水平有较大的倾斜时，则必须严格保证桥板是沿一条直线移动，否则，横向的安装水平误差将会反映到水平仪示值中去。

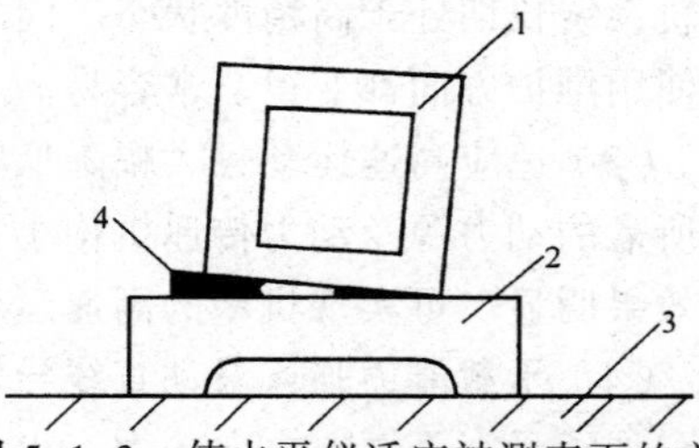

图 5-1-3　使水平仪适应被测表面的方法

1—水平仪；2—桥板；3—被测表面；4—薄片

② 用水平仪调试导轨在垂直平面内直线度的方法。

（2）自准直仪调试法。

自准直仪和水平仪都是精密测角仪器，是按节距法原理进行调试的。在调试时，如图 5-1-4 所示，自准直仪 1 固定在被测导轨 4 一端，而反射镜 3 则放在检验桥板 2 上，沿被测导轨逐挡移动进行调试，读数所反映的是检验桥板倾斜度的变化。

当调试导轨在垂直平面内的直线度误差时，需要测量的是检验桥板在垂直平面内倾斜度的变化，若所用仪器为光学平直仪，则读数筒应放在向前的位置。

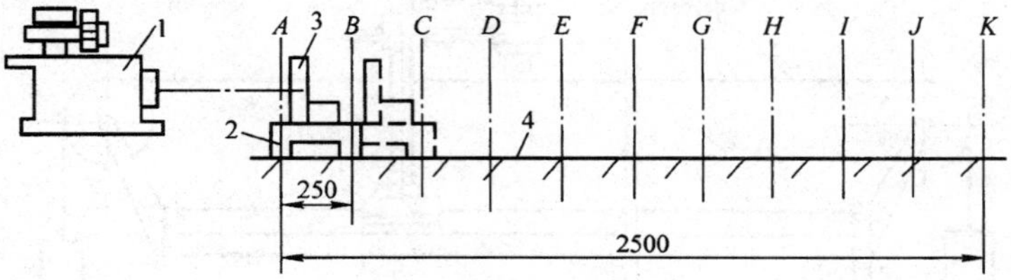

图 5-1-4　用自准直仪调试导轨

1—自准直仪；2—检验桥板；3—反射镜；4—被测导轨

2. 导轨在水平面内直线度的调试

导轨在水平面内直线度的检验方法有检验棒或平尺调试法、自准直仪调试法、钢丝调试法等。

（1）检验棒或平尺调试法。

以检验棒或平尺为调试基准，用百分表进行调试。在被测导轨的侧面架起检验棒或平尺，百分表固定在仪表座上，百分表的测头顶在检验棒的侧母线上。首先将检验棒或平尺调整到和被测导轨平行，即百分表读数在检验棒两端点一致。然后移动仪表座进行调试，百分表读数的最大代数差就是被测导轨在水平面内相对于两端连线的直线度误差。若需要按最小条件评定，则应在导轨全长上等距测量若干点，然后再做基准转换，如图 5-1-5 所示。

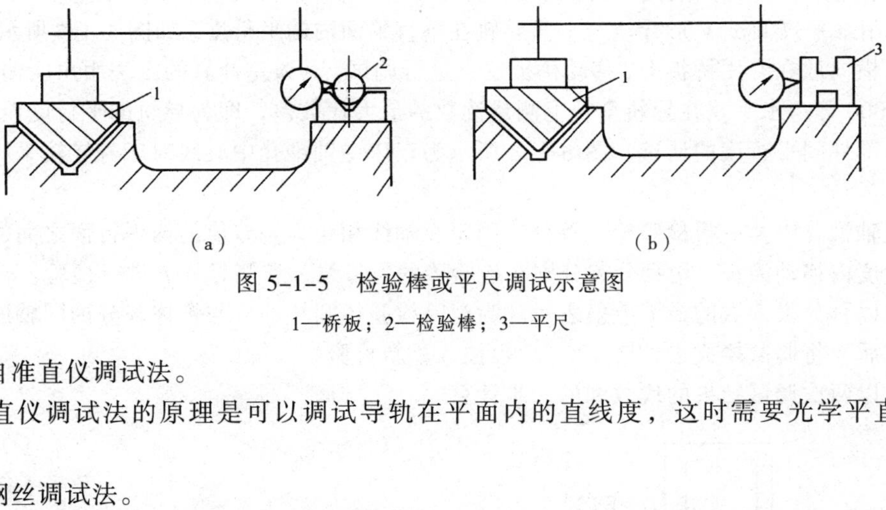

图 5-1-5　检验棒或平尺调试示意图

1—桥板；2—检验棒；3—平尺

（2）自准直仪调试法。

自准直仪调试法的原理是可以调试导轨在平面内的直线度，这时需要光学平直仪进行调试。

（3）钢丝调试法。

钢丝经充分拉紧后，从理论上讲可以认为是直线度好的，可以作为调试的标准。如图 5-1-6 所示，拉紧钢丝，平等于被调试导轨，在仪表座上有一微量移动显微镜，将仪表座延长进行移动调试。

导轨在水平面内的直线度误差以显微镜读数最大代数差计。

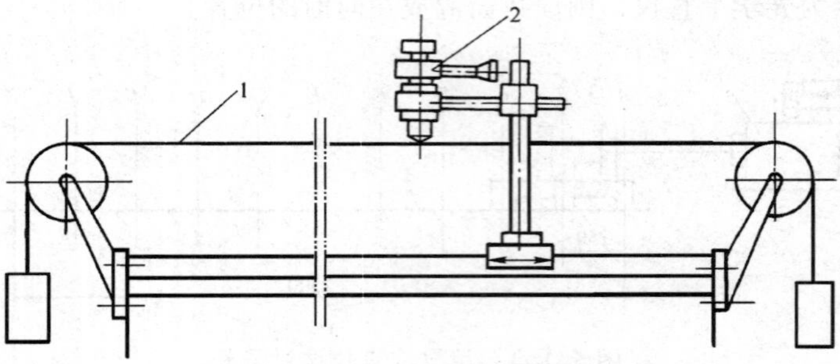

图 5-1-6　钢丝测量法

1—细钢丝；2—显微镜

钢丝调试法的主要优点：测距可达二十余米，一般的只要 5 m 就可以了。所需的条件简单，容易实现。

特别是机床工作台移动的直线度，若允差为线值，则只能用钢丝测量法。因为在不具备节距测量法条件时，角值量仪的读数不可能换算出线值误差。

3. 导轨的平行度调试

形位公差规定在给定方向上平行于基准面、相距为公差值的两平面之间的区域即为平行度公差带。

平行度的允许误差与测量长度有关，一般在 300 mm 长度上的允许误差为 ± 0.02 mm 等；对于调试较长导轨时，还要规定局部允许误差。

（1）用水平仪调试 V 形导轨与平面导轨在垂直平面内的平行度，如图 5-1-7 所示。调试时，将水平仪横向放在专用桥板上，移动桥板逐点进行调试，其误差计算的方法用角度偏差值表示，如 0.02/1000 等。水平仪在导轨全长上测量读数的最大代数差，即为导轨的平行度误差。

（2）部件间平行度的调试，图 5-1-8 所示为车床主轴锥孔中心线对床身导轨平行度的检验方法。

在主轴锥孔中插一根检验棒，百分表固定在轴线相距为公差值的两平行面之间的溜板上，在指定长度内移动溜板，用百分表分别在检验棒的上母线 a 和侧母线 b 进行检验。a、b 的测量结果分别以百分表读数的最大差值表示。为消除检验棒圆柱部分与锥体部分的同轴度误差，第一次调试后，将调试棒拔去，转 180° 后再插入重新检验。

误差以两次调试结果的代数和的一半计算。

图 5-1-7　用水平仪检验导轨平行度

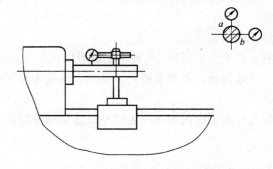

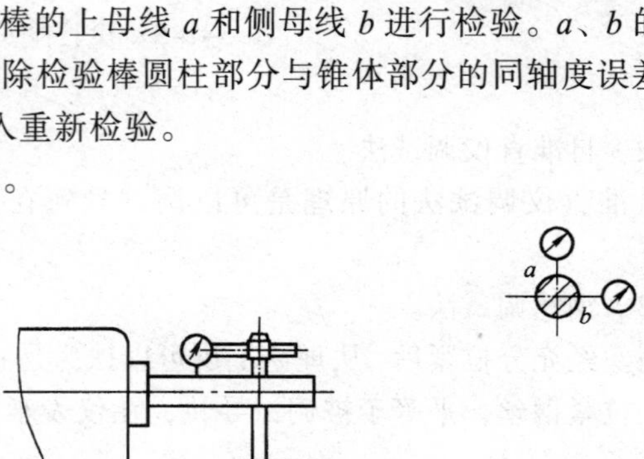

图 5-1-8　主轴锥孔中心线对导轨平行度检验

4．导轨平面度的调试方法

在导轨的平面度调试中，按照国家标准，调试工作台面在各个方向上的直线度误差后，选择其中最大一个直线度误差作为工作台面的平面度误差。对小型件可采用标准平板研点法、塞尺检查法等，较大型或精密工件可采用间接测量法、光线基准法。

（1）平板研点法。这种方法是在中小台面利用标准平板，涂色后对台面进行研点，检查接触斑点的分布情况，以证明台面的平面度情况。使用工具最简单，但不能得出平面度误差数据。平板最好采用0～1级精度的标准平板。

（2）塞尺检查法。用一根相应长度的平尺，精度为0～1级。在台面上放两个等高垫块，平尺放在垫块上，用块规或塞尺检查工作台面至平尺工作面的间隙，或用平行平尺和百分表测量，如图5-1-9所示。

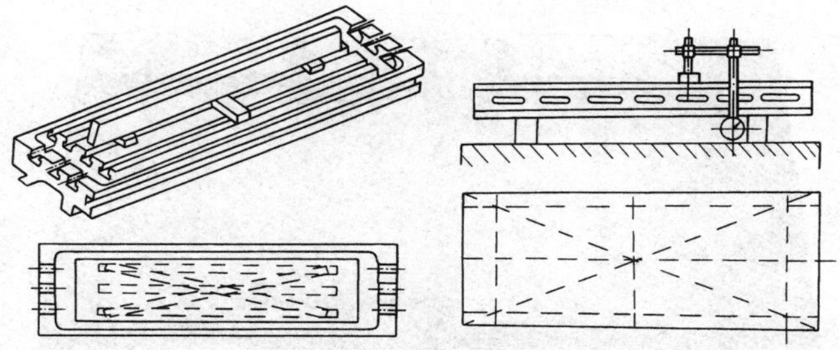

图5-1-9　塞尺检查法

（3）光线基准法。用光线基准法测量平面度时，可采用经纬仪等光学仪器。通过光线扫描方法来建立测量基准平面。光线基准法的特点是它的数据处理与调整都方便，测量效率高，只是受仪器精度的限制，其测量精度不高。

调试时，将调试仪器放在被测工件表面上，这样被测表面位置变动对测量结果没有影响，只是仪器放置部位的表面不能测量。测量仪器也可放置于被测表面外，这样就能测出全部的被测表面，但被测表面位置的变动会影响测量结果。因此，在测量过程中，要保持被测表面的原始位置。

此方法要求三点相距尽可能远一些，如图5-1-10所示的1、2、3点。调整仪器扫描平面位置，使与上述所建立的平面平行，即靶标在这三点时，仪器的读数应相等，从而建立基准平面。然后再测出被测表面上各点的相对高度，便可以得到该表面的平面度误差的原始数据。

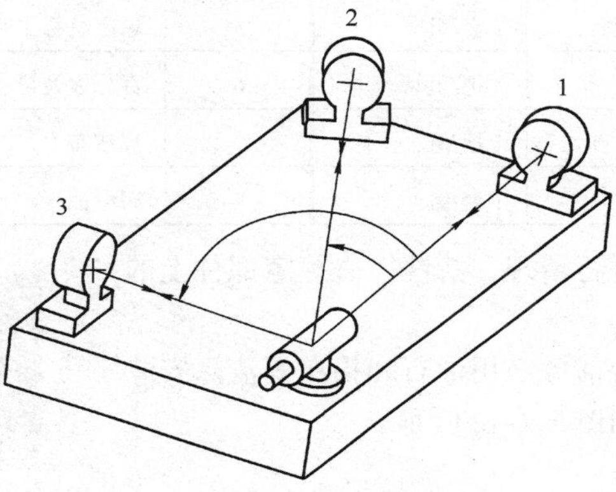

图5-1-10　光线扫描法测量平面度

任务实施

二维工作台拆装

对 THMDZT-1 实训装置中二维工作台进行拆装。导轨的装调都需要哪些步骤，需要哪些工具？了解直线导轨如何测量和调试的。

◎想一想：导轨与基准面的调试，如图 5-1-11 所示。

（1）导轨与基准面的平行度误差如何测量、控制、调试？

（2）两导轨间的平行度误差如何测量、控制、调试？

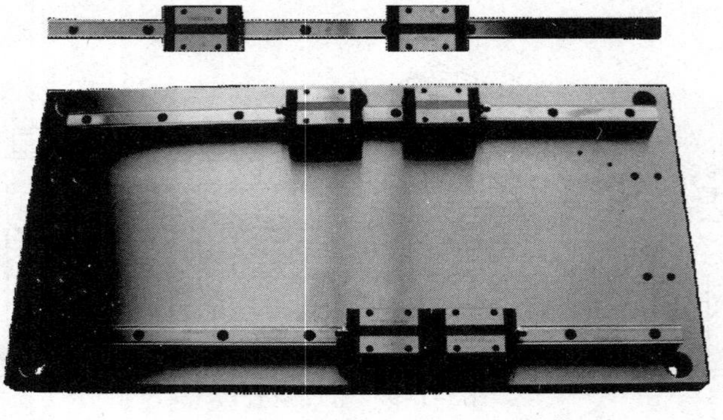

图 5-1-11　调试导轨与基准面

◎练一练：导轨调试装配步骤介绍如下。

（1）检查技术文件、图样和零件的完备情况；

（2）根据装配图和技术要求，确定装配任务和装配工艺；

（3）根据装配任务和装配工艺，选择合适的工具、量具；工具、量具摆放整齐，装配前量具应校正；直线导轨副装调工量具清单如表 5-1-1 所示。

表 5-1-1　直线导轨副安装与调试工量具清单

序　号	工具名称	数　量	序　号	工具名称	数　量
1	THMDZT-1 型实训装置	1 套/组	5	深度游标卡尺	1 套/组
2	内六角扳手	1 把/组	6	百分表及磁性表座	1 套/组
3	橡皮锤	1 把/组	7	清洁布	若干
4	游标卡尺	1 套/组	8	润滑油	若干

（4）对装配的零部件进行清理、清洗，去掉零部件上的毛刺、铁锈、切屑、油污等。

（5）清理安装面：安装前务必用油石和棉布等清除安装面上的加工毛刺及污物，如图 5-1-12 所示。

（6）装配完成。

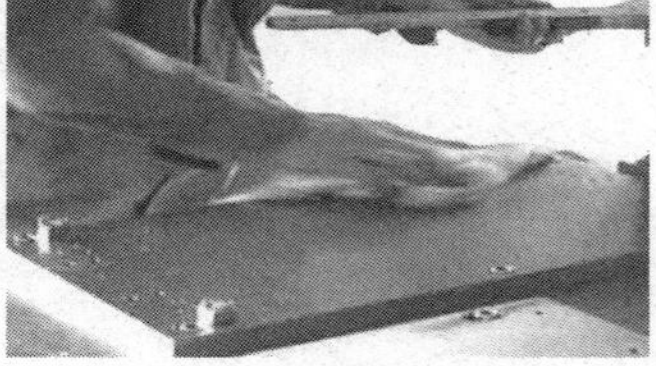

图 5-1-12　清理安装面

任务评价

理论知识主要通过学生作业形式进行个人评价、小组互评和教师评价。实践操作则通过项目任务，根据各同学的完成情况进行评价。评价表格如表 5-1-2 所示。

表 5-1-2　任务评价记录表

评价项目	评价内容	分值	个人评价	小组互评	教师评价	得分
理论知识	了解导轨的基本知识	5				
	掌握直线导轨副的基本调试方法	10				
	掌握导轨的装调方法	10				
	熟悉导轨的特点、功能和应用	10				
实践操作	学会直线导轨副的调整工作	10				
	学会二维工作台机构的装调	10				
	学会导轨的装调步骤	10				
安全文明	遵守操作规程	5				
	职业素质规范化养成	5				
	7S 整理	5				
学习态度	考勤情况	5				
	遵守实习纪律	5				
	团队协作	10				
	合计	100				
成果分享	收获之处					
	不足之处					
	改进措施					

任务 2　丝杠螺母传动机构的安装与调试

丝杠螺母传动机构，主要是将旋转运动变成直线运动，同时进行能量和力的传递，或调整零件的相互位置。其特点是：传动精度高、工作平稳、无噪声、易于自锁、能传递较大的动力。在机械传动中应用广泛，如车床的纵、横向进给机构，钳工的台虎钳等。

丝杠螺母传动机构在装配时，为了提高丝杠的传动精度和定位精度，必须认真调整丝杠螺母副的配合精度，一般应满足以下要求。

（1）保证径向和轴向配合间隙达到规定要求。

（2）丝杠与螺母同轴度及丝杠轴线与基准面的平行度应符合规定要求。

（3）丝杠与螺母相互转动应灵活，在旋转过程中无时松时紧和无阻滞现象。

（4）丝杠的回转精度应在规定范围内。

知识链接

一、丝杠直线度误差的检查与校直

将丝杠擦净，放在钳工的水平台上，通过光线透过间隙，检查其母线与工作台面的缝隙是否均匀。转过 90° 继续进行检查，不能出现弯曲现象，否则不能使用。一般来说，需要校直的丝杠，其弯曲度都不是很大，甚至用肉眼几乎看不出来。校直时将丝杠的弯曲点置于两 V 形架的中间，然后在螺旋压力机上，沿弯曲点和弯曲方向的反向施力 F，就可使弯曲部分产生塑性变形而达到校直的目的［见图 5-2-1（a）］。

在校直丝杠时，丝杠被反向压弯［见图 5-2-1（b）］，把最低点与底面的距离 C 测量出来，并记录下来。然后去掉外力 F，用百分表（最好用圆片式测头）测量其弯曲度（见图 5-2-2）。如果丝杠还未被校直，可加大施力，并参考上次的 C 值，来决定本次 C 值的大小。

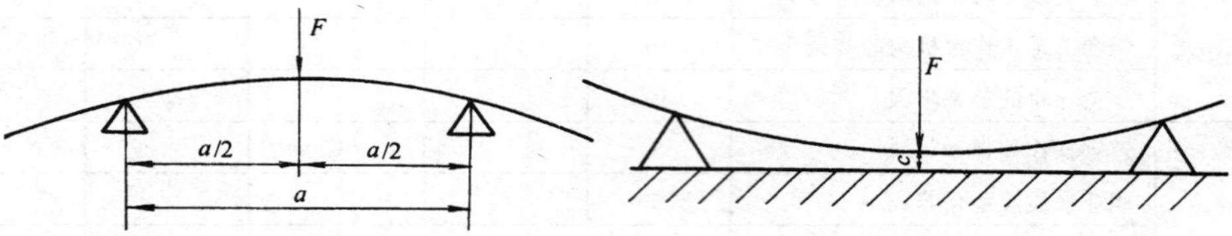

（a）支承点和施力点的位置　（b）校直时的测量

图 5-2-1　丝杠的校直

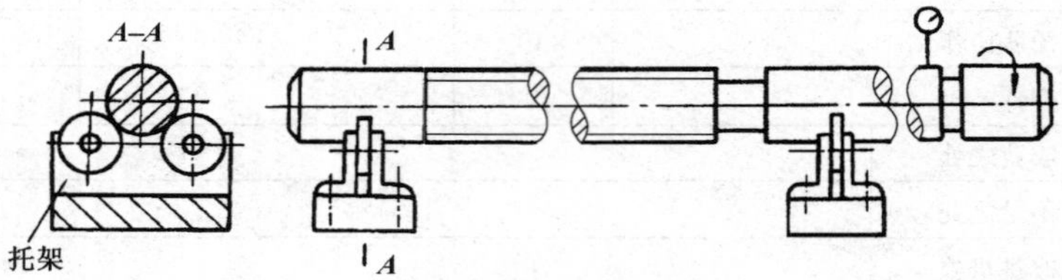

图 5-2-2　丝杠挠度的检测

丝杠校直完毕后，要重新测量直线度误差，符合技术要求后，将其悬挂起来备用。

二、丝杠螺母副配合间隙的测量及调整

配合间隙包括径向和轴向两种。轴向间隙直接影响丝杠螺母副的传动精度，因此需采用消隙机构予以调整。但测量时径向间隙比轴向间隙更易准确反映丝杠螺母副的配合精度，所以配合间隙常用径向间隙表示。

（1）径向间隙的测量（见图 5-2-3）。将螺母旋在丝杠上的适当位置，为避免丝杠产生弹性变形，螺母离丝杠一端约（3～5）P，把百分表测量头触及螺母上部，然后用稍大于螺母重量的力提起和压下螺母，此时百分表读数的代数差即为径向间隙。

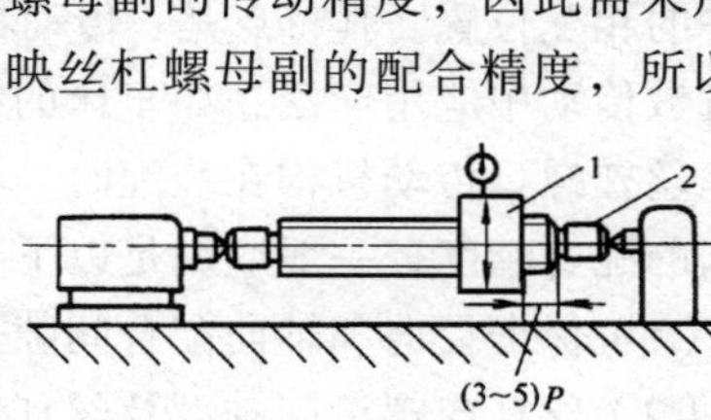

图 5-2-3　径向间隙的测量

1—螺母；2—丝杠

（2）轴向间隙的调整。无消隙机构的丝杠螺母副，用单配或选配的方法来决定合适的配合间隙；有消隙机构的丝杠螺母副根据单螺母或双螺母结构采用下列方法调整间隙。

① 单螺母结构。磨刀机上常采用图 5-2-4 所示的机构，使螺母与丝杠始终保持单向接触。

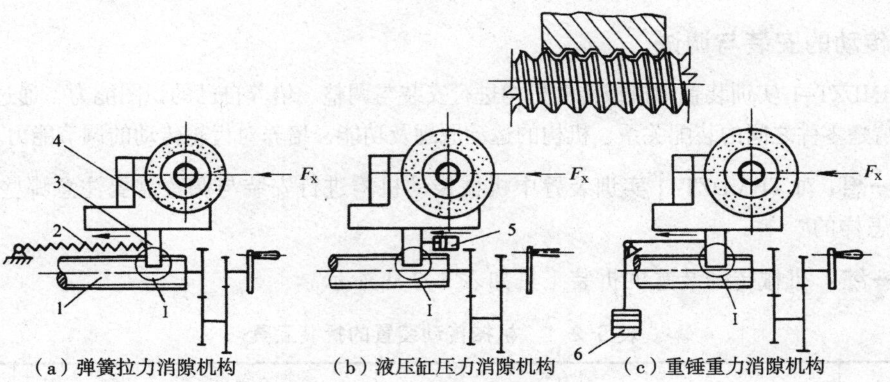

图 5-2-4　单螺母消隙机构

1—丝杠；2—弹簧；3—螺母；4—砂轮架；5—液压缸；6—重锤

装配时可调整或选择适当的弹簧拉力、液压缸压力、重锤质量，以消除轴向间隙。

单螺母结构中消隙机构的消隙力方向与切削分力 F_x 方向必须一致，以防进给时产生爬行，而影响进给精度。

② 双螺母结构。图 5-2-5（a）所示，双螺母 1、2 的调整，可以调整轴向相对位置。双螺母调整以消除与丝杠之间的轴向间隙并实现预紧。图 5-2-5（b）为双螺母斜面消隙机构，其调整方法是：拧松螺钉 2，再拧动螺钉 1，使斜楔向上移动，以推动带斜面的螺母右移，从而消除轴向间隙。调好后再用螺钉 2 和锁紧螺母 3 锁紧。图 5-2-5（c）是双螺母消隙机构。调整时先松开螺钉，再拧动调整螺母 1，消除螺母 2 与丝杠间隙后，旋紧螺钉。

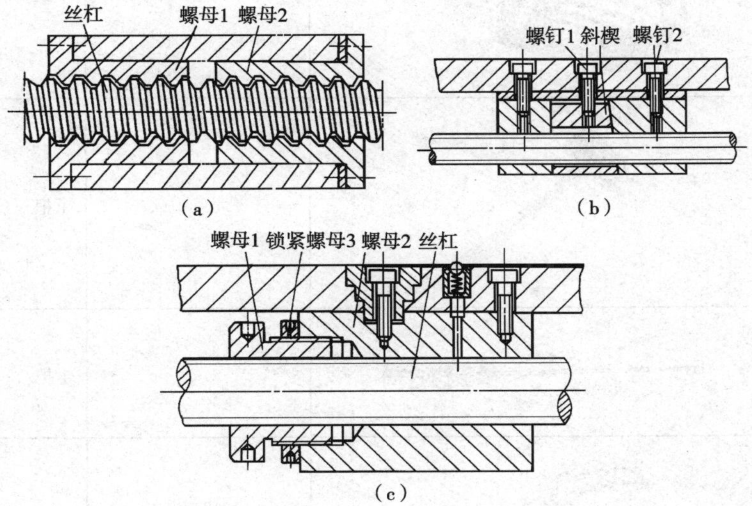

图 5-2-5　双螺母消隙机构

任务实施

机械传动的安装与调试

对 THMDZT-1 实训装置中机械传动机构进行安装与调整。培养自己的识图能力，通过对装配图的分析，清楚零件之间的装配关系、机构的运动原理及功能，培养对齿轮传动的调节能力。

◎想一想：对 THMDZT-1 实训装置中机械传动机构进行安装与调整需要注意哪些步骤？装配工艺是怎样的？

◎练一练：机械传动装置的拆装工具如表 5-2-1 所示。

表 5-2-1　机械传动装置的拆装工具

名　　称	工　　具	型号及规格	数　　量	备　　注
实训装置		THMDZT-1 型	1 套	
内六角扳手			1 套	
橡胶锤			1 把	
螺钉旋具	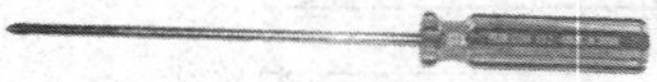		1 把	
拉马	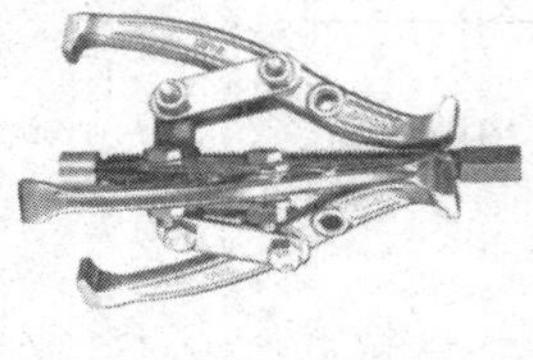		1 个	

续上表

名　　称	工　　　具	型号及规格	数　量	备　注
活动扳手	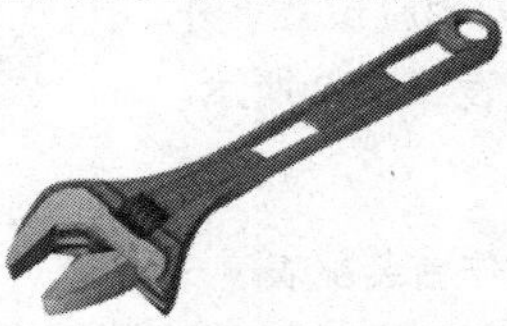	250 mm	1 把	
圆螺母扳手	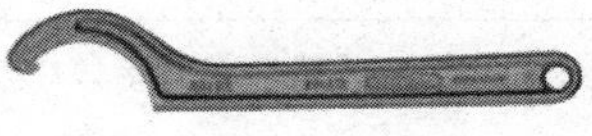	M16、M27 圆螺母用	各 1 把	
卡簧钳	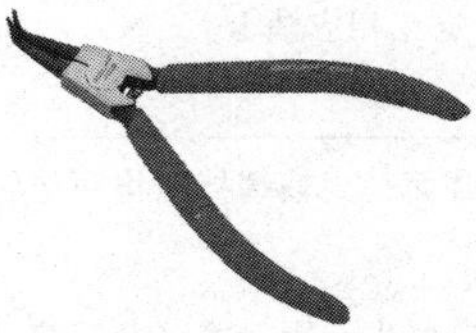	直角、弯角 7 寸	各 1 把	
防锈油			若干	
紫铜棒	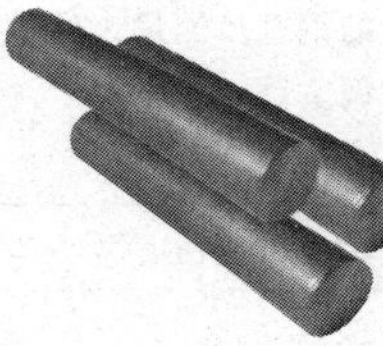		1 根	
零件盒			2 个	

装配需要达到的要求：

（1）电动机与变速箱之间、减速机与自动冲床之间同步带传动的调整。

（2）变速箱与二维工作台之间直齿圆柱齿轮传动的调整。

（3）减速器与分度转盘机构之间锥齿轮的调整。

（4）链条的安装。

装配步骤：将变速箱、交流减速电动机、二维工作台、齿轮减速器、间歇回转工作台、自动冲床分别放在铸件平台上的相应位置，并将相应底板螺钉装入（螺钉不要旋紧），如图 5-2-6 和表 5-2-2 所示。

图 5-2-6　丝杠装调

表 5-2-2　二维工作台装配表

步　骤	调　试　内　容
变速箱与二维工作台传动的安装与调整	把二维工作台安装在铸件底板上；通过百分表，调整二维工作台丝杠与变速箱的输出轴的平行度。 通过调整垫片的调整，将变速箱输出和二维工作台输入的两齿轮调整齿轮错位不大于齿轮厚度的5%及两齿轮的啮合间隙，用轴端挡圈分别固定在相应轴上。 旋紧底板螺钉，固定底板
变速箱与小锥齿轮部分链传动的安装	用钢板尺，通过调整垫片调整两链轮端面共面，用轴端挡圈将两链轮固定在相应轴上。 用截链器将链条截到合适长度。 移动小锥齿轮底板的前后位置，减小两链轮的中心距，将链条安装上；通过移动小锥齿轮底板的前后位置，来调整链条的张紧度
间歇回转工作台与齿轮减速器的安装	调节小锥齿轮部分，使得两直齿圆柱齿轮正常啮合，通过加调整垫片（铜片）调整两直齿圆柱齿轮的错位，调整使错位不大于齿轮厚度的 5%。 调节齿轮减速器的位置使得两锥齿轮正常啮合，通过加调整垫片（铜片）调整两锥齿轮的齿侧间隙。 旋紧底板螺钉，固定底板
齿轮减速器与自动冲床同步带传动的安装与调节	用轴端挡圈分别将同步带轮装在减速机输出端和自动冲床的输入端。 通过自动冲床上的腰形孔调节冲床的位置，来减小两带轮的中心距，将同步带装在带轮上。 调节自动冲床的位置，将同步带张紧，用 1m 的钢直尺测量，通过调整垫片调整两同步带端面共面，完成减速器与自动冲床同步带传动的安装与调节。 旋紧底板螺钉，固定底板
手动试运行	在变速箱的输入同步带轮上安装手柄，转动同步带轮，检查各个传动部件是否运行正常
电机与变速箱同步带传动的安装与调整	将同步带轮一固定在电动机输出轴上。 用轴端挡圈将同步带轮三固定在变速箱的输入轴上。 调节同步带轮一在电动机输出轴上的位置，将同步带轮一和同步带轮三调整到同一平面上。 通过电动机底座上的腰形孔调节电动机的位置，来减小两带轮的中心距，将同步带装在带轮上。 调节电动机的前后位置，将同步带张紧，完成电动机与变速箱带传动的安装与调整。 旋紧底板螺钉，固定底板
完成	完成传动部分的安装与调整

任务评价

理论知识主要通过学生作业形式进行个人评价、小组互评和教师评价。实践操作则通过项目任务，根据各同学的完成情况进行评价。评价表格如表 5-2-3 所示。

表 5-2-3　任务评价记录表

评价项目	评价内容	分值	个人评价	小组互评	教师评价	得分
理论知识	了解丝杠螺母机构的工作原理	5				
	掌握滚珠丝杠支承的基本形式	10				
	掌握丝杠的装调方法	10				
	熟悉丝杠螺母和滚珠丝杠机构的工作原理、运动特点、功能和应用	10				
实践操作	会进行丝杠机构的调整	10				
	学会二维工作台机构的装调	10				
	学会丝杠螺母机构的装调步骤	10				
安全文明	遵守操作规程	5				
	职业素质规范化养成	5				
	7S 整理	5				
学习态度	考勤情况	5				
	遵守实习纪律	5				
	团队协作	10				
	总得分	100				
成果分享	收获之处					
	不足之处					
	改进措施					

任务 3　二维工作台的整体安装与调试

知识链接

二维工作台的安装与调试

滚珠丝杠螺母副的装调

滚珠丝杠传动系统是一个以滚珠作为滚动媒介的滚动螺旋传动的体系。滚珠丝杠传动系统的运动特点介绍如下。

（1）传动效率高。滚珠丝杠传动系统的传动效率高达 90%～98%，为传统的滑动丝杠系统的 2～4 倍。所以能以较小的扭矩得到较大的推力，亦可由直线运动转为旋转运动（运动可逆）。高速滚珠丝杠副是指能适应高速化要求(40 m/min 以上)、满足承载要求且能精密定位的滚珠丝杠副，是实现数控机床高速化首选的传动与定位部件。

（2）运动平稳。滚珠丝杠传动系统为点接触滚动运动，工作中摩擦阻力小、灵敏度高、启动时无颤动、低速时无爬行现象，因此可精密地控制微量进给。

（3）高精度。滚珠丝杠传动系统运动中温升较小，并可预紧消除轴向间隙和对丝杠进行预拉伸以补偿热伸长，因此可以获得较高的定位精度和重复定位精度。

（4）高耐用性。钢球滚动接触处均经硬化（HRC58～63）处理，并经精密磨削，循环体系过程纯属滚动，相对磨损甚微，故具有较高的使用寿命和精度保持性。

（5）同步性好。由于运动平稳、反应灵敏、无阻滞、无滑移，用几套相同的滚珠丝杠传动系统同时传动几个相同的部件或装置，可以获得很好的同步效果。

（6）高可靠性。与其他传动机械、液压传动相比，滚珠丝杠传动系统故障率很低，维修保养也较简单，只需进行一般的润滑和防尘。特殊场合时可在无润滑状态下工作。

（7）无背隙与高刚性。滚珠丝杠传动系统采用歌德式（Gothic arch）沟槽形状、使钢珠与沟槽达到最佳接触以便轻易运转。若加入适当的预紧力，消除轴向间隙，可使滚珠有更佳的刚性，减少滚珠和螺母、丝杠间的弹性变形，达到更高的精度。

滚珠丝杠的支承方式有四种，固定—固定、固定—支承、支承—支承和固定—自由，如表5-3-1所示。

表5-3-1　滚珠丝杠的支承方式和适用场合

支承方式	适用特点
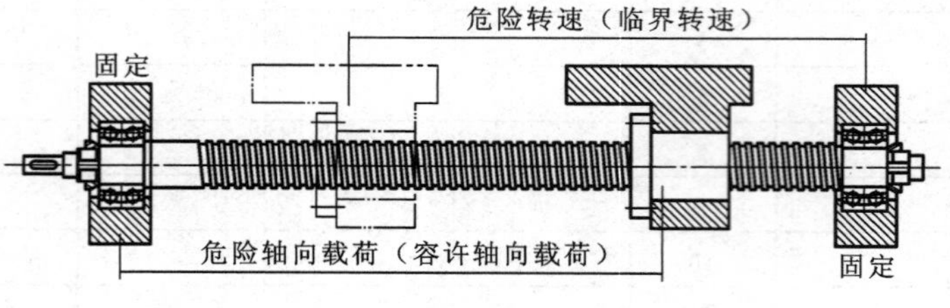 固定—固定	适用于高转速、高精度
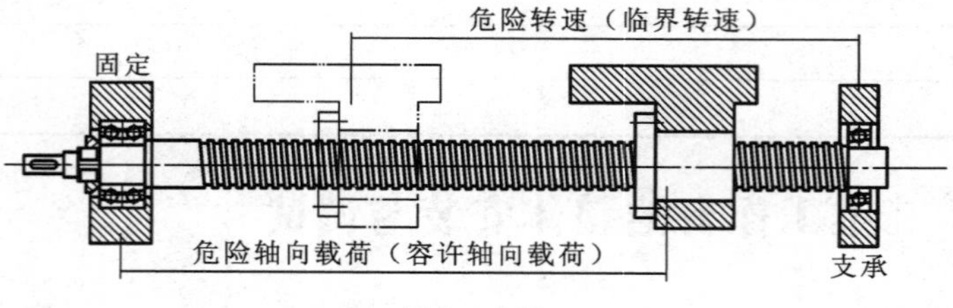 固定—支承	适用于中等转速、高精度
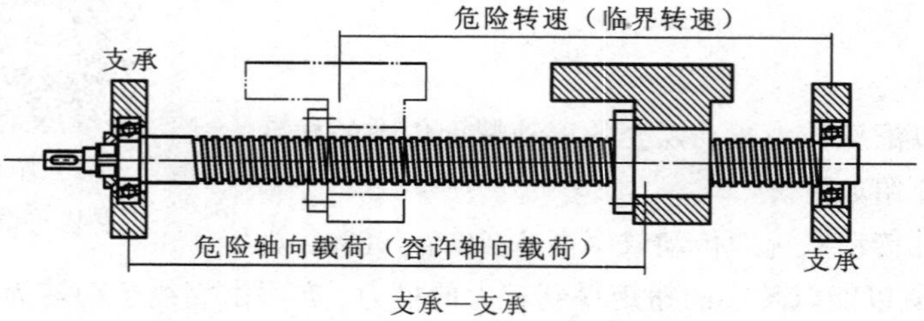 支承—支承	适用于中等转速，中精度
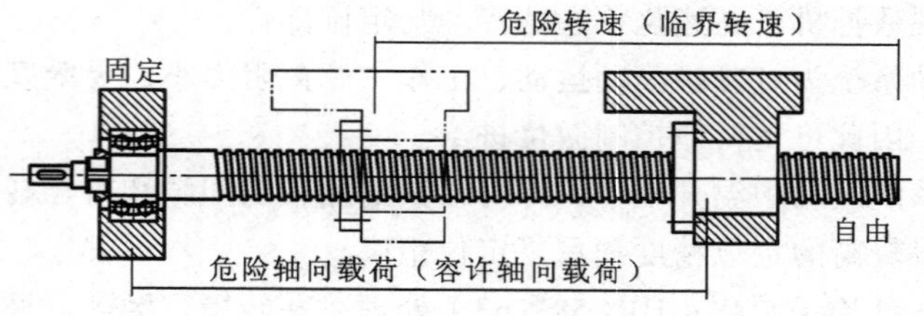 固定—自由	适用于低转速，中精度，短轴向丝杠

为了防止造成丝杠传动系统的任何失位，保证传动精度，提高丝杠系统的刚度是很重要的，而要提高螺母的接触刚度，必须施加一定的预紧载荷。施加了预紧载荷后，摩擦转矩增加，并使工作时的温度提高。因此必须恰当地确定预紧载荷（最大不得超过 10%的额定动载荷），以便在满足精度和刚度的同时，获得最佳的寿命和较低的温升效应。

滚动螺旋传动逆转率高，不能自锁。为了使螺旋副受力后不逆转，应考虑设置防逆转装置，如采用制动电机、步进电机，在传动系统中设有能够自锁的机构（如蜗杆传动）；在螺母、丝杠或传动系统中装设单向离合器、双向离合器、制动器等。选用离合器时，必须注意其可靠性。

在滚动螺旋传动中，特别是垂直传动，容易发生螺母脱出造成事故，安装时必须考虑防止螺母脱出的安全装置。

两直线导轨安装及检测　　基准导轨安装及检测

任务实施

装配直线导轨的操作步骤

1. 装配前的准备工作

（1）检查技术文件、图样和零件的完备情况；

（2）根据装配图样和技术要求，确定装配任务和装配工艺；

（3）根据装配任务和装配工艺，选择合适的工具、量具；工具、量具摆放整齐，装配前量具应校正；

（4）对装配的零部件进行清理、清洗，去掉零部件上的毛刺、铁锈、切削、油污等。

2. 装配步骤

装配底板上两根直线导轨的操作步骤如表 5-3-2 所示。

表 5-3-2　装配底板上两根直线导轨的操作步骤

步　　骤	示　意　图	说　　明
第一步：清理安装面	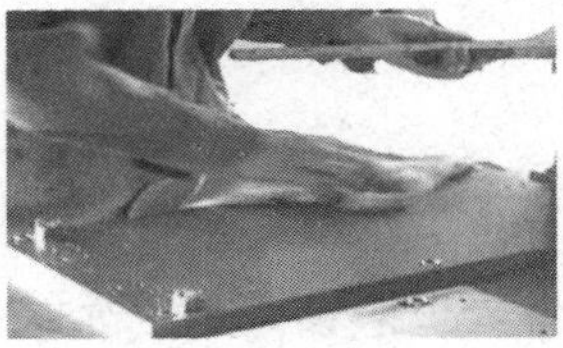	安装前务必用油石和棉布等清除安装面上的加工毛刺及污物
第二步：安装第一根直线导轨		以底板的侧面（磨削面）为基准面，调整底板的方向，将基准面朝向操作者，以便以此面为基准安装直线导轨。 将直线导轨中的一根放到底板上，使导轨的两端靠在底板上导轨定位基准块上，用 M4×16 的内六角螺钉预紧该直线导轨（加弹垫）。 按照导轨安装孔中心到基准面的距离要求（用深度游标卡尺测量），调整直线导轨与导轨定位基准块之间的调整垫片，使之达到图样要求

续上表

步　骤	示 意 图	说　明
第二步：安装第一根直线导轨	 	将杠杆式百分表吸在直线导轨的滑块上，百分表的测量头接触在基准面上，沿直线导轨滑动滑块，通过橡胶锤调整导轨，同时增减调整垫片的厚度，使得导轨与基准面之间的平行度符合要求，将导轨固定在底板上，并压紧导轨定位装置。 后续的安装工作均以该直线导轨为安装基准(以下称该导轨为基准导轨)
第三步：安装第二根直线导轨	  	将另一根直线导轨放到底板上，用内六角螺钉预紧此导轨，用游标卡尺测量两导轨之间的距离，通过调整导轨与导轨定位基准块之间的调整垫片，将两导轨的距离调整到所要求的距离。 以底板上安装好的导轨为基准，将杠杆式百分表吸在基准导轨的滑块上，百分表的测量头接触在另一根导轨的侧面，沿基准导轨滑动滑块，通过橡胶锤调整导轨，同时增减调整垫片的厚度，使得两导轨平行度符合要求，将导轨固定在底板上，并压紧导轨定位装置 注：直线导轨预紧时，螺钉的尾部应全部陷入沉孔，否则拖动滑块时螺钉尾部与滑块发生摩擦，将导致滑块损坏

任务评价

理论知识主要通过学生作业形式进行个人评价、小组互评和教师评价。实践操作则通过项目任务，根据各同学的完成情况进行评价。评价表格如表 5-3-3 所示。

表 5-3-3　任务评价记录表

评价项目	评价内容	分　值	个人评价	小组互评	教师评价	得　分
理论知识	掌握丝杠螺母和滚珠丝杠机构的工作原理、运动特点、功能和应用	35				
实践操作	学会丝杠机构的调整工作，学会二维工作台机构的装调	30				

续上表

评价项目	评价内容	分　值	个人评价	小组互评	教师评价	得　　分
安全文明	遵守操作规程	5				
	职业素质规范化养成	5				
	7S整理	5				
学习态度	考勤情况	5				
	遵守实习纪律	5				
	团队协作	10				
	合计	100				
成果分享	收获之处					
	不足之处					
	改进措施					

思考与练习

一、填空题

1. 二维工作台主要由＿＿＿＿＿、＿＿＿＿＿、＿＿＿＿＿、＿＿＿＿＿和＿＿＿＿＿等构成。

2. 导轨在水平面内直线度的检验方法有＿＿＿＿＿、＿＿＿＿＿和＿＿＿＿＿等。

3. 配合间隙包括＿＿＿＿＿和＿＿＿＿＿两种。轴向间隙直接影响丝杠螺母副的传动精度，因此需采用消隙机构予以调整。

4. 装配时可调整或选择适当的＿＿＿＿＿、＿＿＿＿＿、＿＿＿＿＿，以消除轴向间隙。

5. 滚珠丝杠的支承方式有四种，＿＿＿＿＿、＿＿＿＿＿、＿＿＿＿＿和＿＿＿＿＿。

二、简答题

1. 直线导轨副的性能特点有哪些？
2. 导轨在垂直平面内直线度的调试方法有哪些？
3. 导轨在水平面内直线度的调试方法有哪些？
4. 导轨平面度的调试方法有哪些？
5. 滚珠丝杠的支承方式有哪几种？都适用于什么场合？

项目 6

常用机构安装与调试

情景导入

人们在长期的生产实践中，创造发明了各种机器，并通过机器的不断改进，减轻了人们的体力劳动，提高劳动生产率。早在古时候就有很多的发明，有的用于战场，有的用于生活。这些机器给了人们很大帮助。东汉时期发明的水排为当时的炼铁业提供了带动风箱鼓风的机械装置，如图 6–0–1 所示。

它应用了水力学原理和复杂的连杆机构。图 6–0–2 所示用于舂米的连机碓则采用了凸轮机构。在齿轮的运用上也是非常广泛，如图 6–0–3 所示为古时候的指南车。

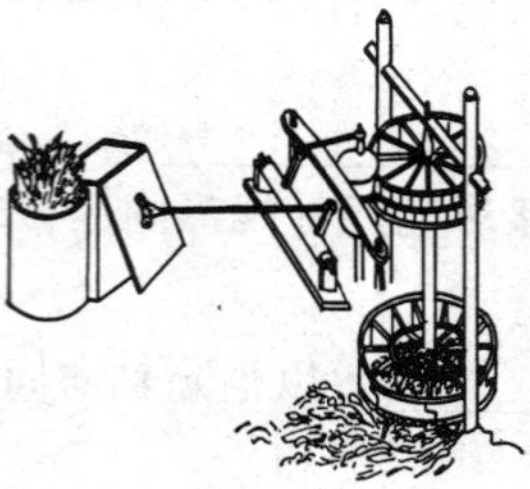

图 6–0–1　水排鼓风机械装置　图 6–0–2 舂米的连机碓　图 6–0–3　古代的指南车

而到了现代，汽车、飞机、洗衣机、数控机床、机器人等机器的发明和使用，则给我们的生产和生活带来了极大的方便。人们的生活越来越离不开机器了。

在从古至今的机器中，我们发现，这些机器都是由一些机构来完成机械功能。只是现代的机器随着科学技术的发展，已经越来越贴近人们的生活了。但按照机器的基本组成，都可以分为：动力源、传动机构、执行机构三部分。其中，传动机构和执行机构在使用中最主要的目的是为了实现速度、方向或运动状态的改变，或实现特定运动规律的要求。

常用的机构很多，比如联轴器、离合器、棘轮机构和槽轮机构等。联轴器和离合器是连接两轴使之一同回转并传递转矩的一种机构。联轴器只有在机器停车后用拆卸方法才能把两轴分离；离合器不必采用拆卸方法在机器工作时就能使两轴分离或结合。

常用的这种机构中由轴、轴承等零件构成。其中，轴承根据工作的摩擦性质，可分为滑动轴承和滚动轴承。

通过本项目学习主要掌握常用的一些间歇运动机构的工作原理、运动特点和功能，并了解其适用场合。在进行机械系统方案设计时，能够根据工作要求，正确选择机构的类型。

项目目标

- 了解平面连杆机构的工作原理、类型、特点及其演变过程；
- 了解间歇运动机构在设计中对从动件的动、停时间和位置的要求及对其动力性能的要求；
- 掌握棘轮机构、槽轮机构的工作原理、运动特点、功能和适用场合；
- 了解凸轮式间歇运动机构、不完全齿轮机构的工作原理、特点、功能及适用场合。

任务 1　平面连杆机构的安装与调试

平面连杆机构是由若干构件连接而成的平面机构。平面连杆机构广泛应用于各种机械和仪器中，其主要优点：

（1）平面连杆机构是面接触，传动时磨损较轻，承载能力较高；

（2）构件的形状简单，易于加工，构件之间的接触由构件本身的几何约束来保持，所以工作可靠；

（3）平面连杆机构可实现多种运动形式，满足多种运动规律的要求；

（4）平面连杆机构中的连杆可满足多种运动轨迹的要求。

其主要缺点有：

（1）由于运动副中存在间隙，机构不可避免地存在着运动误差，精度不高；

（2）主动件匀速运动时，从动件通常为变速运动，故存在惯性力，不适用于高速运动环境。

平面机构常以其组成的构件（杆）数来命名，如由四个构件通过运动副连接而成的机构称为四杆机构，而多于四杆的平面连杆机构称为多杆机构。四杆机构是平面连杆机构中最常见的形式，也是多杆机构的基础。

知识链接

一、四杆机构的基本形式

构件间的运动副均为转动副连接的四杆机构，是四杆机构的基本形式，称为铰链四杆机构，如图 6-1-1 所示。由三个活动构件（曲柄、摇杆、连杆）和一个固定构件（即机架）组成。其中，*AD* 杆是机架，与机架相对的杆（*BC* 杆）称为连杆，与机架相连的构件（*AB* 杆和 *CD* 杆）称为连架杆，能绕机架做整圈回转的连架杆称为曲柄，不能做整圈回转，只能在一定范围内摆动的连架杆称为摇杆。

根据连接机架的两根连架杆的运动形式的不同，铰链四杆机构可分为三种基本形式并以其连架杆的名称组合来命名。

1．曲柄摇杆机构

连接机架的两连架杆中一个为曲柄另一个为摇杆的四杆机构，称为曲柄摇杆机构。在曲柄摇杆机构中，当以曲柄为原动件转动时，可以将曲柄的匀速转动变为从动件的相互摆动。汽车玻璃的刮雨器，当主动曲柄回转时，从动摇杆做往复摆动，利用摇杆的延长部分实现刮雨动作。以摇杆为主动件，曲柄为从动件的曲柄摇杆机构如图 6–1–2 所示。

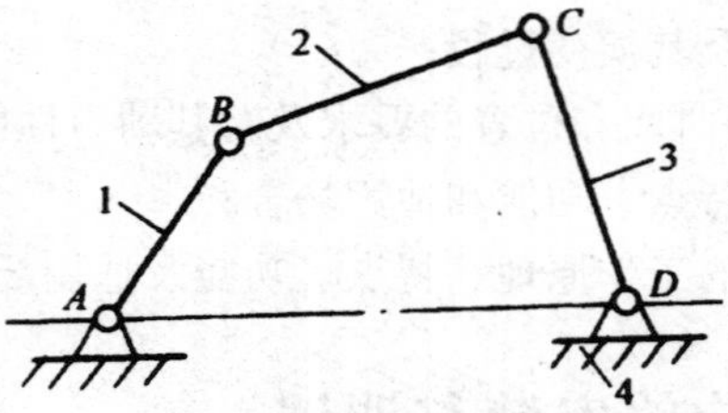

图 6–1–1　铰链四杆机构

1,3—连架杆；2—连杆；4—机架

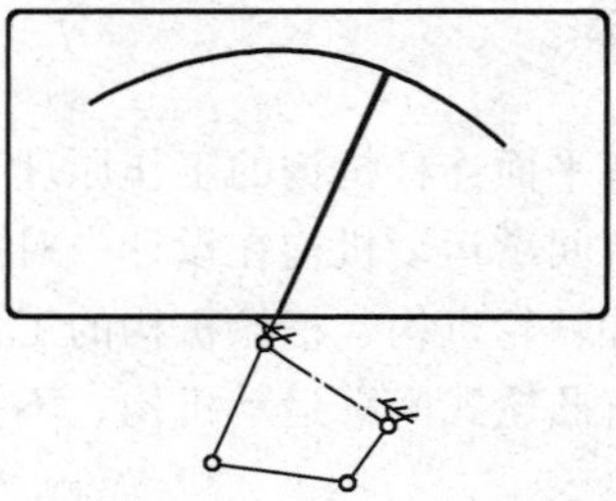

图 6–1–2　汽车刮雨器

缝纫机的踏板机构，踏板为主动件，当脚蹬踏板时，可将踏板的摆动变为曲柄即缝纫机皮带轮的匀速转动，如图 6–1–3 所示。

2．双曲柄机构

两连架杆均为曲柄的四杆机构称为双曲柄机构。通常，主动曲柄做匀速转动时，从动曲柄做同向变速转动，如图 6–1–4 所示的惯性筛机构，当曲柄 1 做匀速转动时，曲柄 3 做变速转动，通过构件 5 使筛子 6 获得加速度，从而将被筛选的材料分离。在双曲柄机构中，若相对的两杆长度分别相等，则称为平行双曲柄机构或平行四边形机构，若两曲柄转向相同且角速度相等，则称为正平行四边形机构。两曲柄转向相反且角速度不同，则为反平行四边形机构。

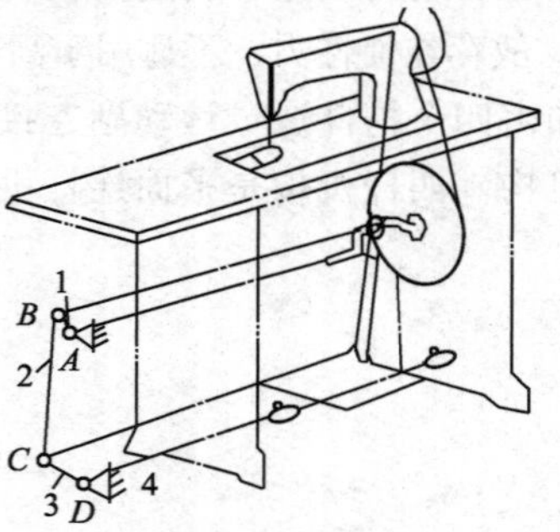

图 6–1–3　缝纫机结构

1,3—连架杆；2—连杆；4—机架

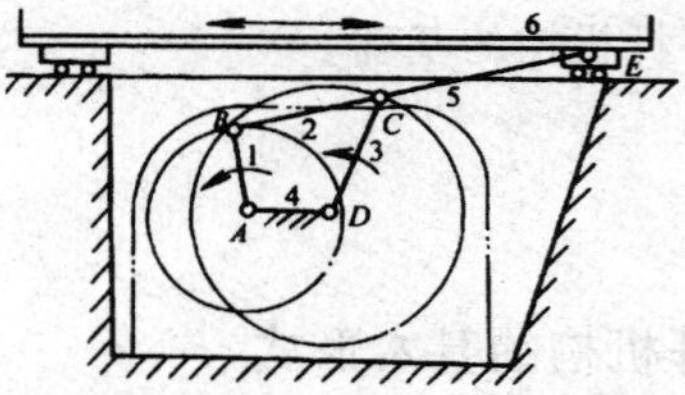

图 6–1–4　惯性筛结构

3．双摇杆机构

两连架杆均为摇杆的铰链四杆机构称为双摇杆机构。图 6–1–5（a）所示为港口起重机，当 *CD* 杆摆动时，连杆 *CB* 上悬挂重物的点 *E* 在近似水平直线上移动。图 6–1–5（b）所示的电风扇的摇头机构中，电动机装在摇杆 4 上，铰链 *A* 处装有一个与连杆 1 固接在一起的蜗轮。电动机转动时，电动机轴上的蜗杆带动蜗轮迫使连杆 1 绕 *A* 点做整周转动，从而使摇杆 2 和 4 做往复摆动，达到风扇摇头的目的。

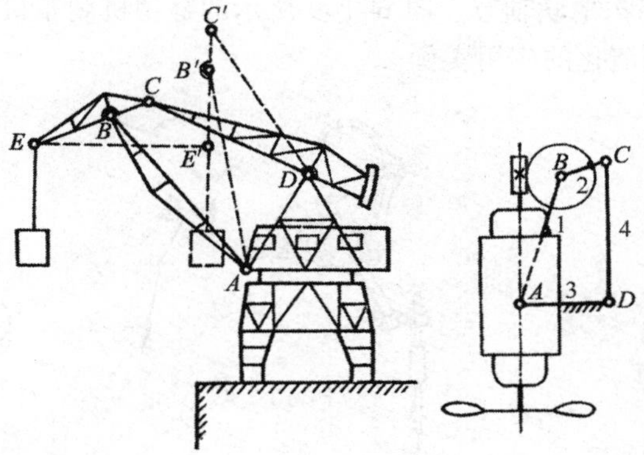

图 6-1-5　港口起重机示意图

图 6-1-6（a）、（b）所示的飞机起落架及汽车前轮的转向机构等也均为双摇杆机构的实际应用。汽车前轮的转向机构中，两摇杆的长度相等，称为等腰梯形机构，它能使与摇杆固连的两前轮轴转过的角度不同，使车轮转弯时，两前轮的轴线与后轮轴延长线上的某点 P 交于一点，汽车四轮同时以 P 点为瞬时转动中心，各轮相对地面近似于纯滚动，保证了汽车转弯平稳并减少了轮胎磨损。

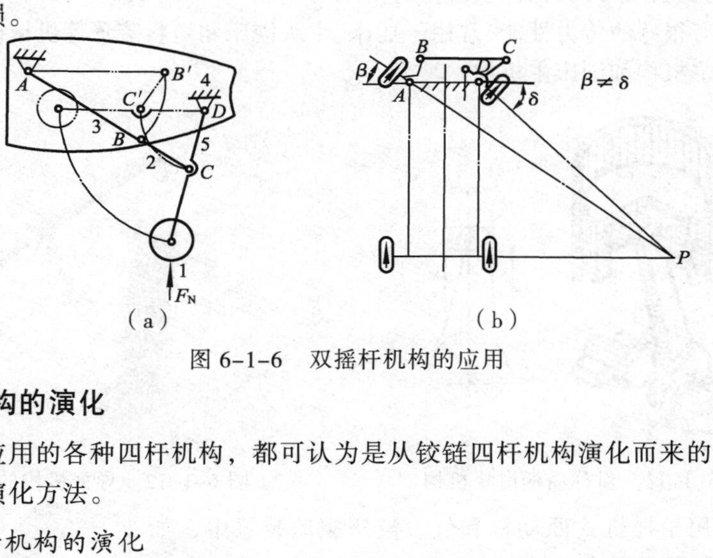

图 6-1-6　双摇杆机构的应用

二、四杆机构的演化

生产中广泛应用的各种四杆机构，都可认为是从铰链四杆机构演化而来的。下面通过实例介绍四杆机构的演化方法。

1. 曲柄摇杆机构的演化

曲柄摇杆机构如图 6-1-7（a）所示，通过改变构件，即可得到双曲柄机构如图 6-1-7（b）所示，和双摇杆机构如图 6-1-7（c）所示。

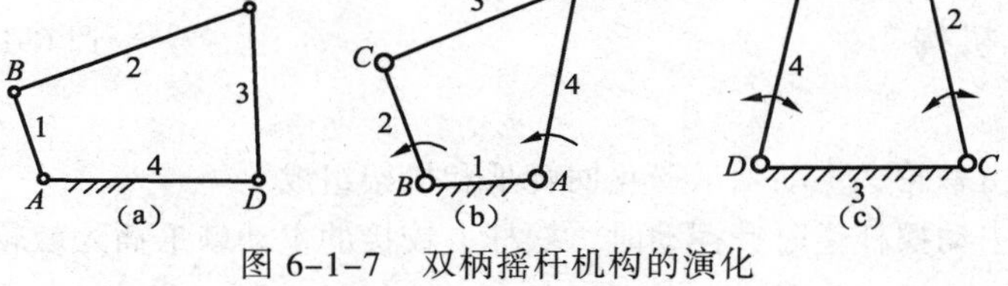

图 6-1-7　双柄摇杆机构的演化

图 6-1-8 所示的十字沟槽联轴节、图 6-1-9 所示的缝纫机刺布机构及图 6-1-10 所示的椭圆仪分别是曲柄摇杆机构演化的应用实例。

图 6-1-8　十字沟槽联轴节

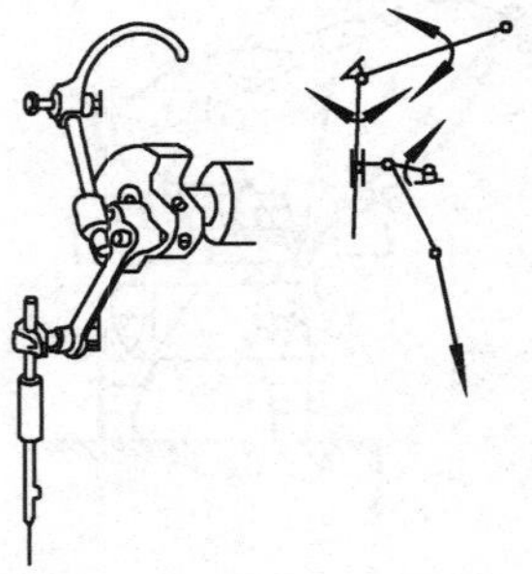

图 6-1-9　缝纫机刺布机构

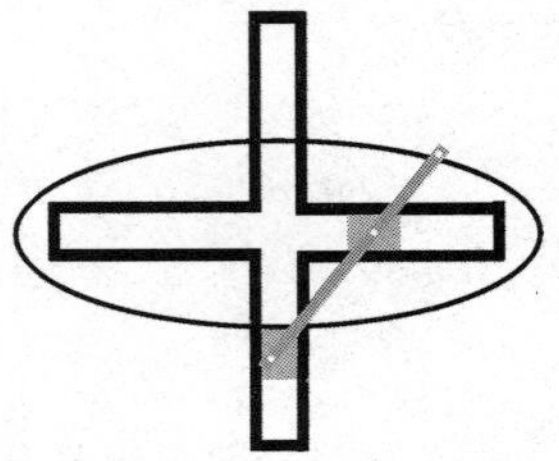

图 6-1-10　椭圆仪

2. 曲柄滑块机构的演化

由曲柄摇杆机构通过构件演化后得到曲柄滑块机构，使滑块导路与曲柄转动中心的偏距为零，可得对称曲柄滑块机构，如图 6-1-11 所示。

曲柄滑块机构在锻压机、空压机、内燃机及各种冲压机器中得到广泛应用，如前述的内燃机中的活塞连杆机构，就是曲柄滑块机构。

导杆机构具有很好的传力性能，常用于插床、牛头刨床和送料装置等机械设备中。图 6-1-12 所示分别为插床主机构和刨床主机构。

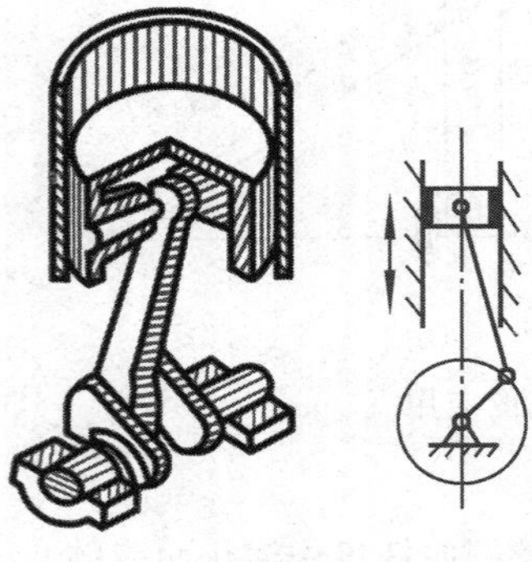

图 6-1-11　对称曲柄滑块机构

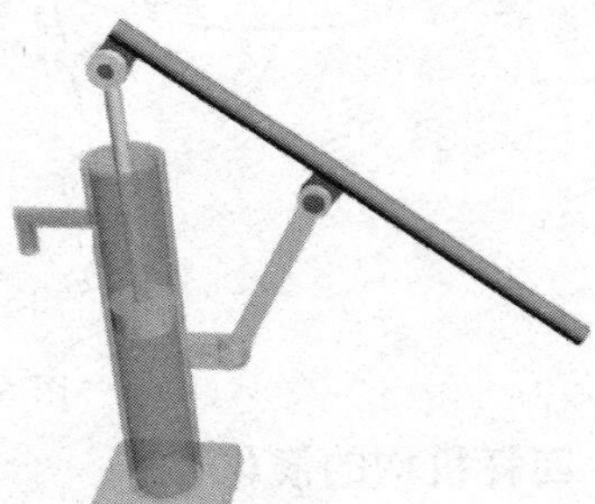

图 6-1-12　导杆机构的应用 ·

摇块机构常用于摆缸式原动机和气、液压驱动装置中，如图 6-1-13 所示为货车翻斗机构。

偏心轮机构实际上就是曲柄滑块机构。这种结构解决了由于曲柄过短，不能承受较大载荷的问题。多用于承受较大载荷的机械中，如破碎机、剪床及冲床等。

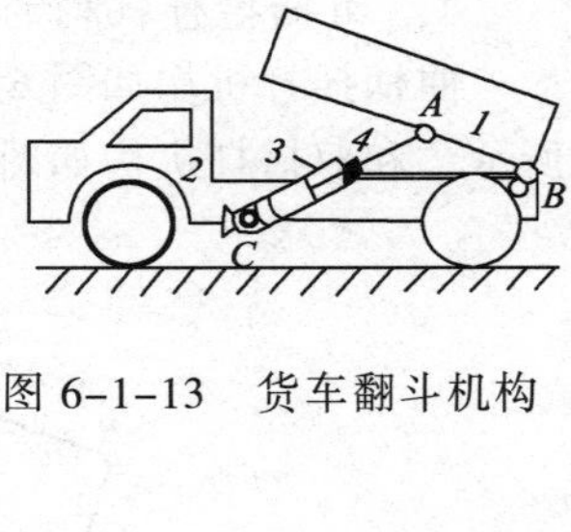

图 6-1-13　货车翻斗机构

三、其他常见机构

1. 棘轮机构

棘轮机构主要由棘轮、主动棘爪、止回棘爪和机架组成。

工作原理：当主动摆杆逆时针摆动时，摆杆上铰接的主动棘爪插入棘轮的齿内，推动棘轮同向转动一定角度。当主动摆杆顺时针摆动时，止回棘爪阻止棘轮反向转动，此时主动棘爪在棘轮的齿背上滑回原位，棘轮静止不动。此机构将主动件的往复摆动转换为从动棘轮的单向间歇转动。利用弹簧使棘爪紧压齿面，保证止回棘爪工作可靠，如图 6–1–14 所示。

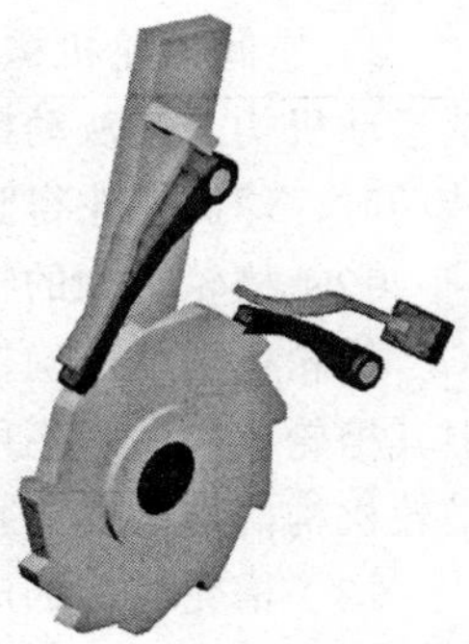
图 6–1–14　棘轮机构

（1）棘轮机构的其他类型。

① 摩擦棘轮：由于摩擦传动会出现打滑现象，不适于从动件转动要求精确的地方。

② 双向棘轮。

（2）棘轮转角的调节。

① 调节摇杆摆动角度的大小，控制棘轮的转角。调节滑块位置可改变曲柄长度，调节螺母可改变连杆的长度，调节销在槽内的位置可改变摇杆的长度，从而改变棘爪的运动，改变动停比。

② 用遮板调节棘轮转角。通过调整遮板角度，改变棘轮的转角。

（3）棘轮机构的特点与应用。

棘轮机构运动可靠，从动棘轮容易实现有级调节，但是有噪声、冲击，轮齿易摩损，高速时尤其严重，常用于低速、轻载的间歇传动。

棘轮机构种类繁多，运动形式多样，在工程实际中得到了广泛的应用。如牛头刨床的横向进给机构、计数器。起重机、绞盘常用棘轮机构使提升的重物能停在任何位置，以防止由于停电等原因造成事故。

2. 槽轮机构

槽轮机构由具有径向槽的槽轮、具有圆销的构件、机架组成。

工作原理：圆销构件→连续转动；槽轮构件→时而转动，时而静止。当构件 2 的圆销 3 尚未进入槽轮的径向槽 1 时，槽轮的内凹锁住弧被构件 2 的外凸圆弧卡住，槽轮静止不动。

当构件 2 的圆销 3 开始进入槽轮径向槽 1 的位置，锁住弧被松开，圆销驱使槽轮传动。

当圆销 3 开始脱出径向槽 1 时，槽轮的另一内凹锁住弧又被构件 2 的外凸圆弧卡住，槽轮静止不动，如图 6–1–15 所示。

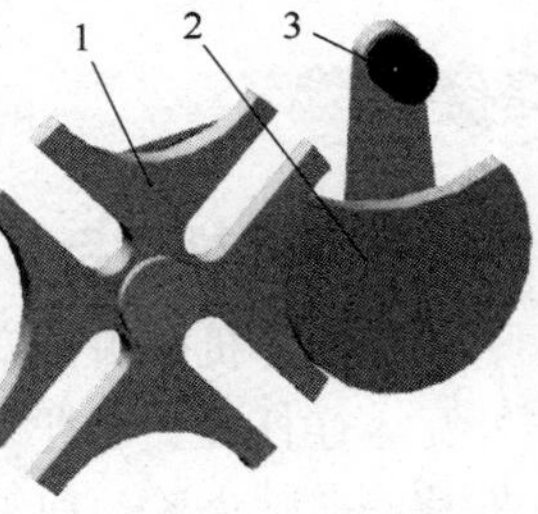

图 6–1–15　槽轮机构

1—槽轮；2—构件；3—圆销

四槽槽轮机构：构件 2 转一周，槽轮转 1/4 周。

六槽槽轮机构：构件 2 转一周，槽轮转 1/6 周。

（1）槽轮机构的类型。

槽轮机构主要分为传递平行轴运动的平面槽轮机构和传递相交轴运动的空间槽轮机构两大类。

① 平面槽轮机构。平面槽轮机构又分为外槽轮机构和内槽轮机构。外槽轮机构中的槽轮径向槽的开口是自圆心向外，主动构件与从动槽轮转向相反。内槽轮机构中的槽轮上径向槽的开口是向着圆心的，主动构件与从动槽轮转向相同。上述两种槽轮机构都用于传递平行轴运动。与外槽轮机构相比，内槽轮机构传动较平稳、停歇时间较短、所占空间小。

② 空间槽轮机构。球面槽轮机构是一种典型的空间槽轮机构，用于传递两垂直相交轴的间歇运动机构。其从动槽轮是半球形，主动构件的轴线与销的轴线都通过球心。当主动构件连续转动时，球面槽轮得到间歇运动。空间槽轮机构结构比较复杂，设计和制造难度较大。

（2）槽轮机构的特点。

槽轮机构能准确控制转角、工作可靠、机械效率高，与棘轮机构相比，工作平稳性较好，但其槽轮机构动程不可调节、转角不可太小，销轮和槽轮的主从动关系不能互换、起停有冲击。槽轮机构的结构要比棘轮机构复杂，加工精度要求较高，因此制造成本上升。

（3）槽轮机构的应用。

槽轮机构一般应用于转速不高和要求间歇转动的机械当中，如自动机械、轻工机械或仪器仪表等。

3. 凸轮式间歇运动机构

（1）凸轮式间歇运动机构的特点。

棘轮机构和槽轮机构，由于受结构、运动和动力条件的限制，一般只能用于低速场合；而凸轮式间歇运动机构则可以通过适当选择从动件的运动规律和合理设计凸轮的轮廓曲线，可减小运动载荷和避免刚性与柔性冲击，可适用于高速运转的场合。

凸轮式间歇运动机构运转可靠、转位精确、无需专门的定位装置，但凸轮式间歇运动机构精度要求较高、加工比较复杂、安装调整比较困难。

（2）凸轮式间歇运动机构的应用。

凸轮式间歇运动机构在轻工机械、冲压机械等高速机械中常用作高速、高精度的步进进给、分度转位等机构。

任务实施

曲柄连杆机构与组件的拆装

曲柄连杆机构由活塞连杆组件（活塞、连杆、活塞销、活塞销卡环、活塞环、连杆铜套、连杆瓦、连杆盖、连杆螺钉、连杆螺母等）和曲轴飞轮组件（曲轴、飞轮、主轴瓦、主轴承、止推片、曲轴齿轮、曲轴带轮、曲轴油封等）组成，如图 6–1–16 所示。

图 6–1–16　曲柄连杆机构组成

◎想一想：平面连杆机构的装调都要注意哪些问题？四杆机构的装调需要注意哪些事项？四杆机构的装调过程都要注意哪些？怎样做好曲柄连杆机构与机体组件的拆装？曲柄连杆机构与机体组件主要零部件的检测方法是什么？

◎练一练：试着进行曲柄四杆机构的调试工作，拆装步骤如表 6-1-1 所示。

表 6-1-1　曲柄连杆机构拆装步骤

步　骤	拆装内容
活塞环拆装与检测	（1）采用专用的活塞环装卸钳（见图 6-1-17）进行拆装（见图 6-1-18）。 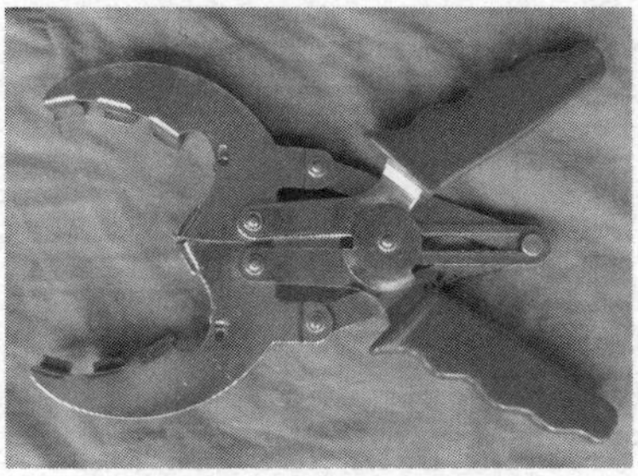 图 6-1-17 活塞环拆装工具 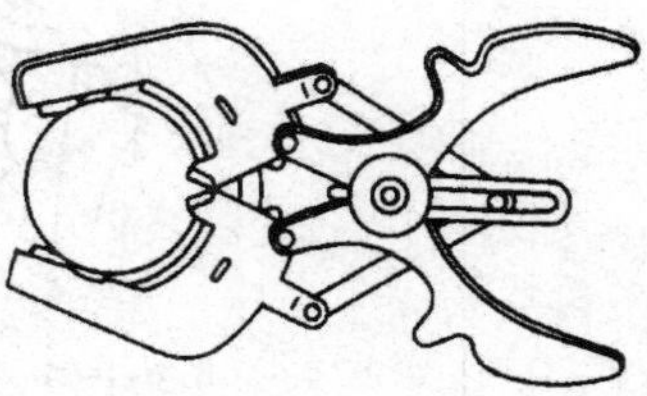 图 6-1-18　活塞环拆装 （2）活塞环有油环和气环之分，气环又有多种不同结构形式，如桑塔纳轿车发动机的第 1 道环是矩形环，第 2 道环是锥形环，第 3 道是油环（组合环），安装时不要调换，还应注意活塞环刻有“TOP”记号的朝向活塞顶，第 1 道活塞环的开口应避开活塞销方向及其垂直方向，其他活塞环开口应与第 1 道活塞环的开口错开 90°～180°。 活塞环与活塞环槽之间的间隙称侧隙，一般轿车发动机在 0.02～0.05 mm，可采用厚薄规按如图 6-1-19 所示的方法测量。 活塞环装入气缸后的开口距离称开口间隙，各道环不一样，一般轿车发动机第 1 道气环 0.30～0.45mm，第 2 道气环 0.25～0.40 mm，油环 0.25～0.50 mm。测量时应将活塞环放入气缸（见图 6-1-20），用厚薄规测量。 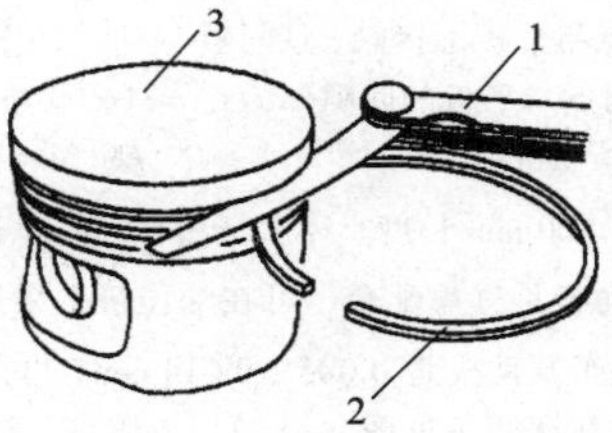 图 6-1-19　活塞环侧间隙测量 1—活塞；2—厚薄规；3—活塞环 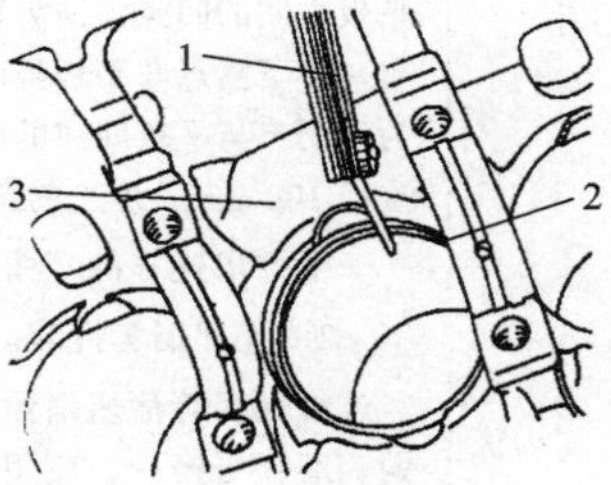 图 6-1-20　活塞环开口间隙测量 1—厚薄规；2—活塞环；3—气缸体
活塞销拆装	（1）采用卡簧钳拆装活塞销卡环（见图 6-1-21），半浮式则没有活塞销卡环。 （2）在油压机上进行活塞销的拆装。 如无油压机，也可以将活塞连杆组浸入 60 ℃的热水或机油中加热［见图 6-1-22（a）]，并用专用工具 2］见图 6-1-22（b）、（c）］进行拆装。

续上表

步　骤	拆 装 内 容
	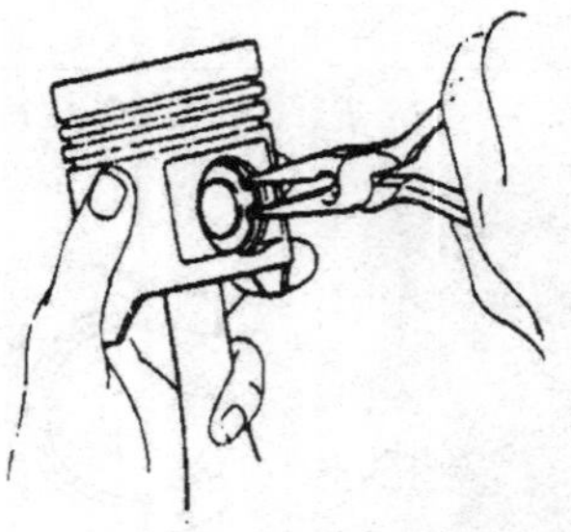 图 6-1-21　拆装活塞销卡环 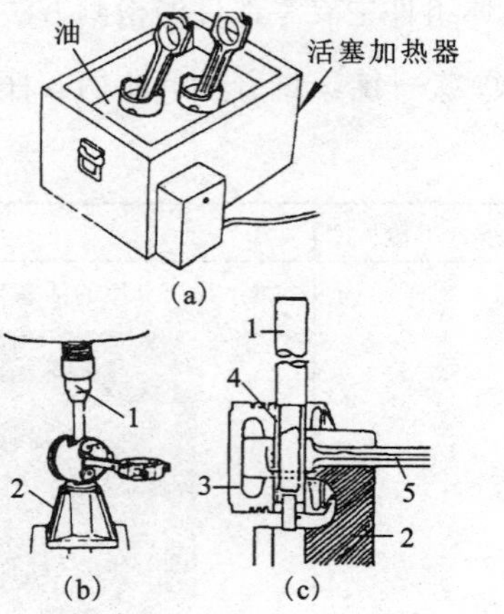 图 6-1-22　活塞销拆装 1—冲头；2—专用工具；3—活塞；4—活塞销；5—连杆
连杆检测	（1）连杆弯曲和扭曲检测。该项检测应在连杆校正器上进行（见图 6-1-23）。检验时，首先将连杆大端的轴承盖装好，不装连杆瓦，并按规定的扭力将连杆螺栓拧紧，同时将心轴装入连杆小端衬套孔中。然后将连杆大端套装在连杆校正器支承轴 2 上，通过调整螺钉 1 使支承轴扩张将连杆固定在校验台上，连杆校正器的测量工具是一个有 V 形槽的量规 3。三点规上的三点构成的平面与 V 形槽的对称平面垂直。测量时，将三点规的 V 形槽靠在心轴上并推向检验平板 4。如三点规的三个点都与校验平板接触，说明连杆不变形。若上测点与平板接触，两个下测点不接触且与平板的间隙一致，或下两测点与平板接触，而上测点不接触，表明连杆弯曲，可用厚薄规测出测点与平板之间的间隙，即为连杆在 100 mm 长度上的弯曲量。若只有一个下测点与平板接触，另一下测点与平板不接触，且间隙为上测点与平板间隙的两倍，这时下测点与平板的间隙即为在连杆 100 mm 长度上的扭曲度。 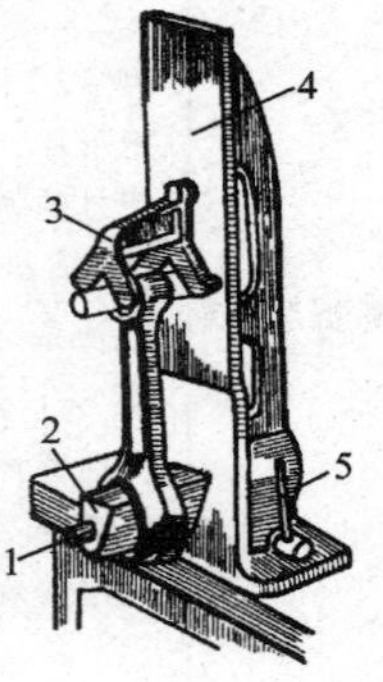 图 6-1-23　连杆校正器 1—调整螺钉；2—棱形支撑轴；3—量规；4—检验平板；5—锁紧支承轴板杆 一般要求连杆的弯曲度及扭曲度在 100 mm 长度上不大于 0.03 mm。若超过应进行校正。 （2）连杆铜套拆装。连杆铜套与连杆是过盈配合，可在油压机上采用专用工具进行拆装。 连杆铜套与活塞销配合间隙一般轿车发动机是 0.005 ~ 0.014 mm，可用小型内径千分尺测量。连杆铜套磨损更换后，应用可调铰刀铰削新铜套（见图 6-1-24），使它与活塞销配合间隙合适，检验方法是用大拇指可将活塞销缓缓推入连杆铜套内为合适（见图 6-1-25）。 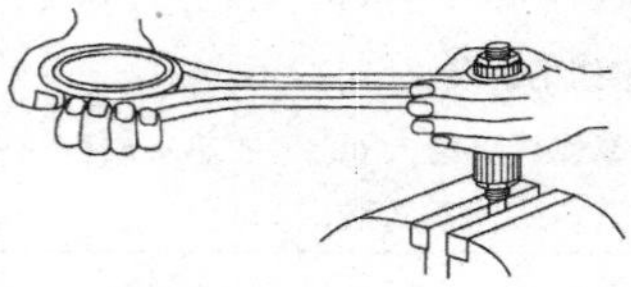 图 6-1-24　连杆铜套铰削 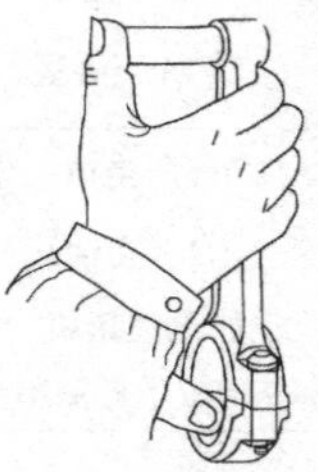 图 6-1-25　连杆铜套与活塞销配合检查

续上表

<table>
<tr><th>步　骤</th><th>拆 装 内 容</th></tr>
<tr><td>曲轴检测</td><td>
（1）曲轴轴颈磨损量、圆度与圆柱度测量。采用千分尺 1 分别测量每道曲轴的主轴颈与连杆轴颈的最大与最小尺寸，即可以计算出曲轴磨损量、圆度与圆柱度。一般要求曲轴圆度与圆柱度不大于 0.025 mm，磨损量不大于 0.15 mm，超过要求应进行磨修或更换。

（2）曲轴主轴颈跳动测量。如图 6–1–26 所示，将曲轴支承于支架上，将百分表头置于待测量的曲轴轴颈上，转动曲轴，观察百分表跳动情况，一般轿车发动机标准值为 0.05 mm，使用极限值为 0.1 mm。

（3）曲轴轴向间隙测量　如图 6–1–27 所示，将百分表头触及曲轴一端，轴向推动曲轴，观察百分表指针摆动情况，一般轿车发动机标准值为 0.07 ~ 0.23 mm,使用极限值为 0.3 mm,超过极限值应更换曲轴止推垫片。

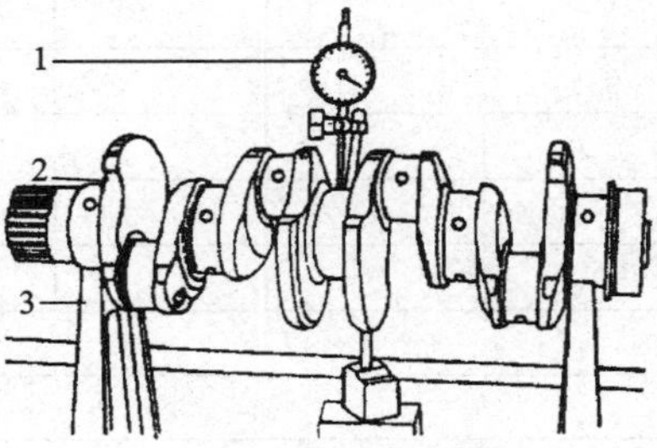

图 6–1–26　曲轴主轴颈跳动测量
1—百分表；2—曲轴；3—支架

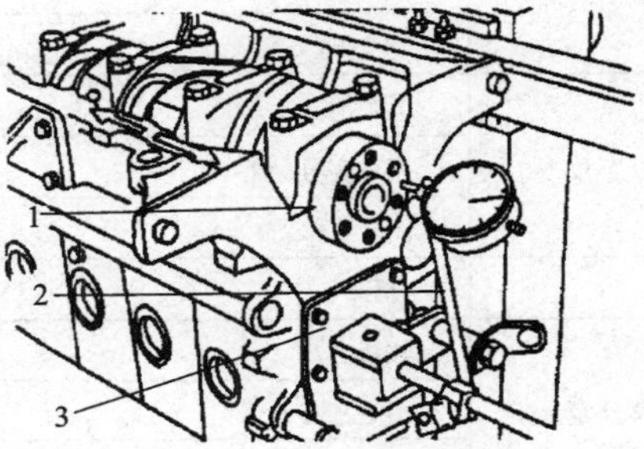

图 6–1–27　曲轴轴向间隙测量
1—曲轴；2—百分表；3—机体

（4）曲轴连杆轴颈与连杆瓦配合间隙测量。可采用内径千分尺和外径千分尺分别测量连杆大端（已装配连杆瓦）内径和曲轴连杆轴颈外径得到，也可以采用塑料间隙塞规塞入曲轴连杆轴颈与连杆瓦之间测量。一般轿车发动机标准值为 0.012 ~ 0.052 mm，使用极限值为 0.12 mm，超过极限值应进行磨修曲轴，并配加厚的连杆瓦，如图 6–1–28 所示。

（5）曲轴主轴颈与主轴瓦配合间隙测量。测量方法同上。一般轿车发动机标准值为 0.02 ~ 0.06 mm，使用极限值为 0.15 mm，超过极限值应进行磨修曲轴，并配加厚的主轴瓦

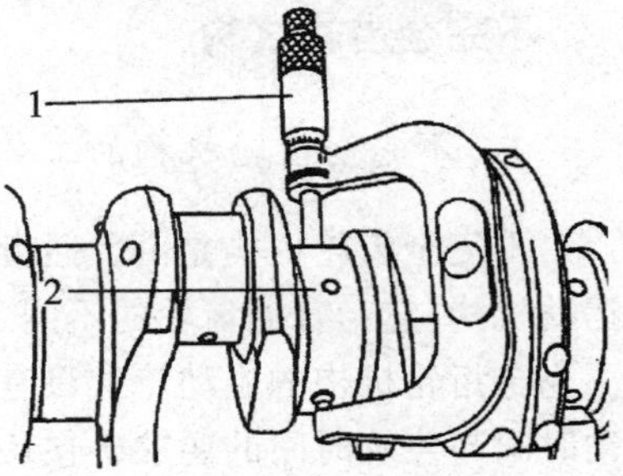

图 6–1–28　曲轴测量
1—千分尺；2—曲轴
</td></tr>
</table>

任务评价

理论知识主要通过学生作业形式进行个人评价、小组互评和教师评价。实践操作则通过项目任务，根据各同学的完成情况进行评价，评价表如表 6–1–2 所示。

表 6–1–2　任务评价记录表

评价项目	评价内容	分　值	个人评价	小组互评	教师评价	得　分
理论知识	了解平面四杆机构的工作原理	5				
	掌握四杆机构的基本形式	10				

续上表

评价项目	评价内容	分值	个人评价	小组互评	教师评价	得分
	掌握四杆机构的演化机构	10				
	熟悉棘轮机构、槽轮机构的工作原理、运动特点、功能和应用	10				
实践操作	学会四杆机构的调整工作	10				
	学会四杆机构工作台机构的装调	10				
	学会四杆机构的装调	10				
安全文明	遵守操作规程	5				
	职业素质规范化养成	5				
	7S 整理	5				
学习态度	考勤情况	5				
	遵守实习纪律	5				
	团队协作	10				
	合计	100				
成果分享	收获之处					
	不足之处					
	改进措施					

任务拓展

不完全齿轮机构

1. 不完全齿轮机构的工作原理和类型

不完全齿轮机构是由普通齿轮机构转化而成的一种间歇运动机构。它与普通齿轮的不同之处是轮齿未布满整个圆周。不完全齿轮机构的主动轮上只有一个或几个轮齿，并根据运动时间与停歇时间的要求，在从动轮上有与主动轮轮齿相啮合的齿间。两轮轮缘上各有锁止弧，在从动轮停歇期间，用来防止从动轮游动，并起定位作用。不完全齿轮机构基本结构形式分为内啮合与外啮合两种，如图 6-1-29 所示。

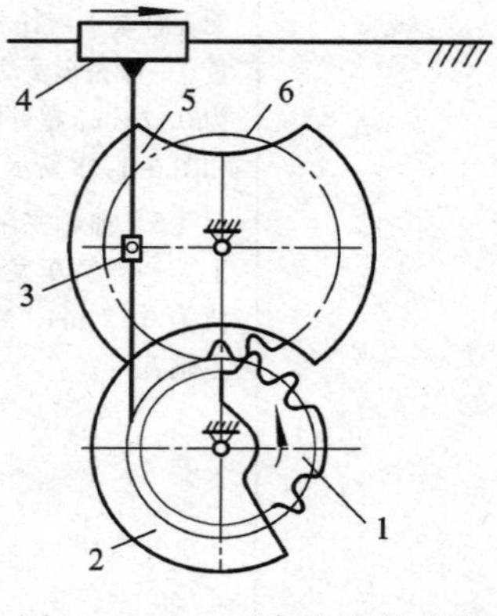

图 6-1-29　不完全齿轮机构

1—啮合主齿；2—主动轮；3—转向滑块；4—移动滑块；5—从动轮；6—啮合公法线

2. 不完全齿轮机构的特点和应用

不完全齿轮机构结构简单，制造方便，从动轮每转一周的停歇时间、运动时间及每次转动的角度变化范围都较大，设计较灵活；但从动轮在运动开始、终了时冲击较大，故一般用于低速、轻载场合，如插秧移行机构。

任务 2　轴承的安装与调试

轴承是支承件，有时也用来支承轴上的回转零件。按照承受载荷的方向，轴承可分为径向轴承和推力轴承。根据轴承的摩擦性质，又可分为滑动轴承和滚动轴承。

滑动轴承工作平稳、可靠，噪声较滚动轴承小。如果润滑效果好的话，滑动轴承被润滑油分开而不发生直接接触，则可以大大减小摩擦损失和表面磨损。

滚动轴承是标准件，滚动轴承安装维修方便，价格也便宜，应用广泛。所以，在承载场合要求不高的情况下，一般都是采用滚动轴承。

知识链接

一、滚动轴承

滚动轴承的组成通常由外圈 1、内圈 2、滚动体 3 和保持架 4 四个部分组成（见图 6-2-1）。内圈的外面和外圈的里面都有供滚动体作滚动的滚道 5。内圈是和轴颈配合，外圈和轴承座或机座配合。通常是内圈随轴颈旋转，外圈不转（如机床主轴），也可以是外圈旋转而内圈不转（如车轮）。保持架是为减少滚动体间的摩擦，起隔开分离作用。滚动轴承具有摩擦阻力小、效率高、轴向尺寸小、装拆方便等优点，是机器中的重要部件之一。

滚动体的形状有球形、短圆柱滚子、滚针、圆锥滚子和球面滚子等，如图 6-2-2 所示。

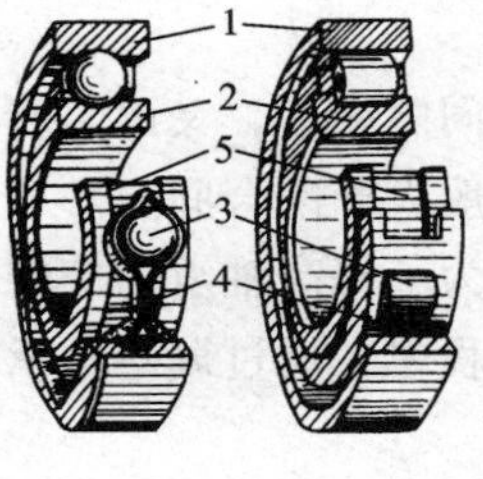

图 6-2-1　滚动轴承

1—外圈；2—内圈；3—滚动体；4—保持架；5—滚道

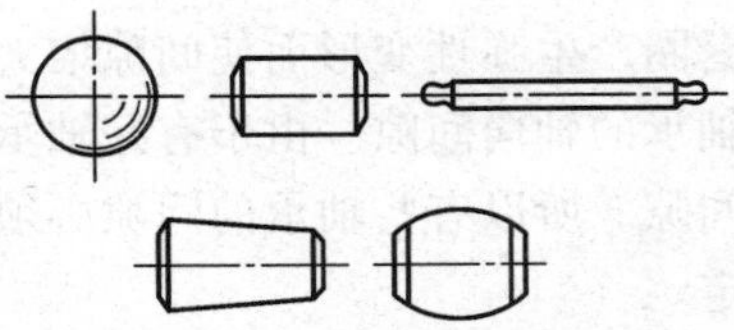

图 6-2-2　滚动体形状

常见滚动轴承的类型如表 6-2-1 所示。

表 6-2-1　常见滚动轴承的类型

轴承名称	深沟球轴承	圆锥滚子轴承	推力球轴承
结构图	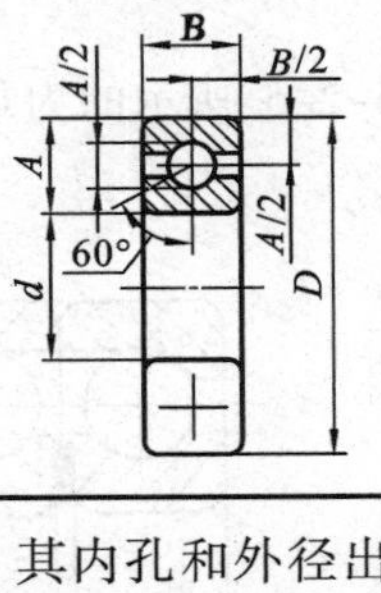	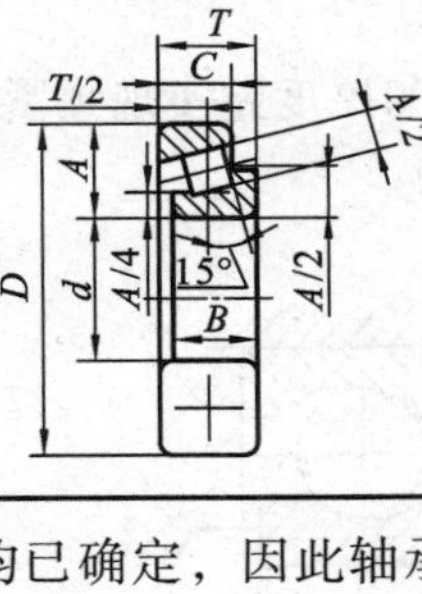	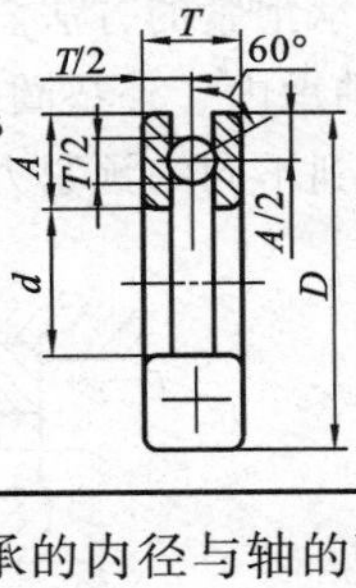

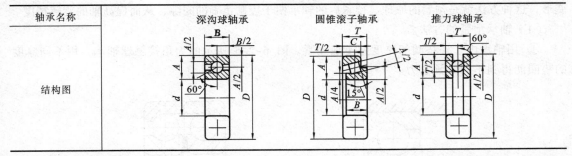

滚动轴承属标准部件，其内孔和外径出厂时均已确定，因此轴承的内径与轴的配合应为基孔制，外径与轴承座孔的配合应为基轴制。

1. 滚动轴承的间隙调整和预紧

将轴承的一个套圈（内圈或外圈）固定，另一套圈沿径向或轴向的最大活动量便是间隙，如图 6-2-3 所示。滚动轴承间隙分径向间隙和轴向间隙两类。径向的最大活动量称径向间隙，轴向的最大活动量称轴向间隙。两类间隙之间存在正比关系：一般说来，径向间隙越大，则轴向间隙也越大；反之，径向间隙越小，轴向间隙也越小。

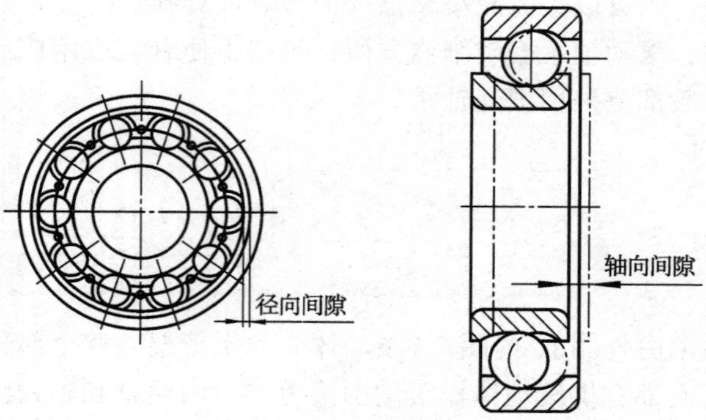

图 6-2-3　轴承的间隙

（1）轴承的径向间隙。轴承径向间隙的大小，一般作为轴承旋转精度高低的一项重要指标。

由于轴承所处的状态不同，径向间隙分为原始间隙、配合间隙和工作间隙。原始间隙是轴承在未安装前自由状态下的间隙。配合间隙是轴承装配到轴上和轴承座内的间隙，其间隙大小由过盈量决定。

工作间隙是轴承在工作时，因内外圈的温度差使配合间隙减小，又因工作负荷的作用，使滚动体与套圈产生弹性变形而使间隙增大，但工作间隙一般大于配合间隙。

（2）轴承的轴向间隙。由于有些轴承结构上的特点或为了提高轴承的旋转精度，减小或消除其径向间隙。所以有些轴承的间隙必须在装配或使用过程中，通过调整轴承内、外圈的相对位置来确定。

2. 滚动轴承的预紧

滚动轴承的间隙是通过轴承预紧过程来实现的。预紧的原理如图 6-2-4 所示，在装配角接触球轴承或深沟球轴承时，如给轴承内圈或外圈以一定的轴向预负荷 F，这时内、外圈将发生相对位移，位移量可用百分表测出。结果消除了内、外圈与滚动体的间隙，并产生了初始接触的弹性变形，这种方法就是预紧的原理。预紧后的轴承便于控制正确的间隙，从而提高轴的旋转精度。

（1）轴承预紧的方法。

① 用轴承内、外垫圈的厚度差实现预紧。图 6-2-5 所示的为角接触球轴承，用不同厚度的垫圈能得到不同的预紧力。

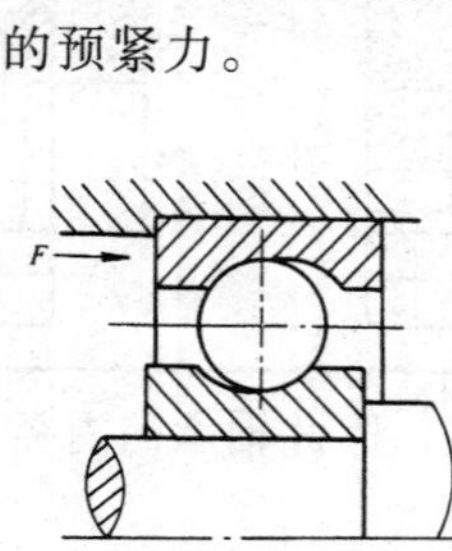

图 6-2-4　预紧的原理

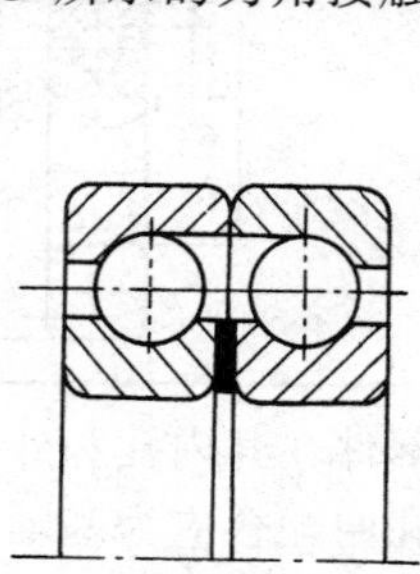

图 6-2-5　用垫圈的预紧方法

② 磨窄两轴承的内圈或外圈。如图 6-2-6（a）、（b）所示，当夹紧内圈或外圈时即可实

现预紧；图 6-2-6（c）所示为外圈宽、窄端并列安装实现预紧。

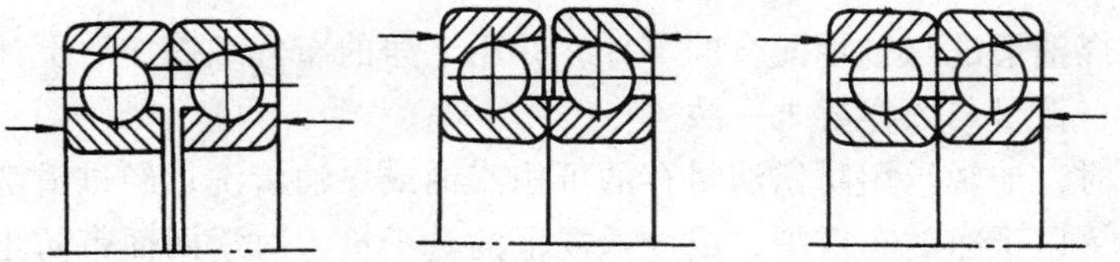

图 6-2-6　角接触球轴承的预紧方法

③ 调节轴承锥形孔内圈的轴向位置实现预紧。拧紧螺母可以使锥形孔内圈往轴颈大端移动，结果内圈直径增加，形成预加负荷。

（2）轴承预紧的测量和调整。

利用衬垫或隔套的预紧方法，必须先测出轴承在给定的预紧力下，轴承内外圈的位移量，以确定衬垫或内外隔套的厚度。在装配前，可用百分表、量块等量具测出位移量。

对于精密轴承部件的装配，可采用图 6-2-7 所示的弹簧测量装置，进行轴承预紧的测量。此法比较方便和精确，适用于成批生产。

操作方法：如图 6-2-7（a）、（b）所示，转动螺母，压缩弹簧至尺寸 H 时，轴承即受到了规定的预紧力。A 为定值，用量块测量 B。图 6-2-7（c）所示为先转动左端螺母给轴承以少量预紧，调节中间螺母，使两轴承受力相等，再转动右端螺母，压缩弹簧施加预紧力，当达到规定预紧力时，A 是定值，用量块测量 B 即可。

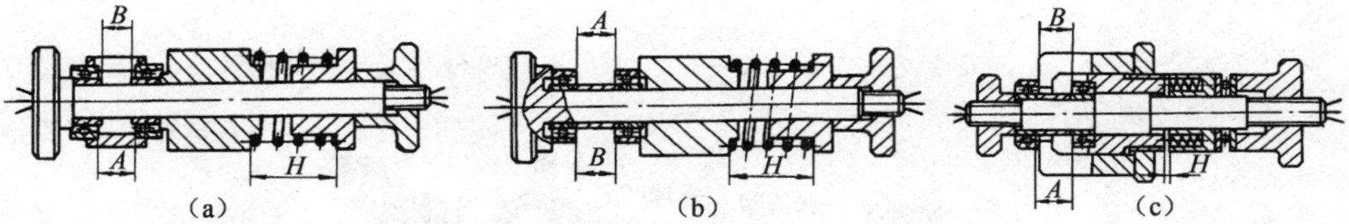

图 6-2-7　用弹簧装置测量预紧后内外圈的位移量

3. 滚动轴承间隙的调整

轴承间隙过大，将使同时承受负荷的滚动体减少，轴承寿命降低。同时，还将降低轴承的旋转精度，引起振动和噪声，负荷有冲击时，这种影响尤为显著；轴承间隙过小，则易发热和磨损，这也会降低轴承的寿命。因此，按工作状态选择适当的间隙，是保证轴承正常工作、延长使用寿命的重要措施之一。

轴承在装配过程中，控制和调整间隙的方法为先使轴承实现预紧，间隙为零，再将轴承的内圈或外圈做适当的相对的轴向位移，其位移数值即为轴向间隙值。

二、滚动轴承的装配工艺

1. 装配前的准备工作

滚动轴承的内、外圈和滚动体都具有较高的精度和较小的表面粗糙度，认真仔细做好装配前的准备工作，是保证装配质量的重要环节。

（1）按所装的轴承，准备好所需的工具和量具及装配的技术图样、资料等。

（2）按图样的要求检查与轴承相配的零件，如轴、轴承座、端盖等零件表面是否有凹陷、毛刺、锈蚀等。

（3）用汽油或煤油清洗与轴承配合的零件，并用干净的布仔细擦净后上油。

（4）轴承型号、数量与图样要求一致。

（5）清洗轴承时，如轴承用防锈油封存的可用汽油或煤油清洗；经过清洗的轴承不能直接放在工作台上，应垫以干净的布或纸，或放入规范的盒子里。对于两面带防尘盖、密封圈或涂有防锈润滑两用油脂的轴承不需进行清洗。

2．滚动轴承的装配方法

滚动轴承的装配方法应根据轴承的结构、尺寸大小和轴承部件的配合性质而定。装配时的压力应直接加在待配合的套圈端面上，不能通过滚动体传递压力。

（1）圆柱孔滚动轴承的装配。

当轴承内圈与轴颈为较紧配合，外圈与轴承座孔为较松的配合时，可先将轴承装在轴上。压装时在轴承端面垫上铜或软钢的装配套筒。然后把轴承与轴一起装入座孔中，调整间隙。

当轴承外圈与轴承座孔为较紧配合，内圈与轴颈为较松配合时，应将轴承先压入座孔中，装配时采用的“装配套筒”的外径应略小于座孔直径，用装配套筒以压力法安装圆柱孔滚动轴承。

当轴承内圈与轴颈、外圈与座孔都是较紧配合时，装配套筒的端面应做成能同时压紧轴承内外圈端面的圆环，使压力同时传到内外圈上，把轴承压入轴上和座孔中，再调整间隙，如图 6-2-8 所示。

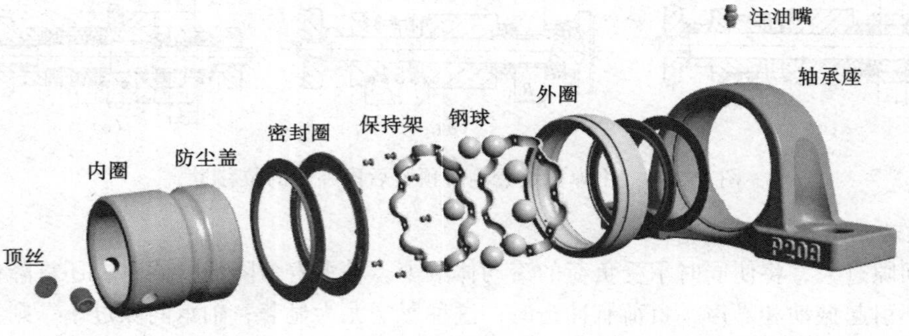

图 6-2-8　安装滚动轴承用套

对于圆锥滚子轴承，因其内外圈可分离，可以分别把内圈装入轴上，外圈装在座孔中，然后再调整间隙。

调整间隙可采用以下两种方法。

① 用垫圈调整间隙如图 6-2-9 所示，垫圈厚度。

② 用锁紧螺钉和螺母调整间隙，此法实质是以锁紧螺母代替垫圈。

压入轴承时采用的方法和工具，可根据配合过盈量的大小确定。当配合过盈量较小时，可用手锤敲击。当配合过盈量较大时，可用压力机压入，压入时应放上套筒。

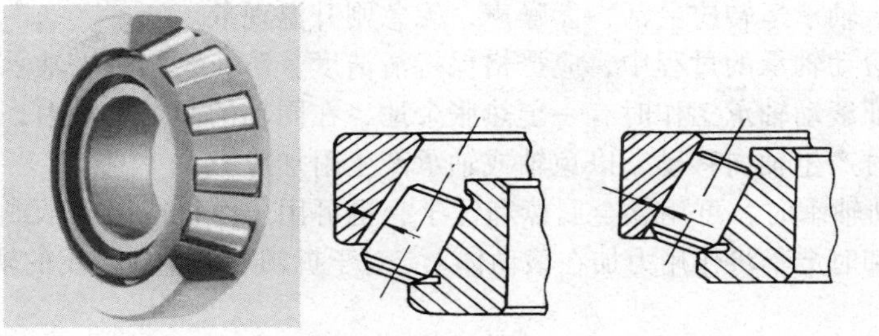

（a）用垫片　　（b）用螺钉　　（c）调整后的间隙

图 6–2–9　圆锥滚子轴承间隙的调整

当过盈量过大时，可用温差法装配。将轴承放在简单的油浴中加热至 80 ~ 100 ℃，然后装配。轴承加热时搁在油槽内的网格上，网格与箱底应有一定的距离，以避免轴承接触油温高得多的箱底，而形成局部过热，并可不使轴承与箱底沉淀的脏物接触，如图 6–2–10（a）所示。对于小型轴承，可以挂在吊钩上在油中加热，如图 6–2–10（b）所示。注意：内部充满润滑带防尘盖或密封圈的轴承，不能采用温差法装配。如果采用轴冷缩法装配，温度不得低于 −80 ℃。

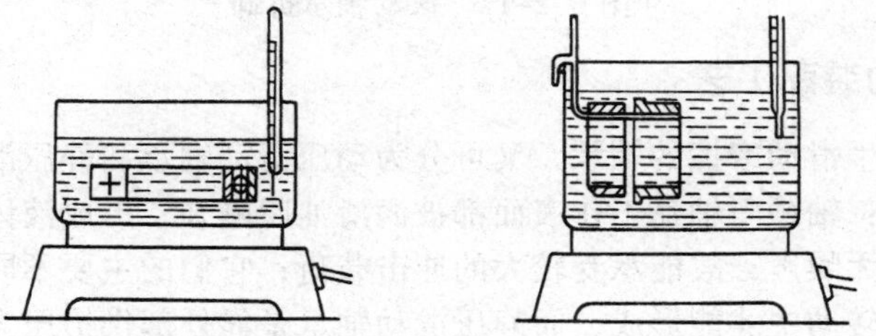

（a）　　（b）

图 6–2–10　轴承在油箱中加热的方法

（2）推力球轴承的装配。对于推力球轴承在装配时，应注意区分紧环和松环，松环的内孔比紧环的内孔大，故紧环应靠在如图 6–2–11 所示的左端的圆螺母的端面上，若装反了将使滚动体丧失作用，同时会加速配合零件间的磨损。推力球轴承的间隙可用圆螺母来调整。推力球轴承只能承受单向力，承受双向力需两个推力球轴承。

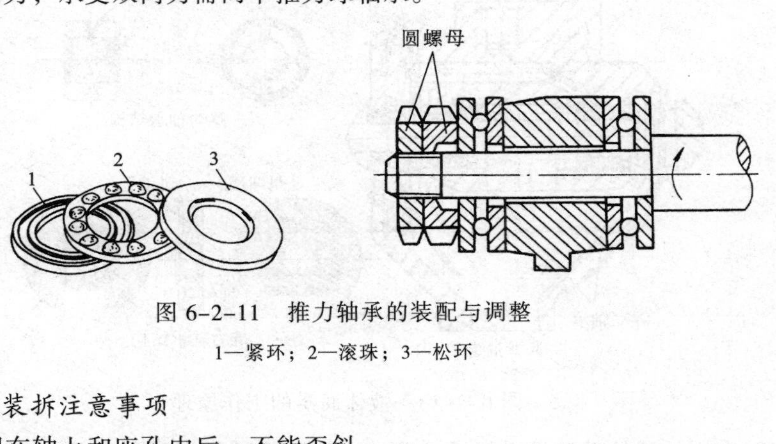

图 6–2–11　推力轴承的装配与调整

1—紧环；2—滚珠；3—松环

3. 滚动轴承装拆注意事项

（1）轴承装配在轴上和座孔中后，不能歪斜。

（2）滚动轴承上标有代号的端面应装在外侧，以便于修理更换。

（3）装配后，轴承运转应灵活，无噪声，无急剧升温现象。

（4）在装拆滚动轴承的过程中，应严格保持清洁度，防止杂物进入轴承和座孔内。

（5）为了保证滚动轴承工作时有一定热胀余地，在同轴的两个轴承中，必须有一个轴承的外圈可以在热胀时产生轴向移动，以免轴或轴承产生附加应力。

（6）拆下滚动轴承时，可用软金属棒和锤子，也可用压力机或用双爪或三爪顶拔器，如图6-2-12所示。拆卸时严禁将作用力加在滚动体上。对于拆卸后需重新使用的轴承，不能损坏其配合表面和精度。

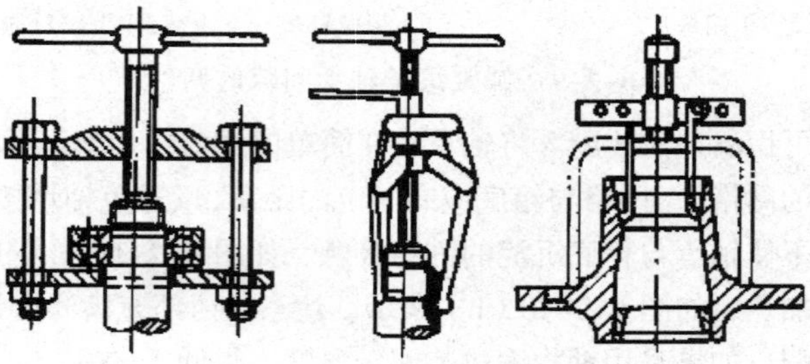

图 6-2-12　滚动轴承拆卸

三、滑动轴承的装配工艺

滑动轴承是仅发生滑动摩擦的轴承，又可分为动压滑动轴承和静压滑动轴承。这两种滑动轴承的主要共同点是：轴颈与轴瓦工作表面都被润滑油膜隔开，形成液体润滑轴承，它具有吸振能力，运转平稳、无噪声，故能承受较大的冲击载荷；它们的主要不同点在于，动压滑动轴承的油膜必须在轴颈转动中才能形成，而静压滑动轴承是靠外部供给压力油强使两相对滑动面分开，以建立承压油膜，实现液体润滑的一种滑动轴承。

轴颈在轴承中形成完全液体润滑的工作原理：轴在静止时，由于轴本身重力 F 的作用而处于最低位置，此时润滑油被轴颈挤出，在轴颈和轴承的侧面间形成楔形的间隙。当轴颈转动时，液体在流动摩擦力的作用下，被带入轴和孔所形成的楔形间隙处，如图6-2-13所示。

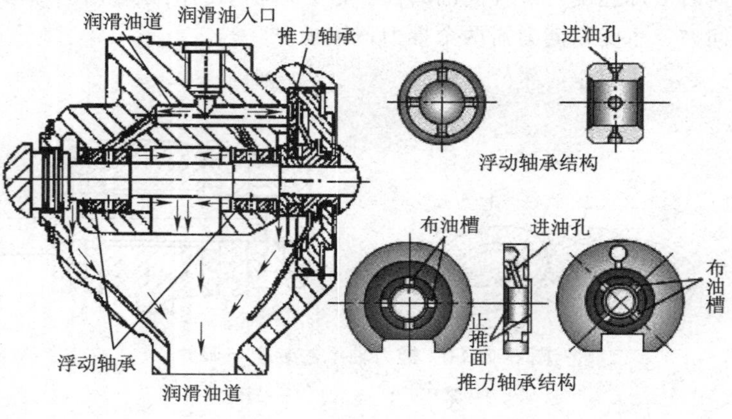

图 6-2-13　液体润滑的工作原理

机床主轴常用的液体动压滑动轴承通常有多个楔形油楔，油楔数的多少会影响轴承的稳定性。一般随着油楔数增多，轴承的承载能力会减小，增加轴承的稳定性，油膜的刚度也越均匀，但一般传动轴大多是单油楔轴承。

形成液体润滑必须具备的条件：轴颈与轴承配合应有一定的间隙；轴颈应保持一定的线速度，以建立足够的油楔压力；轴颈、轴承应有精确的几何形状和较小的表面粗糙度；多支承的轴承，应保持较高的同轴度要求；应保持轴承内有充足的具有适当黏度的润滑油。

对滑动轴承装配的要求，主要是轴承座孔之间获得所需要的间隙和良好的接触，使轴在轴承中运转平稳。滑动轴承按结构形式分为整体式和剖分式（见图 6-2-14），滑动轴承的装配方法决定于轴承的结构形式。

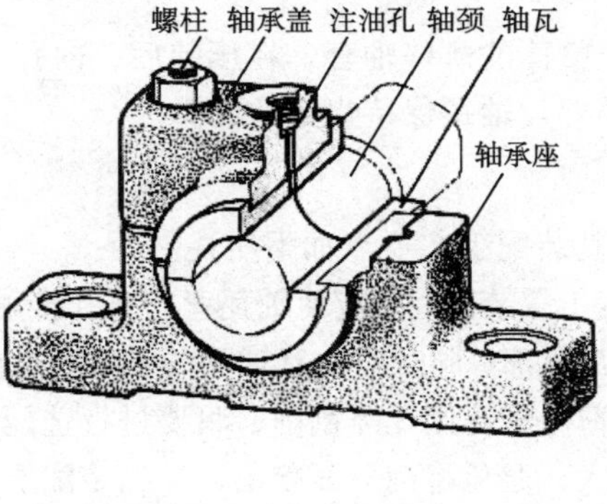

（a）整体式

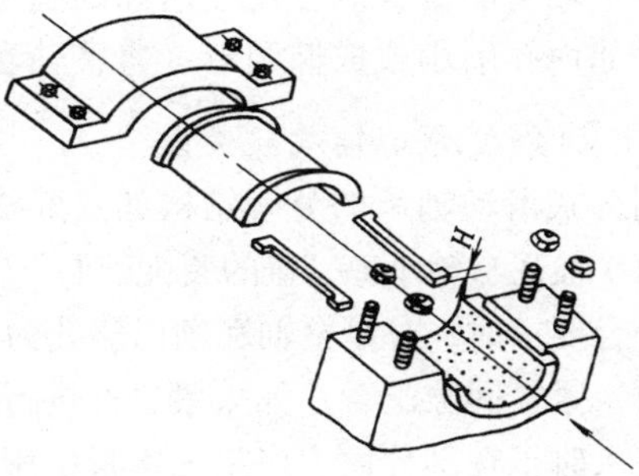

（b）剖分式

图 6-2-14　滑动轴承结构

1. 整体式轴套的装配

（1）将符合要求的轴套和轴承孔除去毛刺，并经擦洗干净之后，在轴套外径或轴承座孔内涂抹机油。

（2）压入轴套。压入时可根据轴套的尺寸和配合的过盈量选择压入方法，当尺寸和过盈量较小时，可用锤子敲入，但需要垫板保护，如图 6-2-15 所示；在尺寸或过盈量较大时，则宜用压力机压入或在轴套位置对准后用拉紧夹具把轴套缓慢地压入机体中。压入时，如果轴套上有油孔，应与机体上的油孔对准。

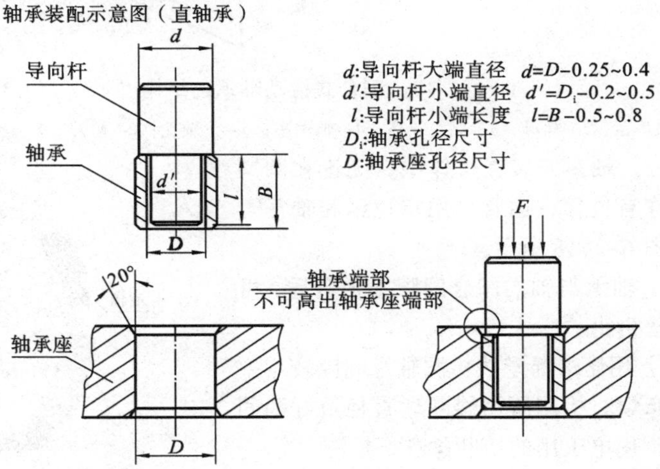

（a）　（b）

图 6-2-15　压入轴套

（3）轴套定位。在压入轴套之后，对负荷较大的轴套，还要用紧固螺钉或定位销等固定，如图 6-2-16 所示。

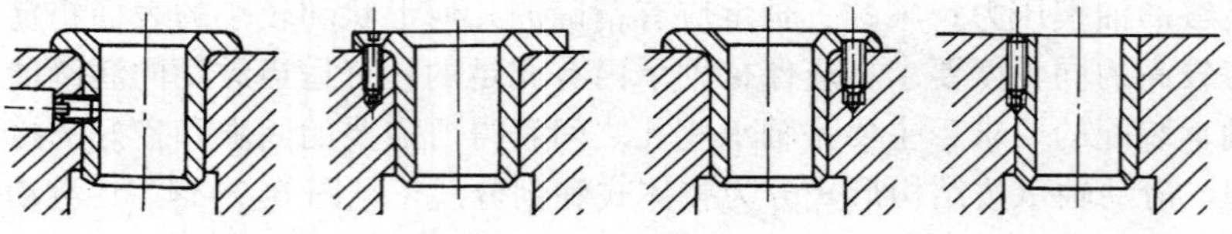

图 6-2-16　轴套的定位方式

（4）轴套的修整。可用铰削和刮削等方法，对于整体的薄壁轴套，在压装后，内孔易发生变形，如内孔缩小或成椭圆形。修整轴套孔的形状误差与轴颈保持规定的间隙。

2. 剖分式滑动轴承的装配

剖分式滑动轴承的分解结构如图 6-2-17 所示，其装配工艺要点如下所述。

（1）轴瓦与轴承座、盖的装配。上下轴瓦与轴承座、盖装配时，应使轴瓦背与座孔接触良好，如不符合要求时，对厚壁轴瓦则以座孔为基准刮削轴瓦背部。同时应注意轴瓦的台肩紧靠座孔的两端面，紧密间隙配合，如太紧也需进行刮削。对于薄壁轴瓦则无需刮削，只要进行选配即可。轴瓦装入时，在剖分面上应垫上木板，用锤子轻轻敲入，避免将剖分面敲毛，影响装配质量。

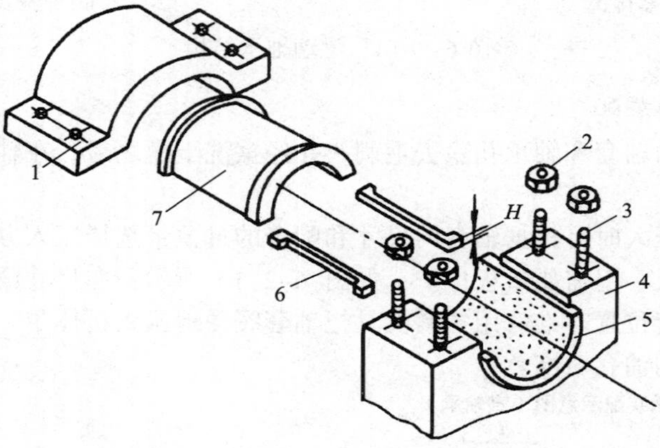

图 6-2-17　剖分式滑动轴承的结构

1—轴承盖；2—螺母；3—双头螺柱；4—轴承座；5—下轴瓦；6—垫片；7—上轴瓦

（2）轴瓦的定位。轴瓦安装在机体中，无论在圆周方向和轴向都不允许有位移，通常可用定位销和轴瓦上的凸台来止动，如图 6-2-18 所示。

（3）间隙的测量。轴承与轴的配合间隙必须合适，可用塞尺法和压熔断丝量出。

① 压熔断丝法。用压熔断丝法检测轴承间隙较用塞尺检查准确，但较麻烦。检测所用熔断丝直径最好为间隙的 1.5 ~ 3 倍，通常用电工用的熔断丝进行检测。

滑动轴承的轴向间隙是：固定端间隙值为 0.1 ~ 0.2 mm，自由端的间隙值应大于轴的热膨胀伸长量。

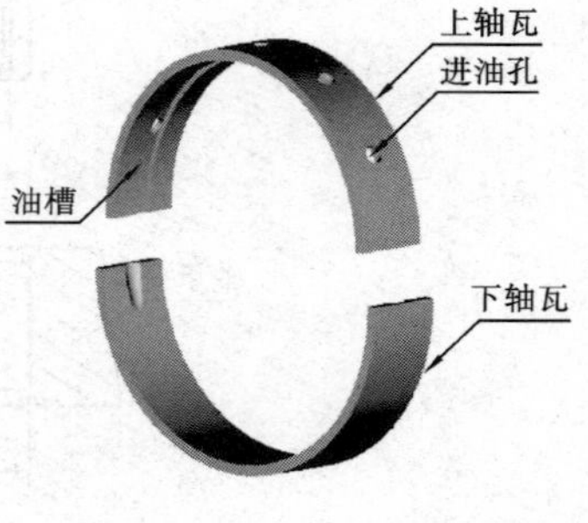

图 6-2-18　轴瓦的定位

轴向间隙的检测是将轴移至一个极限位置，然后用塞尺或百分表测量轴从一个极限位置至另一个极限位置的窜动量，即轴向间隙。

② 塞尺法。对于直径较大的轴承，间隙较大，可用较窄的塞尺直接塞入间隙里检测。对于直径较小的轴承，间隙较小，不便用塞尺测量，但轴承的侧间隙必须用厚度适当的塞尺测量。

（4）间隙的调整。如果实测出的顶间隙小于规定值，则应在上下瓦结合面间加入垫片，反之应减少垫片或刮削结合面。实测出的轴向间隙如与规定不符，应刮研轴瓦端面或调整止推螺钉。

（5）轴瓦孔的配刮。剖分式轴瓦一般多用与其相配的轴来研点，通常先配刮下轴瓦再配刮上轴瓦。

为了提高配刮效率，在刮下轴瓦时暂不装轴瓦盖，当下轴瓦的接触点基本符合要求时，再将上轴瓦盖压紧，并拧上螺母，在配刮上轴瓦的同时进一步修正下轴瓦的接触点。配刮轴的松紧，可随着刮削的次数，调整垫片的尺寸。均匀紧固螺母后，当配刮轴能够轻松地转动、无明显间隙且接触点符合要求即可。

（6）清洗轴瓦，然后重新装入。

3. 多支承轴承的装配

对于多支承的轴承，为了保证转轴的正常工作，各轴承孔必须在同一轴线上，否则将使轴与各轴承的间隙不均匀，在局部产生摩擦，而降低轴承的承载能力。

任务实施

间歇回转工作台的装配与调整

对 THMDZT-1 实训装置中间歇回转工作台进行装配与调整。培养自己的识图能力，通过装配图，能够清楚零件之间的装配关系、机构的运动原理及功能，理解图样中的技术要求，以及对基本零件结构装配方法的熟练运用。掌握正确的轴承装配方法和装配步骤。了解槽轮机构的工作原理及用途。了解蜗轮蜗杆、锥齿轮、圆柱齿轮传动的特点。

◎想一想：对 THMDZT-1 实训装置中间歇回转工作台的装配与调整都需要注意哪些步骤？调整方法是怎样的？

◎练一练：间歇回转工作台的装调工具如表 6-2-2 所示。

表 6-2-2　间歇回转工作台的装调工具

序　号	名　　称	型号及规格	数　　量
1	机械装调技术综合实训装置	THMDZT-1 型	1 套
2	游标卡尺	300 mm	1 把
3	深度游标卡尺		1 把
4	内六角扳手		1 套
5	橡胶锤		1 把

续上表

序　号	名　　称	型号及规格	数　　量
6	垫片		若干
7	防锈油		若干
8	紫铜棒		1 根
9	通芯一字螺钉旋具		1 把
10	零件盒		2 个

根据“间歇回转工作台”装配图（见图 6-2-19），进行间歇回转工作台的组合装配与调试，使“间歇回转工作台”运转灵活无卡阻现象。

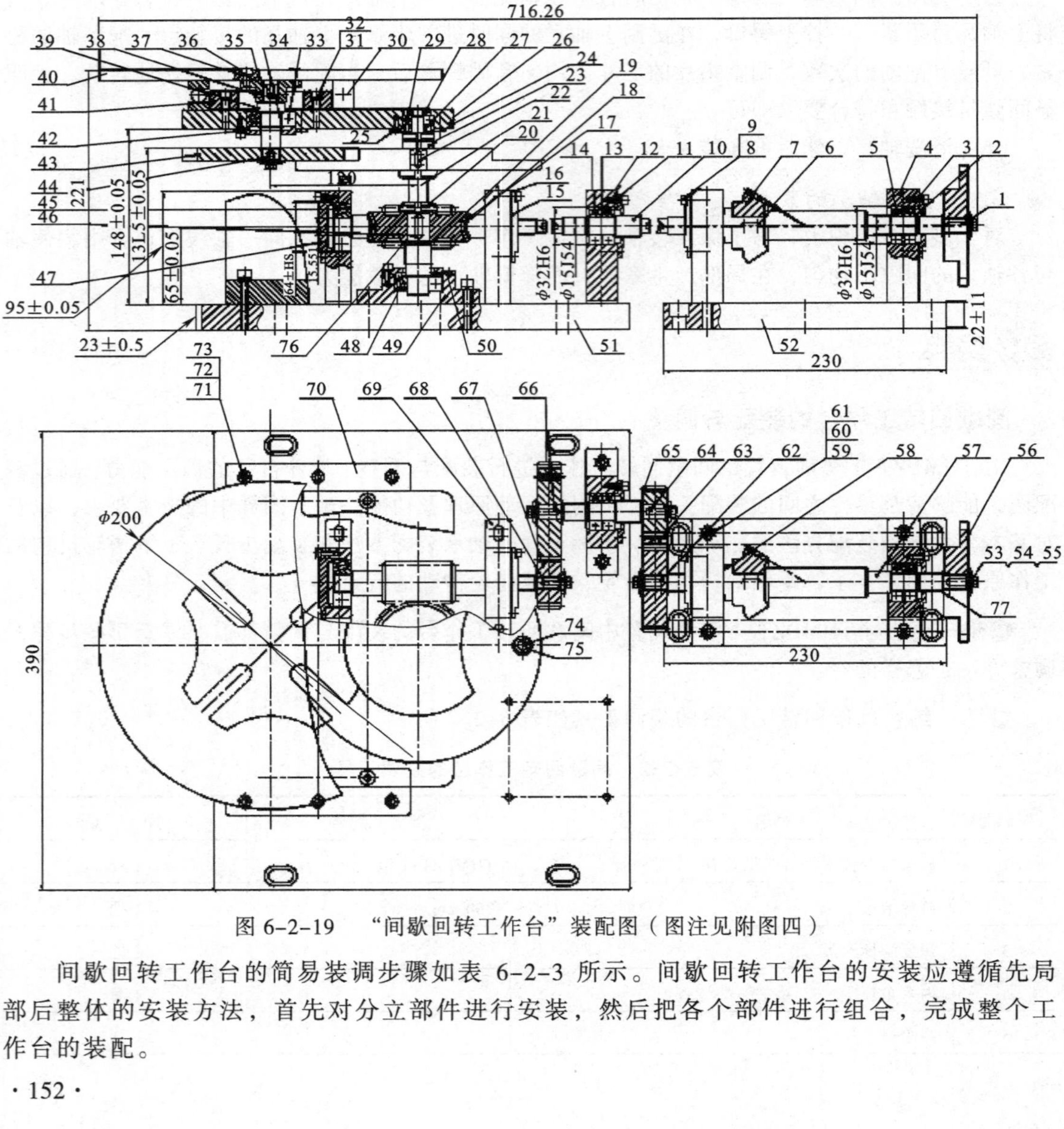

图 6-2-19　“间歇回转工作台”装配图（图注见附图四）

间歇回转工作台的简易装调步骤如表 6-2-3 所示。间歇回转工作台的安装应遵循先局部后整体的安装方法，首先对分立部件进行安装，然后把各个部件进行组合，完成整个工作台的装配。

表 6-2-3　间歇回转工作台的装调步骤

步　骤	装　调　内　容
工作准备	（1）熟悉图样和零件清单、装配任务； （2）检查文件和零件的完备情况； （3）选择合适的工、量具； （4）用清洁布清洗零件
蜗杆部分的装配	（1）用通芯一字螺钉旋具将两个 45（蜗杆用轴承及圆锥滚子轴承）内圈装在 18（蜗杆）的两端。注：圆锥滚子内圈的方向。 （2）用通芯一字螺钉旋具将两个 45（蜗杆用轴承及圆锥滚子轴承）外圈分别装在两个 69（轴承座（三））上，并把 15（蜗杆轴轴承端盖（二））和 47（蜗杆轴轴承端盖（一））分别固定在轴承座上。注：圆锥滚子外圈的方向。 （3）将 18（蜗杆）安装在两个 69（轴承座（三））上，并把两个 69（轴承座（三））固定在 51（分度机构用底板）上。 （4）在蜗杆的主动端装入相应键，并用 53（轴端挡圈）将 67（小齿轮（二））固定在蜗杆上
锥齿轮部分的装配	（1）在 57（小锥齿轮轴）安装锥齿轮的部位装入相应的键，并将 7（锥齿轮一）和 58（轴套）装入。 （2）将两个 4（轴承座一）分别套在 57（小锥齿轮轴）的两端，并用通芯一字螺钉旋具将四个角接触轴承以两个一组面对面的方式安装在 46（小锥齿轮轴）上，然后将轴承装入轴承座。注：中间加 12（间隔环一）、13（间隔环二）。 （3）在 57（小锥齿轮轴）的两端分别装入 ϕ15 轴用弹性挡圈，将两个 3（轴承座透盖一）固定到轴承座上。 （4）将两个轴承座分别固定在 52（小锥齿轮底板）上。 （5）在 57（小锥齿轮轴）两端各装入相应键，用 53（轴端挡圈）将 63（大齿轮）、56（08B24 链轮）固定在 57（小锥齿轮轴）上
增速齿轮部分的装配	（1）用通芯一字螺钉旋具将两个深沟球轴承装在 10（齿轮增速轴）上，并在相应位置装入 ϕ15 轴用弹性挡圈。注：中间加 12（间隔环一）和 13（间隔环二）。 （2）将安装好轴承的 10（齿轮增速轴）装入 4（轴承座一）中，并将 11（轴承座透盖二）安装在轴承座上。 （3）在 10（齿轮增速轴）两端各装入相应的键，用 53（轴端挡圈）将 65（小齿轮一）、63（大齿轮）固定在 10（齿轮增速轴）上
蜗轮部分的装配	（1）将 50（蜗轮蜗杆用透盖）装在 21（蜗轮轴）上，用通芯一字螺钉旋具将圆锥滚子轴承内圈装在 21（蜗轮轴）上。 （2）用通芯一字螺钉旋具将圆锥滚子的外圈装入 49（轴承座二）中，将圆锥滚子轴承装入 49（轴承座二）中，并将 50（蜗轮蜗杆用透盖）固定在 49（轴承座二）上。 （3）在 21（蜗轮轴）上安装蜗轮的部分安装相应的键，并将 19（蜗轮）装在 21（蜗轮轴）上，然后装入用 20（圆螺母）固定
槽轮拨叉部分的装配	（1）用通芯一字螺钉旋具将深沟球轴承安装在 39（槽轮轴）上，并装上 ϕ17 轴用弹性挡圈。 （2）将 39（槽轮轴）装入 26(底板)中，并把 42（底板轴承盖二）固定在 26（底板）上。 （3）在 39（槽轮轴）的两端各加入相应的键分别用轴端挡圈、紧定螺钉将 43（四槽轮）和 35（法兰盘）固定在 39（槽轮轴）上。 （4）用通芯一字螺钉旋具将角接触轴承安装到 26（底板）的另一轴承装配孔中，并将 24（底板轴承盖一）安装到 26（底板）上

续上表

步骤	装调内容
整工作台的装配	（1）将 51（分度机构用底板）安装在铸铁平台上。 （2）通过 49（轴承座二）将蜗轮部分安装在 51（分度机构用底板）上。 （3）将蜗杆部分安装在 51（分度机构用底板）上，通过调整蜗杆的位置，使蜗轮、蜗杆正常啮合。 （4）将 70（立架）安装在 51（分度机构用底板）上。 （5）在 21（蜗轮轴）先装上 20（圆螺母）再装 17（锁止弧）的位置装入相应键，并用 23（圆螺母）将 17（锁止弧）固定在 21（蜗轮轴）上，再装上一个 23（圆螺母）并在上面套上 27（套管）。 （6）调节四槽轮的位置，将四槽轮部分安装在 70（支架）上，同时使 21（蜗轮轴）轴端装入相应位置的轴承孔中，用 28（蜗轮轴端用螺母）将蜗轮轴锁紧在深沟球轴承上。 （7）将 41（推力球轴承限位块）安装在 26（底板）上，并将推力球轴承套在 41（推力球轴承限位块）上。 （8）通过 35（法兰盘）将 40（料盘）固定。 （9）将增速齿轮部分安装在 51（分度机构用底板）上，调整增速齿轮部分的位置，使 63（大齿轮）和 67（小齿轮二）正常啮合。 （10）将锥齿轮部分安装在铸铁平台上，调节 52（小锥齿轮用底板）的位置，使 65（小齿轮一）和 63（大齿轮）正常啮合
完成	完成整个间歇回转工作台的安装与调整

任务评价

理论知识主要通过学生作业形式进行个人评价、小组互评和教师评价。实践操作则通过项目任务，根据各同学的完成情况进行评价。评价表格如表 6-2-4 所示。

表 6-2-4　任务评价记录表

评价项目	评价内容	分值	个人评价	小组互评	教师评价	得分
理论知识	了解轴承的分类	5				
	掌握滚动轴承的工作形式	10				
	掌握滚动轴承的装调过程	10				
	熟悉轴承的工作原理、运动特点、功能和应用	10				
实践操作	会用滚动轴承进行的调整工作	10				
	学会滚动轴承的装调	10				
	学会滚动轴承的装调步骤	10				
安全文明	遵守操作规程	5				
	职业素质规范化养成	5				
	7S 整理	5				
学习态度	考勤情况	5				
	遵守实习纪律	5				
	团队协作	10				
	合计	100				
成果分享	收获之处					
	不足之处					
	改进措施					

任务拓展

密封装置的装配

为了防止润滑油或润滑脂从机器设备结合面的间隙中泄露出来，并阻止外界的脏物、尘土、水和有害气体侵入，机器设备必须进行密封。密封性能是评价机械设备的一个重要指标。密封泄漏，轻则造成浪费、污染环境，对人身、设备安全及机械本身造成损害，使机器设备失去正常的维护条件，影响其寿命；重则可能造成严重事故。因此，必须重视和认真搞好设备的密封工作。

机器设备的密封主要包括静密封（如箱体结合面、联接盘等的密封）和动密封（如填料密封、密封圈密封和机械密封等）。

1. 静密封

（1）密封胶密封。

机械防漏密封胶。用机械防漏密封胶密封是一种静密封。机械防漏密封胶是一种新型高分子材料，它的初始状态是一种具有流动性的黏稠物，能容易地填满两个结合面间的空隙，因此有较好的密封性能。不仅用于密封，而且对各种平面结合和螺纹连接都可使用。密封胶按其作用机理和化学成分可分为液态密封胶和厌氧密封胶等类型。

液态密封胶又称液态垫圈，是一种呈液态的密封材料。按最常用的分类方法，即按涂敷后成膜的形态分类，有以下四种。

① 干性附着型。涂敷前呈液态，涂敷后因溶剂挥发而牢固地附着于结合面上，耐压耐热性较好但可拆性差，不耐冲击和振动。它适用于非振动的较小间隙的密封。

② 干性可剥型。涂敷后形成柔软而有弹性的薄膜。附着严密，耐振动，有良好的剥离性，它适用于较大和不够均匀的间隙。

③ 非干性黏型。涂敷后长期保持弹性。耐冲击和振动的性能好，有良好的可拆性，广泛应用于经常拆卸的低压密封中。

④半干性黏弹型。兼有干性和非干性密封胶的优点，能永久保持黏弹性，适用于振动条件下工作的密封。

（2）衬垫密封。

承受较大工作负荷的螺纹连接零件，为了保证连接的紧密性，一般要在结合面之间加刚性较小的垫片，如纸垫、橡胶垫、石棉橡胶垫、紫铜垫等。垫片的材料根据密封介质和工作条件选择。衬垫装配时，要注意密封面的平整和清洁，装配位置要正确，应进行正确的预紧。维修时，拆开后如发现垫片失去了弹性或已破裂，应及时更换。

液态密封胶使用时耐压能力随工作温度、结合面形状和紧固压力不同而异，在一般平面接触的密封中和常温条件下，耐压能力不超过 6 MPa。

厌氧密封胶的历史不长，但已经得到广泛应用。厌氧密封胶在空气中呈液态，在隔绝空气后是固化状。它的密封机理是由具有厌氧性的丙烯酸单体在隔绝空气的条件下，通过催化剂的引发作用，使单体形成自由基，进行聚合、交链固化，将两个接触表面胶结在一起，从而使被密封的介质不能外漏，起到密封作用。

密封胶使用时应严格按照如下工艺要求进行。

① 各密封面上的油污、水分、铁锈及其他污物应清理干净，并保证其应有的粗糙度，以达到紧密结合的目的。

② 一般用毛刷涂敷密封胶。若黏度太大时，可用溶剂稀释，涂敷要均匀，不要过厚，以免挤入其他部位。

③ 涂敷后要进行一定时间的干燥，干燥时间可按照密封胶的说明进行，干燥时间长短与环境温度和涂敷厚度有关。

④ 紧固时施力要均匀。由于胶膜越薄，凝附力越大，密封性能越好，所以紧固后间隙为 0.06 ~ 0.1 mm 比较适宜。当大于 0.1 mm 时，可根据间隙数值选用固体垫片结合使用。

2. 动密封

动密封包括填料密封、油封密封、密封圈密封和机械密封。

1）填料密封

填料密封如图 6-2-20 所示，装配工艺要点有以下几点。

① 软填料可以是一圈圈分开的，各圈在轴上不要强行张开，以免产生局部扭曲或断裂。相邻两圈的切口应错开 180° 。软填料也可以做成整条的，在轴上缠绕成螺旋形。

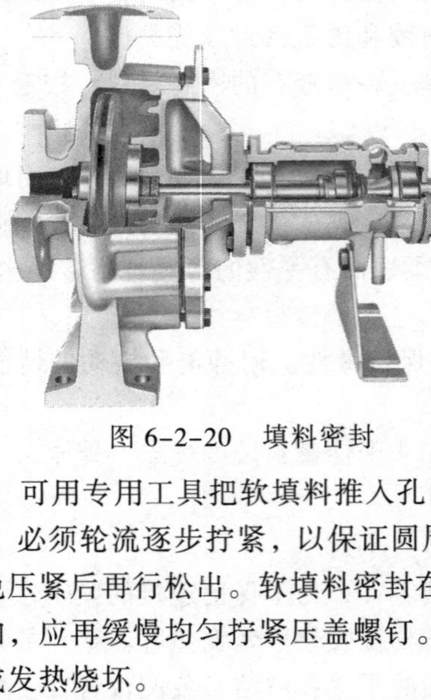

图 6-2-20　填料密封

② 当壳体为整体圆筒时，可用专用工具把软填料推入孔内。

③ 压盖螺钉至少有两只，必须轮流逐步拧紧，以保证圆周力均匀。同时用手转动主轴，检查其接触的松紧程度，要避免压紧后再行松出。软填料密封在负荷运转时，允许有少量泄漏。运转后继续观察，如泄漏增加，应再缓慢均匀拧紧压盖螺钉。但不应为争取完全不漏而压得太紧，以免摩擦功率消耗太大或发热烧坏。

④ 软填料由压盖压紧。为了使压力沿轴向分布尽可能均匀，以保证密封性能和均匀磨损，装配时，应由左到右逐步压紧。

2）密封圈密封

密封元件中最常用的就是密封圈，密封圈的断面形状有 O 形和唇形，其中以 O 形圈使用最为广泛。

（1）O 形密封圈及装配。

O 形密封圈既可用作静密封，又可用于动密封。O 形圈的安装质量，对 O 形圈的密封性能与寿命均有重要影响。在装配 O 形圈时应注意以下几点。

① O 形密封圈是压紧型密封，故在其装入密封沟槽时，必须保证 O 形密封圈有一定的预

压缩量，一般截面直径压缩量为 8% ~ 25%。

② O 形密封圈对被密封表面的粗糙度要求很高，一般规定静密封零件表面粗糙度 *Ra* 值为 1.6 以下，动密封零件表面粗糙度 *Ra* 值为 0.4 ~ 0.2。

③ 装配前须将 O 形圈涂润滑油，装配时轴端和孔端应有适当的引入角。当 O 形圈需通过螺纹、键槽、锐边、尖角等时，应采用装配导向套。

④ 当工作压力超过一定时，应安放挡圈（见图 6-2-21），需特别注意挡圈的安装方向，单边受压，装于反侧。

⑤ 在装配时，应预先把需装的 O 形圈如数领好，放入油中，装配完毕，如有剩余的 O 形圈，必须检查重装。

⑥ 为防止报废 O 形圈的误用，装配时换下来的或装配过程中弄废的 O 形圈，应立即归纳收回。

⑦ 装配时不得过分拉伸 O 形圈，也不得使密封圈产生扭曲。

⑧ 密封装置固定螺孔深度要足够，否则两密封平面不能紧固封严，产生泄漏，或在高压下把 O 形圈挤坏。

（2）唇形密封。

唇形油封是广泛用于旋转轴上的一种密封装置，其结构比较简单（见图 6-2-22），按结构可分为骨架式和无骨架式两类。

图 6-2-21　O 型密封圈

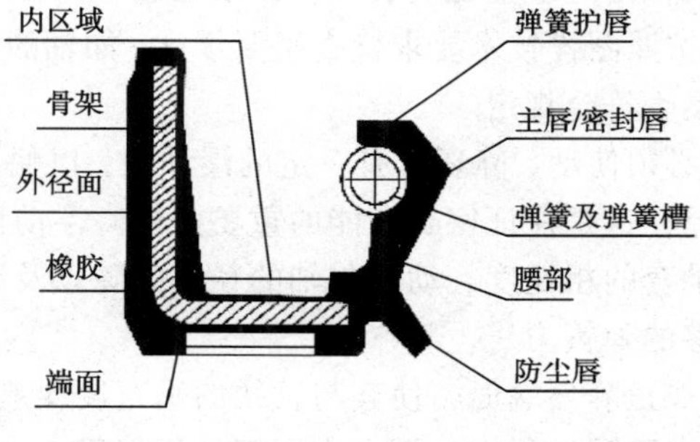

1—油封体；2—金属骨架；3—压紧弹簧

图 6-2-22　油封结构

装配要点如下：

① 检查油封孔壳体孔和轴的尺寸，壳体孔和轴的表面粗糙度是否符合要求，密封唇部是否损伤，并在唇部和主轴上涂以润滑油脂。

② 压入油封要以壳体孔为准，不可偏斜，并应采用专门工具压入，绝对禁止棒打锤敲等做法。壳体孔应有较大倒角。油封外圈及壳体孔内涂以少量润滑油脂。

③ 油封装配方向，应该使介质工作压力把密封唇部紧压在主轴上，而不可装反。

④ 油封装入壳体孔后，应随即将其装入密封轴上。当轴端有键槽、螺钉孔、台阶等时，为防止油封刃口在装配中损伤，可采用导向套。

装配时要在轴上与油封刃口处涂润滑油，防止油封在初运转时发生干摩擦而使刃口烧坏。另外，还应严防油封弹簧脱落。

3）机械密封

机械密封装置的装配。机械密封装置是旋转轴用的动密封，它的主要特点是密封面垂直于旋转轴线，依靠动环和静环端面接触压力来阻止和减少泄漏，因此，又称为端面密封。

机械密封装置的密封原理如图 6-2-23 所示。轴带动动环旋转，静环固定不动，依靠动环和静环之间接触端面的滑动摩擦保持密封。在长期工作摩擦表面磨损过程中，弹簧不断地推动动环，以保证动环与静环接触而无间隙。为了防止介质通过动环与轴之间或静环与壳体之间的间隙泄漏，需要装密封圈。

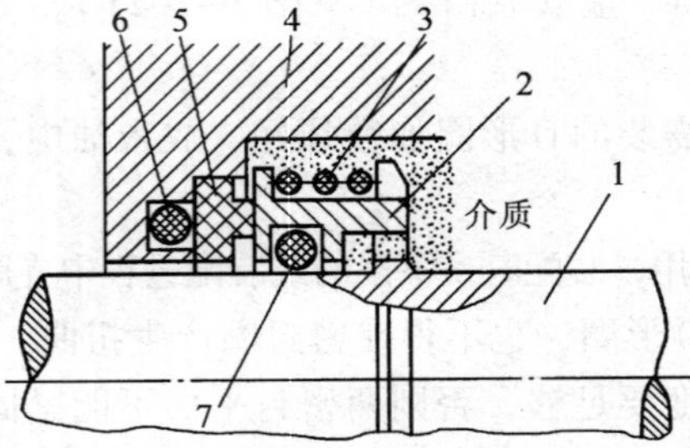

图 6-2-23　机械密封装置

1—轴；2—动环；3—弹簧；4—壳体；5—静环；6—静环密封圈；7—动环密封圈

机械密封是很精密的装置，如果安装和使用不当，容易造成密封元件损坏而出现泄漏事故。因此，机械密封装置在安装时，必须注意下列各事项。

① 按照图样技术要求检查主要零件，如轴的表面粗糙度、动环及静环密封表面粗糙度和平面度等是否符合规定。

② 必须使动、静环具有一定的浮动性，以便在运动过程中能适应影响动、静环端面接触的各种偏差，这是保证密封性能的重要条件。浮动性取决于密封圈的准确装配，与密封圈接触的主轴或轴套的粗糙度，动环与轴的径向间隙以及动、静环接触面上摩擦力的大小等，而且还要求有足够的弹簧力。

③ 找正静环端面，使其与轴线的垂直度误差小于 0.05 mm。

④ 在装配过程中，不允许用工具直接敲击密封元件。

⑤ 在装配过程中应保持清洁，特别是主轴装置密封的部位不得有锈蚀，动、静环端面应无任何异物或灰尘。

⑥ 必须使主轴的轴向窜动、径向跳动和压盖与轴的垂直度误差在规定范围内，否则将导致泄漏。

任务 3　联轴器的安装与调试

在机械传动中，从一根轴传递动力到另一根轴，把两根轴同轴地连在一起传递动力（又称组合轴），常采用联轴节、轴套加销或键、十字联轴器。

这里主要介绍联轴器的两轴在装配时如何找正其相对位置，保证两轴的同轴、平行或垂直。

知识链接

一、常见联轴器介绍

常见的联轴器结构如图 6-3-1 所示，圆盘式联轴器［见图 6-3-1（a）］由两个带毂的圆盘组成。两圆盘用键分别安装在两轴轴端，并靠螺栓把它们连成一体。套筒式联轴器销连接［见图 6-3-1（b）］、套筒式联轴器平键连接［见图 6-3-1（c）］用一个套筒连接两根轴的形式。套筒式联轴器销连接［见图 6-3-1（b）］若将圆锥销改用剪切安全销，也可作为安全联轴器，即当机器过载或承受冲击载荷超过定值时，联轴器中的连接件即可自动断开，从而保护设备安全。

图 6-3-1（d）为十字槽式联轴器，它由端面开有凹槽的两个套筒和两侧各具有凸块（作为滑块）的中间圆盘组成。中间圆盘两侧的凸块相互垂直，分别嵌入两个套筒的凹槽中。如果两轴线不同轴，运动时中间圆盘的滑块将在凹槽内滑动，凹槽内要加润滑油。同心联轴器外观如图 6-3-1（e）所示。

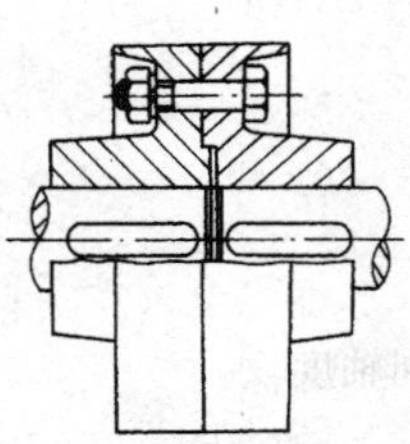

（a）圆盘式联轴器

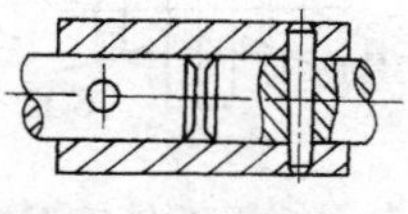

（b）套筒式联轴器销连接

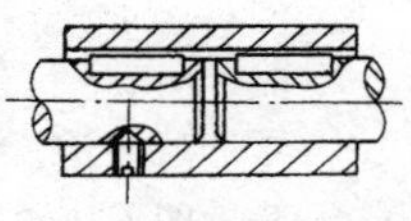

（c）套筒式联轴器平键连接

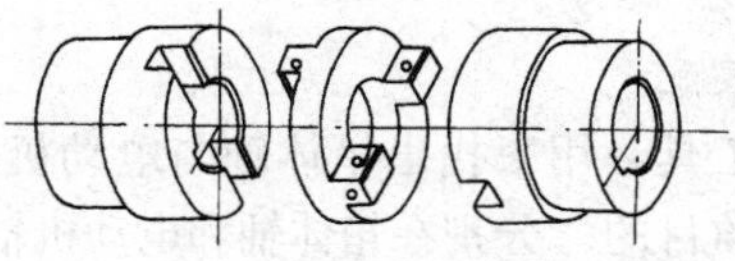

（d）十字槽式联轴器

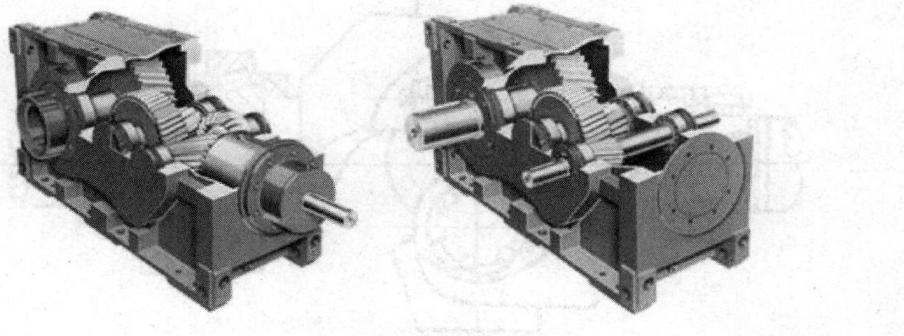

（e）同心联轴器外观

图 6-3-1　同心轴的联轴器

二、联轴器的装配方法

在机械传动中，用联轴器连接以传递转矩的方法很多。装配时，它的主要技术要求是：严格保证两轴线的同轴度，使运转时不产生振动，保持平衡。

如图 6-3-2 所示，为箱体传动轴与电动机轴的连接，首先要校正两轴同轴度，才能确定箱体与电动机的装配位置。

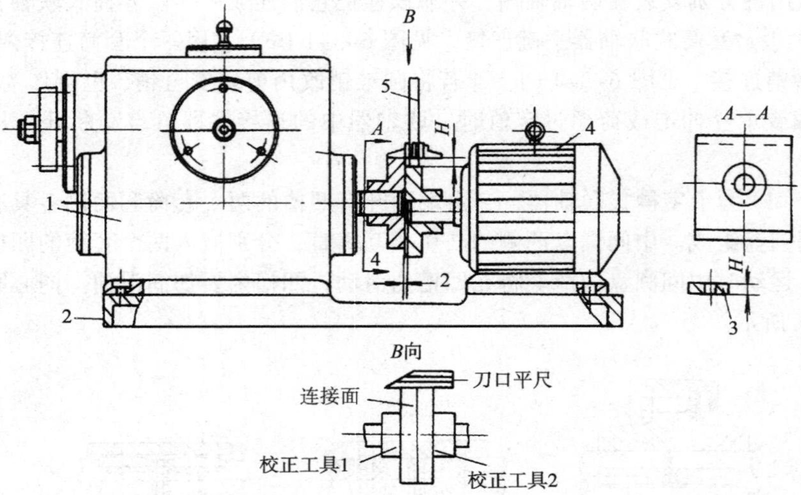

图 6-3-2　用专用校正工具校正两轴同轴度

1—箱体组件；2—底板；3—调整垫片；4—电动机；5—深度尺

1. 使用校正工具的装配

使用一种专用的校正工具，用来找出箱体轴与电动机轴的不同轴度，以确定调整垫片的厚度，达到两轴同轴度要求的目的。分别在箱体轴和电动机轴上装配相同的校正，如图 6-3-3 所示。

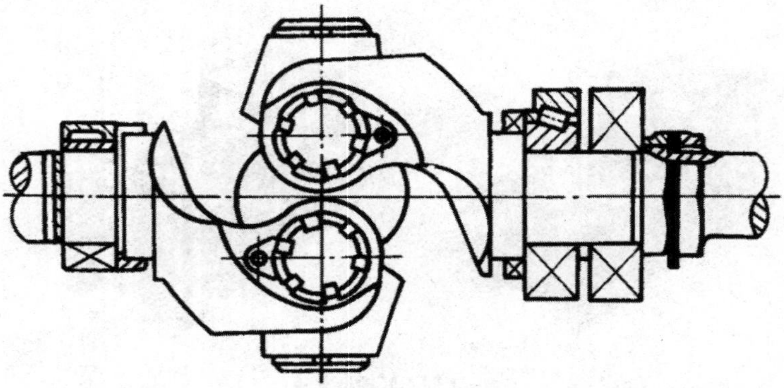

图 6-3-3　联轴器轴线的校正

2. 不用校正工具的装配

（1）圆盘式联轴器的装配（见图 6-3-4），先在两轴上装键和安装圆盘，然后用直尺找正。初步找正后，用百分表找正。这种方法简单易行，且不用辅助工具。

（2）十字槽式联轴器的装配（见图 6-3-5）。这种联轴器在工作时允许两轴线有一定的径向偏移和略有倾斜，所以，比较容易装配。它的装配顺序是：分别在两轴上装配两键和安装两套筒，并用直尺找正。

图 6-3-4　圆盘式联轴器的装配

图 6-3-5　十字槽式联轴器的装配

任务实施

自动冲床机构的安装与调试

对 THMDZT-1 实训装置中自动冲床机构的装配与调整。培养自己的识图能力，通过装配图，能够清楚零件之间的装配关系、机构的运动原理及功能，理解图样中的技术要求、基本零件的结构装配方法。能够根据机械设备的技术要求，确定装配工艺顺序的能力。进行自动冲床设备空运转试验，培养学生对常见故障能够进行判断分析的能力。训练轴承的装配方法和装配步骤。

◎想一想：对 THMDZT-1 实训装置中自动冲床机构的装配与调整都需要注意哪些步聚？装配工艺是怎样的？

◎练一练：自动冲床机构的拆装。

自动冲床机构的拆装工具如表 6-3-1 所示。

表 6-3-1　自动冲床机构的拆装工具

序 号	名　　称	型号及规格	数　　量	备　　注
1	机械装调技术综合实训装置	THMDZT-1 型	1 套	
2	普通游标卡尺	300 mm	1 把	
3	内六角扳手		1 套	
4	橡胶锤		1 把	
5	防锈油		若干	
6	紫铜棒		1 根	
7	通芯一字螺钉旋具		1 把	
8	零件盒		1 个	

根据“自动冲床”装配图（见图 6-3-6），使用相关工、量具，进行自动冲床的组合装配与调试，使自动冲床机构运转灵活，无卡阻现象。

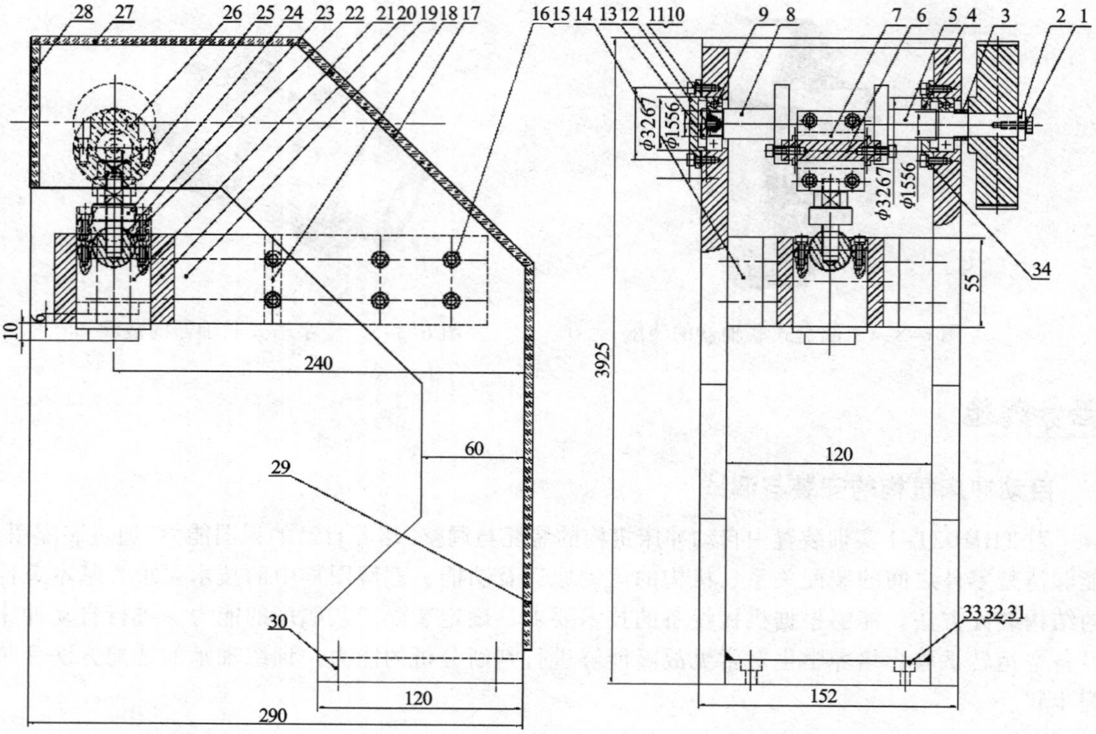

图 6-3-6 “自动冲床机构”装配图（图注见附图六）

对天煌 THMDZT-1 实训装置中自动冲床机构的简易安装与调试步骤如表 6-3-2 所示。

表 6-3-2 自动冲床机构的安装与调试步骤

项目	调试步骤
工作准备	（1）读懂图纸并熟悉零件和装配任务； （2）检查文件和零件的完备情况； （3）选择工、量具； （4）将相关零件清洗干净
轴承的装配与调整	首先用轴承套筒将轴承装入轴承室中（在轴承室中涂抹少许黄油），转动轴承内圈，轴承应转动灵活，无卡阻现象；观察轴承外圈是否安装到位
曲轴的装配与调整	（1）安装轴二：将透盖用螺钉旋紧，将轴二装好，然后再装好轴承的“右传动轴挡套”； （2）安装曲轴：轴瓦安装在曲轴下端盖的 U 形槽中，然后装好中轴，盖上轴瓦另一半，将曲轴上端盖装在轴瓦上，将螺钉预紧，用手转动中轴，中轴应转动灵活； （3）将已安装好的曲轴固定在轴二上，用 M5 的外六角螺钉预紧； （4）安装轴一：将轴一装入轴承中（由内向外安装），将已安装好的曲轴的另一端固定在轴一上，此时可将曲轴两端的螺钉旋紧，然后将“左传动轴压盖”固定在轴一上，然后再将左传动轴的闷盖装上，并将螺钉预紧； （5）在轴二上装键，固定同步轮，然后转动同步轮，曲轴转动灵活，无卡阻现象
冲压部件的装配与调整	将“压头联接体”安装在曲轴上

续上表

项目	调试步骤
冲压机构导向部件的装配与调整	（1）将“滑套固定垫块”固定在“滑块固定板上”，然后将“滑套固定板加强筋”固定，安装好“冲头导向套”，螺钉为预紧状态； （2）将冲压机构导向部件安装在自动冲床上，转动同步轮，冲压机构运转灵活，无卡阻现象，最后将螺钉拧紧，再转动同步轮，调整到最佳状态，在滑动部分加少许润滑油
完成	完成上述步骤，将手轮上的手柄拆下，安装在同步轮上，摇动手柄，观察“模拟冲头”运行状态，多运转几分钟，仔细观察各个部件是否运行正常，正常后加入少许润滑油

任务评价

理论知识主要通过学生作业形式进行个人评价、小组互评和教师评价。实践操作则通过项目任务，根据各同学的完成情况进行评价。评价表格如表 6-3-3 所示。

表 6-3-3　任务评价记录表

评价项目	评价内容	分值	个人评价	小组互评	教师评价	得分
理论知识	了解联轴器的分类及形式	5				
	掌握联轴器的装配方法	10				
	掌握联轴器的装调过程	10				
	熟悉联轴器机构的工作原理、运动特点、功能和应用	10				
实践操作	学会联轴器调整工作	10				
	学会自动冲床部件的装调	10				
	学会联轴器的装调步骤	10				
安全文明	遵守操作规程	5				
	职业素质规范化养成	5				
	7S 整理	5				
学习态度	考勤情况	5				
	遵守实习纪律	5				
	团队协作	10				
	合计	100				
成果分享	收获之处					
	不足之处					
	改进措施					

思考与练习

一、填空题

1. 滚动轴承通常由________、________、________和________组成。

2. 滚动体的形状有________、________、________和________等。

3. 滚动轴承________与________、________与________的配合，一般多选用________配合。

4. 滑动轴承按照结构形式不同可分为________和________。

5. 机器密封分为________和________。

6. 机器的基本组成，都可以分为：________、________和________。

7. 按照运动形式的不同，铰链四杆机构可分为三种基本形式：________、________和________。

8. 缝纫机结构属于________机构。

9. 起重机结构属于________机构。

10. 电风扇的摇头机构属于________机构。

11. 货车的液压机构属于________机构。

12. 棘轮机构主要由________、________和________组成。

13. 槽轮机构由________、________和________组成。

14. 槽轮机构主要分为________和________。

15. 不完全齿轮机构是由普通齿轮机构转化而成的一种________机构。

16. 常见的联轴器有________、________和________。

17. 在机械传动中，装配时，它的主要技术要求是________。

18. 根据联轴器的分类，万向联轴器属于________联轴器，套筒联轴器属于________联轴器。

二、选择题

1. 联轴器与离合器的主要作用是（　　）。

A. 缓冲、减振　　B. 传递运动和转矩

C. 防止机器发生过载　　D. 补偿两轴的不同心或热膨胀

2. 对低速、刚性大的短轴，常选用的联轴器为（　　）。

A. 刚性固定式联轴器　　B. 刚性可移式联轴器

C. 弹性联轴器　　D. 安全联轴器

3. 当载荷有冲击、振动，且轴的转速较高、刚度较小时，一般选用（　　）。

A. 刚性固定式联轴器　　B. 刚性可移式联轴器

C. 弹性联轴器　　D. 安全联轴器

4. 两轴的偏角位移达 30°，这时宜采用（　　）联轴器。

A. 凸缘　　B. 齿式　　C. 弹性套柱销　　D. 万向

5. 高速重载且不易对中处常用的联轴器是（　　）。

A. 凸缘联轴器　　B. 十字滑块联轴器

C. 齿轮联轴器　　D. 万向联轴器

6. 在下列联轴器中，能补偿两轴的相对位移并可缓和冲击、吸收振动的是（　　）。

A. 凸缘联轴器　　B. 齿式联轴器

C. 万向联轴器　　D. 弹性套柱销联轴器

7. 十字滑块联轴器允许被连接的两轴有较大的（　　）偏移。

A. 径向　　B. 轴向　　C. 角　　D. 综合

8. 齿轮联轴器对两轴的（　　）偏移具有补偿能力。

A. 径向　　B. 轴向　　C. 角　　D. 综合

9. 两根被连接轴间存在较大的径向偏移，可采用（　　）联轴器。

A. 凸缘　　B. 套筒　　C. 齿轮　　D. 万向

10. 大型鼓风机与电动机之间常用的联轴器是（　　）。

A. 凸缘联轴器　　B. 齿式联轴器

C. 万向联轴器　　D. 套筒联轴器

二、简答题

1. 滚动体的形状有哪些？
2. 简述轴承的预紧方法。
3. 滚动轴承装配前的准备工作有哪些？
4. 简述滚动轴承的装配方法。
5. 简述滚动轴承的装拆注意事项。
6. 简述滑动轴承的工作原理和工作特点。
7. 简述双曲柄机构的特点和使用场合。
8. 简述四杆机构的演化形式及各自的特点。
9. 简述不完全齿轮啮合的工作特点。
10. 简述棘轮机构的调试方法。

项目 7

THMDZT-1 型实训装置安装与调试

情景导入

根据规定的技术要求，将零件或部件进行配合和连接，使之成为半成品或成品的过程，称为装配。

机器的装配是机器制造过程中的最后一个环节，它包括装配、调整、检验和试验等工作。装配过程使零件、套件、组件和部件间获得一定的相互位置关系，所以装配过程也是一种工艺过程。

通过装配与调整 THMDZT-1 型实训装置，能够提高学生在机械制造企业及相关行业一线工艺装配与实施、机电设备安装调试和维护修理、机械加工质量分析与控制、基层生产管理等岗位的就业能力。

本项目主要讲述 THMDZT-1 型实训装置的装配与调整。通过讲解，了解 THMDZT-1 型实训装置的结构和装配与调整的方法；通过实例训练，掌握装配工艺过程。

项目目标

- 了解并熟悉 THMDZT-1 型实训装置的结构、工作原理；
- 掌握 THMDZT-1 型实训装置的运行原理，并学会分析 THMDZT-1 型实训装置中的一些传动特点；
- 熟悉 THMDZT-1 型实训装置及其零配件的装调要求。

任务 1　变速箱的安装与调试

知识链接

图 7-1-1　变速箱

变速箱（见图 7-1-1）在汽车中运用的比较广泛，它分为手动、自动两种。

手动变速箱主要由齿轮和轴组成，通过不同的齿轮组合产生变速变矩；而自动变速箱是由液力变扭器、行星齿轮和液压操纵系统组成，通过液力传递和齿轮组合的方式来达到变速变矩。

THMDZT-1 型实训装置中的变速箱具有双轴三级变速输出，其中一轴输出带正反转功能，主要由箱体、齿轮、花键轴、间隔套、键、角接触轴承、深沟球轴承、卡簧、端盖、手动换挡机构等组成，可完成多级变速箱的装配工艺实训。

一、变速箱装配设备及常用工具

在装配工作中，变速箱装配设备及常用工具如表 7-1-1 所示。

表 7-1-1　变速箱装配设备及常用工具

名　　称	示　意　图	说　　　明
THMDZT-1 型实训装置	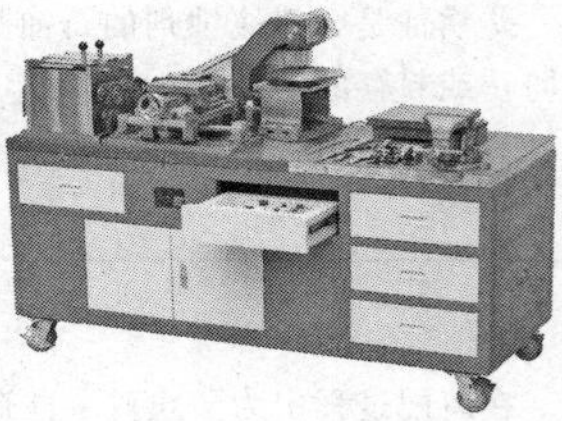	THMDZT-1 型实训装置是依据装配钳工国家职业标准及行业标准，结合各职业学校、技工院校“数控技术及其应用”、“机械制造技术”、“机电设备安装与维修”、“机械装配”、“机械设备装配与自动控制”等专业的培养目标而研制的
内六角扳手		内六角扳手又称艾伦扳手，它是一种拧紧或旋松头部带内六角螺丝的工具
橡胶锤		橡胶锤是一种用橡胶制成的锤子，敲击时可以防止被敲击对象变形
螺钉旋具		螺钉旋具是一种拧紧或旋松头部带一字或十字槽螺钉的工具
拉马	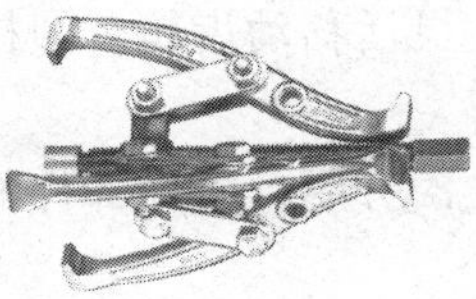	三爪拉马是机械维修中经常使用的工具，主要用来将损坏的轴承从轴上沿轴向拆卸下来。它主要由旋柄、螺旋杆和拉爪构成
活动扳手		活动扳手是用来紧固和起松螺母的一种工具
圆螺母扳手		圆螺母扳手是用来松紧圆螺母的一种工具

续上表

名　　称	示 意 图	说　　明
卡簧钳		卡簧钳主要用于安装卡簧，方便卡簧的安装，提高工作效率，能防止卡簧安装过程中伤手
防锈油		防锈油是含有缓蚀剂的石油类制剂，用于金属制品防锈或封存的油品
紫铜棒	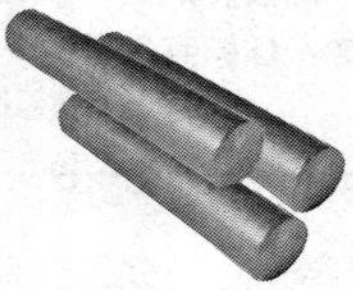	在装配过程中为防止对零件造成损伤，可垫紫铜棒，传递力不造成设备表面损坏
零件盒		零件盒也称元件盒，适合工厂、办公室各种小型零件、物料、文具用品等之存储使用。零件盒用于存放各种零件

二、变速箱技能考核要点

（1）能够读懂变速箱的部件装配图（见附图二）。通过装配图，能够清楚零件之间的装配关系、机构的运动原理及功能。理解图样中的技术要求、基本零件的结构装配方法，以及轴承、齿轮精度的调整等。

（2）能够规范合理地写出变速箱的装配工艺过程。

（3）轴承的装配。轴承的清洗（一般用柴油、煤油）；规范装配，不能盲目敲打（通过钢套，用锤子均匀地敲打）；根据运动部位要求，加入适量润滑脂。

（4）齿轮的装配。齿轮的定位可靠，以承担负载，灵活移动齿轮。圆柱啮合齿轮的啮合齿面宽度差不得超过 5%（即两个齿轮的错位）。

（5）装配的规范化。合理的装配顺序；传动部件主次分明；运动部件的润滑；啮合部件间隙的调整。

任务实施

装配变速箱的操作步骤

1. 工作准备

（1）检查技术文件和零件的完备情况。

（2）熟悉图样和零件清单、装配任务，确定装配工艺。

（3）选择合适的工具、量具。

（4）用清洁布等清洗零件。

2. 操作步骤

装配变速箱的操作步骤如表 7-1-2 所示。

表 7-1-2　装配变速箱的操作步骤

步　骤	示　意　图	说　明
第一步 连接变速箱底板和变速箱箱体		用内六角螺钉（M8×25）加弹簧垫圈，把变速箱底板和变速箱箱体连接
第二步 安装固定轴		用冲击套筒把深沟球轴承压装到固定轴一端，固定轴的另一端从变速箱箱体的相应内孔中穿过，把第一个键槽装上键，安装上齿轮，装好齿轮套筒，再把第二个键槽装上键并装上齿轮，装紧两个圆螺母（双螺母锁紧），挤压深沟球轴承的内圈把轴承安装在轴上，最后打上两端的闷盖，闷盖与箱体之间通过测量增加垫圈，游动端不用测量直接增加 0.3 mm 厚的垫圈
第三步 安装主轴		将两个角接触轴承（按背靠背的装配方法）安装在轴上，中间加轴承内、外圈套筒。安装轴承座套和轴承透盖，轴承座套和轴承透盖之间通过测量增加厚度最接近的垫圈。将轴端挡圈固定在轴上，按顺序安装四个齿轮和齿轮中间的齿轮套筒后，装紧两个圆螺母，轴承座套固定在箱体上，挤压深沟球轴承的内圈，把轴承安装在轴上，装上轴承闷盖，闷盖与箱体之间增加 0.3 mm 厚度的垫圈，套上轴承内圈预紧套筒，最后通过调整圆螺母来调整两角接触轴承的预紧力
第四步 安装花键导向轴		把两个角接触轴承（按背靠背的装配方法）安装在轴上，中间加轴承内、外圈套筒。安装轴承座套和轴承透盖。轴承座套与轴承透盖之间通过测量增加厚度最接近的垫圈。然后安装滑移齿轮组，轴承座套固定在箱体上，挤压轴承的内圈把深沟球轴承安装在轴上，装上轴用弹性挡圈和轴承闷盖，闷盖与箱体之间增加 0.3 mm 厚度的垫圈。套上轴承内圈预紧套筒，最后通过调整圆螺母来调整两角接触轴承的预紧力

续上表

步　骤	示 意 图	说　明
第五步 安装滑块拨叉	 	把拨叉安装在滑块上，安装滑块滑动导向轴，装上 $\phi 8$ 的钢球，放入弹簧，盖上弹簧顶盖，装上滑块拨杆和胶木球。调整两滑块拨杆的左右距离来调整齿轮的错位
第六步 安装上封盖	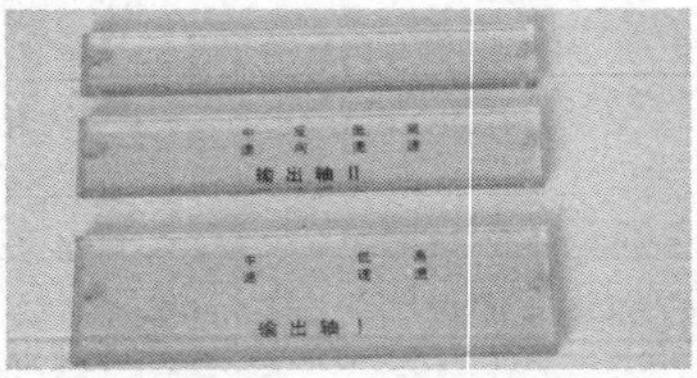	把三块有机玻璃固定到变速箱箱体顶端

任务拓展

任务拓展一：安装轴承端盖

1．安装固定端透盖

把固定端透盖的四颗螺钉预紧，用塞尺检测透盖与轴承室的间隙，如图 7-1-2 所示，选用深度尺测量箱体端面与轴承间距离，再测量法兰盘凸台高度也正确。选择一种厚度最接近间隙大小的垫圈，如图 7-1-3 所示，选择垫圈厚度不应超过塞尺厚度安装在透盖与轴承室之间。

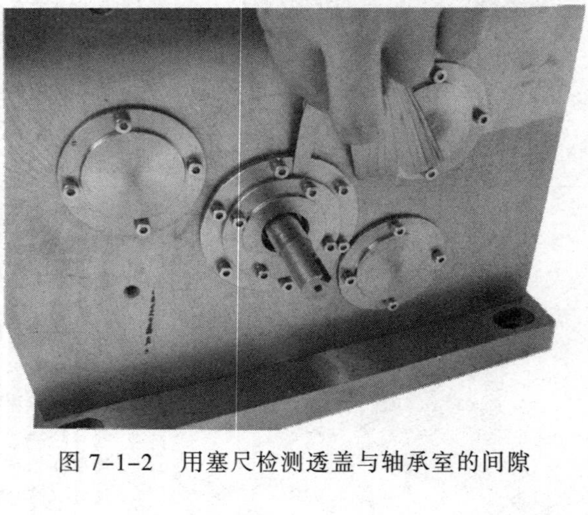

图 7-1-2　用塞尺检测透盖与轴承室的间隙

图 7-1-3 选择一种厚度最接近间隙大小的垫圈

2. 安装游动端闷盖

安装游动端闷盖，如图 7-1-4 所示，选择 0.3 mm 厚度的垫圈，安装在闷盖与变速箱侧板之间。螺纹对称装配，对称拆卸螺纹，最后拧紧应用内六角扳手小端。

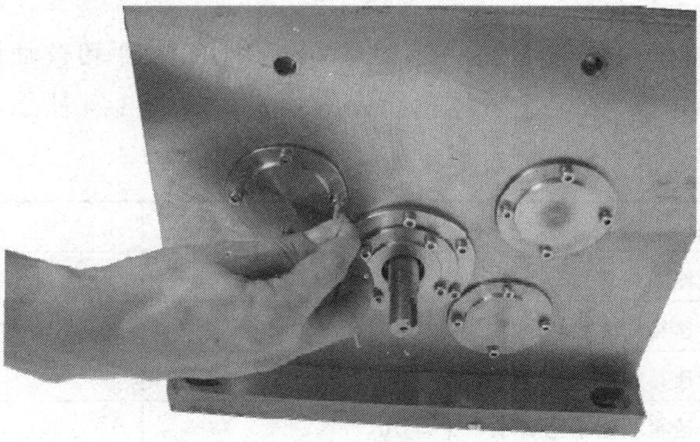

图 7-1-4 安装游动端闷盖

任务拓展二：调整齿轮啮合面宽度差

调整齿轮啮合面宽度差的操作步骤如表 7-1-3 所示。

表 7-1-3 调整齿轮啮合面宽度差的操作步骤

步骤	示意图	说明
第一步	 	齿轮与齿轮之间有明显的错位，用塞尺等工具检测错位值
第二步	 	通过紧挡圈、松圆螺母和松挡圈、紧圆螺母的方法进行两啮合齿轮啮合面宽度差的调整

续上表

步骤	示意图	说明
第三步	 	通过调整滑块滑动导向轴的左右位置进行两啮合齿轮啮合面宽度差调整

任务拓展三：检测轴的回转精度

（1）检查轴的径向跳动，在轴端面中心孔中粘一个 $\phi 6$ 的钢珠，百分表触及钢珠，转动轴，检测轴的径向跳动。

（2）检查轴的轴向窜动，在轴端面中心孔中粘一个 $\phi 6$ 的钢珠，百分表触及钢珠，旋转轴，记录百分表的最大值和最小值的差值，就是轴的轴向窜动误差。

任务评价

理论知识主要通过学生作业形式进行个人评价、小组互评和教师评价。实践操作则通过项目任务，根据各同学的完成情况进行评价。评价表格如表 7-1-4 所示。

表 7-1-4　任务评价记录表

评价项目	评价内容	分值	个人评价	小组互评	教师评价	得分
理论知识	了解变速箱的作用	5				
	掌握变速箱的主要功能	10				
	读懂变速箱的部件装配图	10				
	确定变速箱装配工艺顺序	10				
实践操作	能够进行变速箱部件装配，并达到技术要求	10				
	进行变速器设备空运转试验	10				
	对变速箱常见故障进行判断	10				
安全文明	遵守操作规程	5				
	职业素质规范化养成	5				
	7S 整理	5				
学习态度	考勤情况	5				
	遵守实习纪律	5				
	团队协作	10				
	合计	100				
成果分享	收获之处					
	不足之处					
	改进措施					

任务2 齿轮减速器的安装与调试

知识链接

如图7-2-1所示，齿轮减速器是电动机和工作机之间独立的闭式传动装置，用来降低转速和增大转矩，以满足工作需要，在某些场合也用来增速，称为增速器。

图7-2-1 齿轮减速器

THMDZT-1 型实训装置中的齿轮减速器主要由直齿圆柱齿轮、角接触轴承、深沟球轴承、支架、轴、端盖、键等组成。可完成齿轮减速器的装配工艺实训。

通过本任务，应能正确掌握齿轮减速器装配的方法，根据技术要求按工艺过程进行装配；能够进行变速器设备空运转试验，掌握轴承的装配方法和装配步骤的训练。

一、齿轮减速器装配设备及常用工具

在装配工作中，齿轮减速器装配设备及常用工具如表7-2-1所示。

表7-2-1 齿轮减速器装配设备及常用工具

名　称	示意图	说　明
THMDZT-1型实训装置	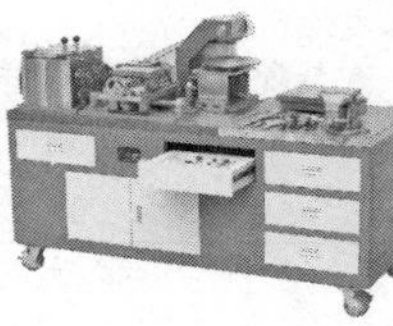	THMDZT-1 型实训装置是依据装配钳工国家职业标准及行业标准，结合各职业学校、技工院校“数控技术及其应用”、“机械制造技术”、“机电设备安装与维修”、“机械装配”、“机械设备装配与自动控制”等专业的培养目标而研制的
内六角扳手		内六角扳手又称艾伦扳手，它是一种拧紧或旋松头部带内六角螺丝的工具
橡胶锤		橡胶锤是一种用橡胶制成的锤子，敲击时可以防止被敲击对象变形
螺钉旋具		螺钉旋具是一种拧紧或旋松头部带一字或十字槽螺钉的工具
三爪拉马		三爪拉马是机械维修中经常使用的工具，主要用来将损坏的轴承从轴上沿轴向拆卸下来。它主要由旋柄、螺旋杆和拉爪构成

续上表

名　称	示 意 图	说　明
活动扳手	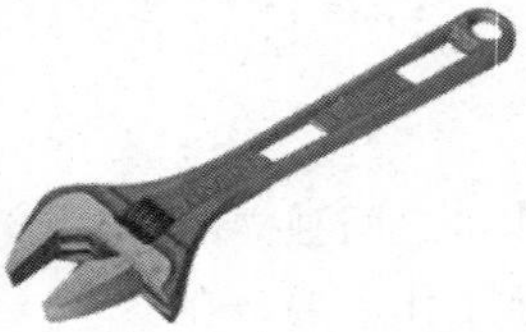	活动扳手是用来紧固和起松螺母的一种工具
圆螺母扳手	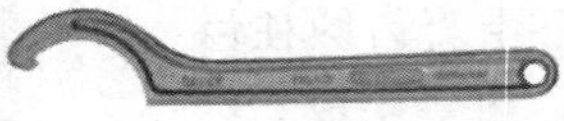	圆螺母扳手是用来松紧圆螺母的一种工具
卡簧钳		卡簧钳主要用于安装卡簧，方便卡簧的安装，提高工作效率，能防止卡簧安装过程中伤手
防锈油		防锈油是含有缓蚀剂的石油类制剂，用于金属制品防锈或封存的油品
紫铜棒		在装配过程中为防止对零件造成损伤，可垫紫铜棒，传递力不造成设备表面损坏
零件盒		零件盒也称元件盒，适合工厂、办公室各种小型零件、物料、文具用品等存储使用。零件盒用于存放各种零件

二、齿轮减速器技能考核要点

（1）能够读懂齿轮减速器的部件装配图（见附图五）。通过装配图，能够清楚零件之间的装配关系、机构的运动原理及功能。理解图样中的技术要求、基本零件的结构装配方法，以及轴承、齿轮精度的调整。

（2）能够规范合理地写出齿轮减速器的装配工艺过程。

（3）轴承的装配。

（4）齿轮的装配。齿轮的定位可靠，以承担负载，灵活移动齿轮。圆柱啮合齿轮的啮合齿面宽度差不得超过 5%（及两个齿轮的错位）。

（5）装配的规范化。合理的装配顺序；传动部件主次分明；运动部件的润滑；啮合部件间隙的调整。

任务实施

装配齿轮减速器的操作步骤

1. 工作准备

（1）检查技术文件和零件的完备情况。

（2）熟悉图样和零件清单、装配任务，确定装配工艺。

（3）选择合适的工具、量具。

（4）用清洁布等清洗零件。

2. 操作步骤

装配齿轮减速器的操作步骤如表7-2-2所示。

表7-2-2　装配齿轮减速器的操作步骤

步　骤	示　意　图	说　明
第一步 安装左右挡板		将左右挡板固定在齿轮减速器底座上，并测量减速箱体左右挡板平行度
第二步 安装输入轴	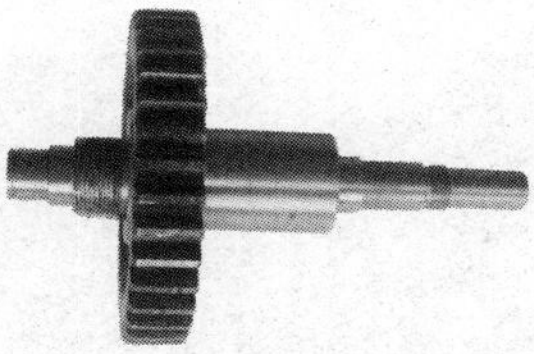	将两个角接触轴承（按背靠背的装配方法）安装在输入轴上，轴承中间加轴承内、外圈套筒。安装轴承座套和轴承透盖。安装好齿轮和轴套后，轴承座套固定在箱体上，挤压深沟球轴承的内圈把轴承安装在轴上，装上轴承闷盖，套上轴承内圈预紧套筒。最后通过调整圆螺母来调整两角接触轴承的预紧力
第三步 安装中间轴	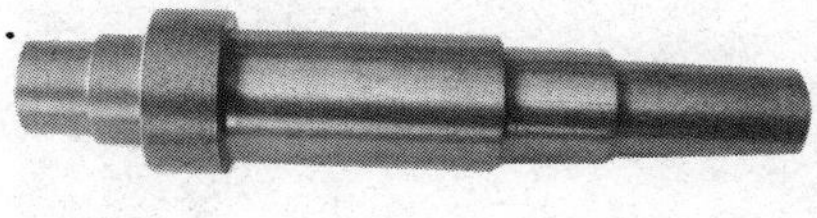	把深沟球轴承压装到固定轴一端,安装两个齿轮和齿轮中间齿轮套筒及轴套后，挤压深沟球轴承的内圈把轴承安装在轴上，最后打上两端的闷盖
第四步 安装输出轴		将两个角接触轴承（按背靠背的装配方法）安装在输入轴上，轴承中间加轴承内、外圈套筒。安装轴承座套和轴承透盖。安装好齿轮后，装紧两个圆螺母，挤压深沟球轴承的内圈把轴承安装在轴上，装上轴承闷盖，套上轴承内圈预紧套筒。最后通过调整圆螺母来调整两角接触轴承的预紧力

任务拓展

任务拓展一：测量减速箱体立板平行度

测量减速箱体立板平行度，如图7-2-2所示，用游标卡尺内量爪测量减速箱体立板之间的平行度。装配完成后，要重复测量调整平行度，直至平行度符合技术要求。

图7-2-2 测量减速箱体立板平行度

任务拓展二：检验和调整齿侧间隙

齿侧间隙常用压铅丝法或用百分表测量。压铅丝法检测齿侧间隙，如图7-2-3所示，在齿宽的齿面上，平行放置2～4条铅丝，铅丝直径不宜超过最小直径的4倍，转动齿轮挤压铅丝，铅丝被挤压后最薄处的厚度即为侧隙值。

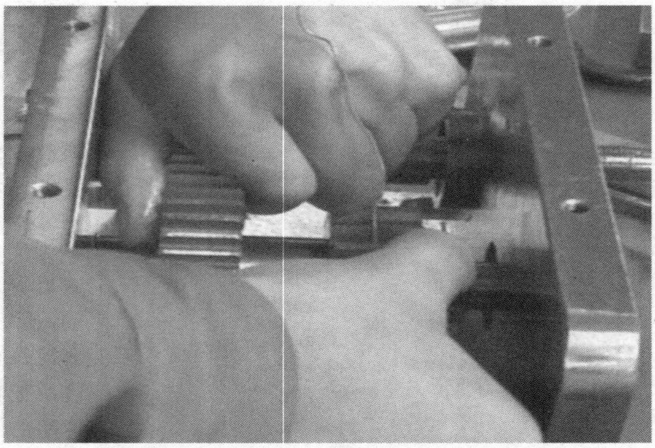

图7-2-3 压铅丝法检测齿侧间隙

◎小提示：

至少在两个位置压铅，以消除齿轮轴线不平行误差。

任务评价

理论知识主要通过学生作业形式进行个人评价、小组互评和教师评价。实践操作则通过项目任务，根据各同学的完成情况进行评价。评价表格如表7-2-3所示。

表 7-2-3　任务评价记录表

评价项目	评价内容	分值	个人评价	小组互评	教师评价	得分
理论知识	读懂齿轮减速器的部件装配图	5				
	确定齿轮减速器的装配工具	10				
	进行齿轮减速器部件装配，并达到技术要求	10				
	确定齿轮减速器的装配工艺顺序	10				
实践操作	进行齿轮减速器设备空运转试验	10				
	对齿轮减速器常见故障进行判断	10				
	对齿轮减速器常见故障进行分析	10				
安全文明	遵守操作规程	5				
	职业素质规范化养成	5				
	7S 整理	5				
学习态度	考勤情况	5				
	遵守实习纪律	5				
	团队协作	10				
	合计	100				
成果分享	收获之处					
	不足之处					
	改进措施					

任务 3　间歇回转工作台的安装与调试

知识链接

THMDZT-1 型实训装置中的间歇回转工作台主要由四槽槽轮机构、蜗轮蜗杆、推力球轴承、角接触轴承、台面、支架等组成，如图 7-3-1 所示。由变速箱经链传动、齿轮传动、蜗轮蜗杆传动及四槽槽轮机构分度后，实现间歇回转功能。通过本任务的学习完成蜗轮蜗杆、四槽槽轮、轴承等的装配与调整实训。

间歇回转工作台的安装与调试

图 7-3-1　间歇回转工作台

一、间歇回转工作台装配设备及常用工具

在装配工作中，间歇回转工作台装配设备及常用工具如表 7-3-1 所示。

表 7-3-1　间歇回转工作台装配设备及常用工具

名　称	示意图	说　明
THMDZT-1 型实训装置	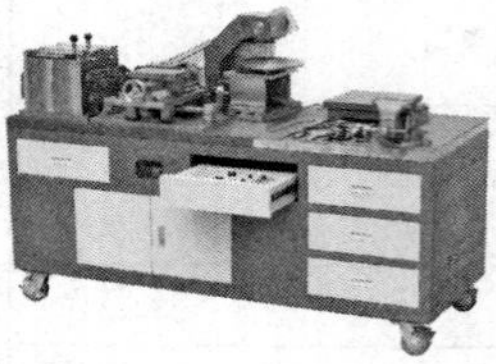	THMDZT-1 型实训装置是依据装配钳工国家职业标准及行业标准，结合各职业学校、技工院校“数控技术及其应用”、“机械制造技术”、“机电设备安装与维修”、“机械装配”、“机械设备装配与自动控制”等专业的培养目标而研制的
游标卡尺	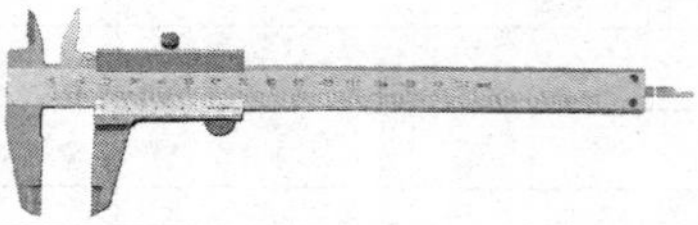	游标卡尺是带有测量卡爪并用游标读数的通用量尺，是一种测量长度、内外径、深度的量具。游标卡尺由主尺和附在主尺上能滑动的游标两部分构成
深度游标卡尺	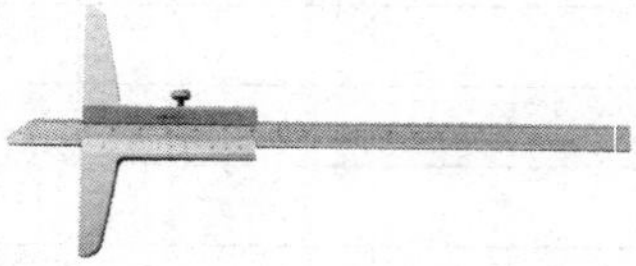	深度游标卡尺用于测量凹槽或孔的深度、梯形工件的梯层高度、长度等尺寸，平常被简称为“深度尺”
内六角扳手		内六角扳手又称艾伦扳手，它是一种拧紧或旋松头部带内六角螺钉的工具
橡胶锤		橡胶锤是一种用橡胶制成的锤子，敲击时可以防止被敲击对象变形
垫片		垫片是薄板（通常圆型），中间有一个漏洞（通常在中间），通常是用于分配的负荷线程紧固件。其他用途是作为间隔、弹簧、耐磨垫、预显示装置、锁装置
螺钉旋具	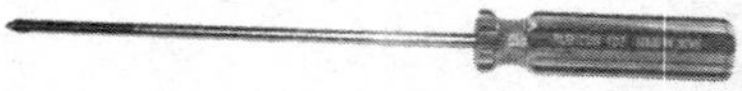	螺钉旋具是一种拧紧或旋松头部带一字或十字槽螺钉的工具
防锈油	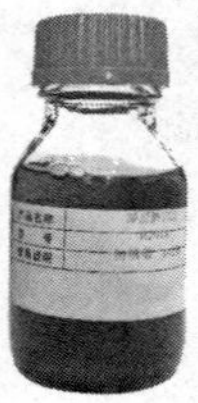	防锈油是含有缓蚀剂的石油类制剂，用于金属制品防锈或封存的油品

续上表

名　称	示 意 图	说　明
紫铜棒	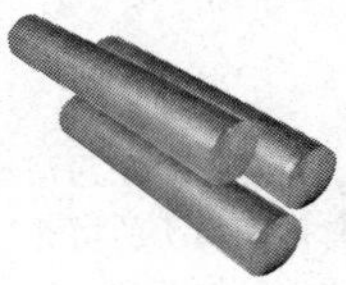	在装配过程中为防止对零件造成损伤，可垫紫铜棒，传递力不造成设备表面损坏
零件盒		零件盒也称元件盒，适合工厂、办公室各种小型零件、物料、文具用品等的存储使用。零件盒用于存放各种零件

二、间歇回转工作台技能考核要点

根据“间歇回转工作台”装配图（见附图三），进行间歇回转工作台的组合装配与调试，使“间歇回转工作台”运转灵活、无卡阻现象。

任务实施

装配间歇回转工作台的操作步骤

1. 工作准备

（1）检查技术文件和零件的完备情况。

（2）熟悉图样和零件清单、装配任务，确定装配工艺。

（3）选择合适的工、量具。

（4）用清洁布等清洗零件。

2. 操作步骤

间歇回转工作台的安装应遵循先局部后整体的安装方法，首先对分立部件进行安装，然后把各个部件进行组合，完成整个工作台的装配。装配间歇回转工作台的操作步骤如表 7-3-2 所示。

表 7-3-2　装配间歇回转工作台的操作步骤

步　骤	示 意 图	说　明
第一步 装配两路输出模块		把两个角接触轴承（按面对面的装配方法）安装在装有小锥齿轮、轴套和轴承座的轴上，轴承中间加轴承内、外圈套筒。装上轴用弹性挡圈、两轴承透盖、链轮和齿轮，最后固定在小锥齿轮底板上

续上表

步　骤	示 意 图	说　明
第二步 装配增速机构		把装有两个深沟球轴承（轴承中间加轴承内、外圈套筒）的增速轴安装在轴承座上，装上轴承透盖和轴两端齿轮
第三步 安装蜗轮蜗杆		把两个角接触轴承（按面对面的装配方法）安装在装有轴承透盖的蜗杆上，将其安装在两轴承座上，装上两轴承透盖、轴端挡圈及蜗轮蜗杆用螺母。把装有圆锥滚子轴承的内圈和蜗轮的蜗轮轴安装在已安装圆锥滚子轴承外圈的蜗轮轴用轴承座上，装紧轴承透盖。完成后将蜗杆两轴承座和蜗轮轴承座装在间歇回转工作台用底板上，需调整蜗杆和蜗轮的中心
第四步 调整蜗轮蜗杆中心重合	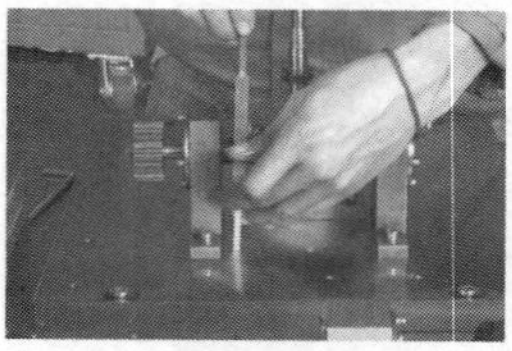 	测量并计算蜗杆轴中心的高度和蜗轮中心的高度。中心不重合需垫入适当厚度的铜垫片，保证蜗轮蜗杆中心重合
第五步 安装槽轮机构及工作台		将锁止弧装配在蜗轮轴上，把立架装在间歇回转工作台用底板上。将装好轴承的槽轮轴安装在底板上，同时把蜗轮轴上用轴承也安装在底板上，装紧轴承透盖。装好推力球轴承限位块，分别把槽轮和法兰盘安装在槽轮轴的两端，把整个底板固定在立架上，注意槽轮与锁止弧的位置，最后装上推力球轴承和料盘

任务拓展

任务拓展一：调整蜗轮蜗杆齿侧间隙

调整蜗轮蜗杆齿侧间隙，可以通过用百分表测量，如图 7-3-2 所示，也以通过接触斑点，判断啮合中心面及啮合位置情况。

图 7-3-2　调整蜗轮蜗杆齿侧间隙

任务评价

理论知识主要通过学生作业形式进行个人评价、小组互评和教师评价。实践操作则通过项目任务，根据各同学的完成情况进行评价。评价表格如表 7-3-3 所示。

表 7-3-3　任务评价记录表

评价项目	评价内容	分值	个人评价	小组互评	教师评价	得分
理论知识	读懂间歇回转工作台装配图	5				
	编制间歇回转工作台的装配工具	10				
	进行间歇回转工作台部件装配，并达到技术要求	10				
	确定间歇回转工作台的装配工艺顺序	10				
实践操作	能够装配和调试间歇回转工作台，并达到技术要求	10				
	能够排除间歇回转工作台空运转试验中出现的故障	10				
	对间歇回转工作台常见故障进行判断	10				
安全文明	遵守操作规程	5				
	职业素质规范化养成	5				
	7S 整理	5				
学习态度	考勤情况	5				
	遵守实习纪律	5				
	团队协作	10				
	合计	100				
成果分享	收获之处					
	不足之处					
	改进措施					

任务 4　自动冲床机构的安装与调试

知识链接

THMDZT-1 型实训装置中的自动冲床机构（见图 7-4-1）主要由曲轴、连杆、滑块、支架、轴承等组成，与间歇回转工作台配合，实现压料功能模拟，可完成自动冲床机构的装配工艺实训。

自动冲床机构的安装与调试

图 7-4-1　自动冲床

一、自动冲床装配设备及常用工具

自动冲装配设备及常用工具如表 7-4-1 所示。

表 7-4-1　自动冲床装配设备及常用工具

名　称	示 意 图	说　　明
THMDZT-7 型实训装置	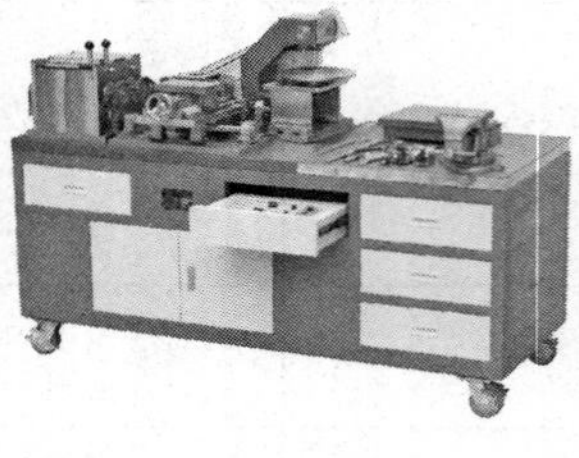	THMDZT-1 型实训装置是依据装配钳工国家职业标准及行业标准，结合各职业学校、技工院校“数控技术及其应用”、“机械制造技术”、“机电设备安装与维修”、“机械装配”、“机械设备装配与自动控制”等专业的培养目标而研制
游标卡尺	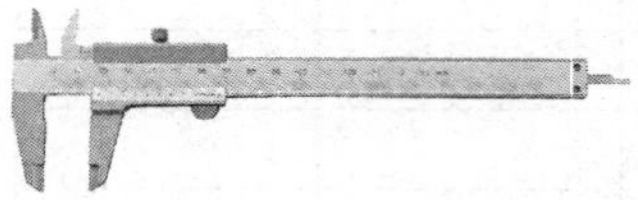	游标卡尺是带有测量卡爪并用游标读数的通用量尺，是一种测量长度、内外径、深度的量具。游标卡尺由主尺和附在主尺上能滑动的游标两部分构成
内六角扳手		内六角扳手又称艾伦扳手，它是一种拧紧或旋松头部带内六角螺钉的工具

续上表

名　称	示意图	说　　明
橡胶锤		橡胶锤是一种用橡胶制成的锤子，敲击时可以防止被敲击对象变形
螺钉旋具		螺钉旋具是一种拧紧或旋松头部带一字或十字槽螺钉的工具
防锈油	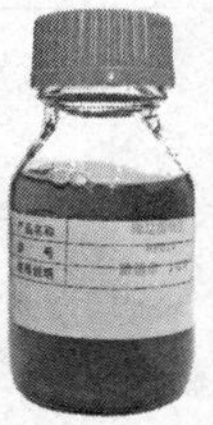	防锈油是含有缓蚀剂的石油类制剂，用于金属制品防锈或封存的油品
紫铜棒	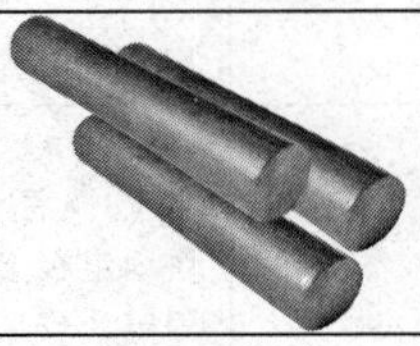	在装配过程中为防止对零件造成损伤，可垫紫铜棒，传递力不造成设备表面损坏
零件盒		零件盒也称元件盒，适合工厂、办公室各种小型零件、物料、文具用品等的存储使用。零件盒用于存放各种零件

二、自动冲床机构技能考核要点

根据“自动冲床”装配图（见附图六），使用相关工、量具，进行自动冲床的组合装配与调试，使自动冲床机构运转灵活、无卡阻现象。

任务实施

装配自动冲床机构的操作步骤

1. 工作准备

（1）检查技术文件和零件的完备情况。

（2）熟悉图样和零件清单、装配任务，确定装配工艺。

（3）选择合适的工具、量具。

（4）用清洁布等清洗零件。

2. 操作步骤

装配自动冲床机构的操作步骤如表7-4-2所示。

表7-4-2　装配自动冲床机构的操作步骤

步　骤	示意图	说　明
第一步 装配与调整轴承	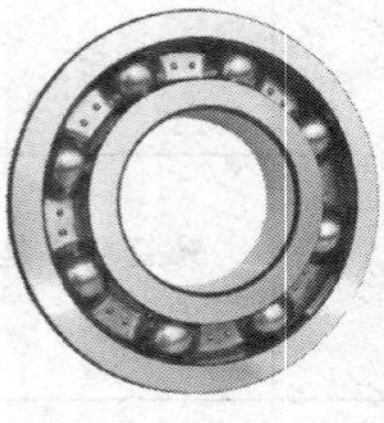	用轴承套筒将6002轴承装入轴承室中（在轴承室中涂抹少许黄油），转动轴承内圈，轴承应转动灵活、无卡阻现象；观察轴承外圈是否安装到位
第二步 装配与调整曲轴和冲压部件		装配曲轴，保证曲轴转动灵活、无卡阻现象。将“压头连接体”安装在曲轴上
第三步 装配与调整冲压机构导向部件		（1）将“滑套固定垫块”固定在“滑块固定板上”，再将“滑套固定板加强筋”固定，安装好“冲头导向套”，螺钉为预紧状态。 （2）将冲压机构导向部件安装在自动冲床上，转动同步轮，冲压机构运转灵活、无卡阻现象，最后将螺钉打紧，再转动同步轮，调整到最佳状态，在滑动部分加少许润滑油

任务拓展

任务拓展一：装配与调整曲轴

自动冲床机构如图7-4-2所示，装配与调整曲轴的步骤如下。

（1）安装轴二：将透盖用螺钉拧紧，将轴二装好，再装好轴承的“右传动轴挡套”。

（2）安装曲轴：轴瓦安装在曲轴下端盖的U型槽中，然后装好中轴，盖上轴瓦另一半，将曲轴上端盖装在轴瓦上，将螺钉预紧，用手转动中轴，中轴应转动灵活。

（3）将已安装好的曲轴固定在轴二上，用M5的外六角螺钉预紧。

（4）安装轴一：将轴一装入轴承中（由内向外安装），将已安装好的曲轴的另一端固定在轴一上，此时可将曲轴两端的螺钉拧紧，然后将“左传动轴压盖”固定在轴一上，然后再将左传动轴的闷盖装上，并将螺钉预紧。

（5）在轴二上装键，固定同步轮，然后转动同步轮，曲轴转动灵活、无卡阻现象。

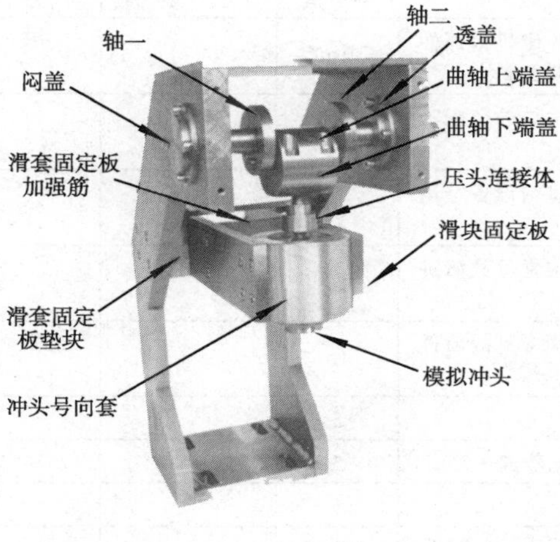

图 7-4-2　自动冲床机构

任务拓展二：手动运行与调整自动冲床部件

装配结束后，手动运行与调整自动冲床部件，如图 7-4-3 所示，将手轮上的手柄拆下，安装在同步轮上，摇动手柄，观察“模拟冲头”运行状态，多运转几分钟，仔细观察各个部件是否运行正常，正常后加入少许润滑油。

图 7-4-3　手动运行与调整自动冲床部件

任务评价

理论知识主要通过学生作业形式进行个人评价、小组互评和教师评价。实践操作则通过项目任务，根据各同学的完成情况进行评价。评价表格如表 7-4-3 所示。

表 7-4-3　任务评价记录表

评价项目	评价内容	分值	个人评价	小组互评	教师评价	得分
理论知识	读懂自动冲床机构的部件装配图	5				
	确定自动冲床机构装配工具	10				

续上表

评价项目	评价内容	分值	个人评价	小组互评	教师评价	得分
	能够进行自动冲床机构部件装配，并达到技术要求	10				
	确定自动冲床机构的装配工艺顺序	10				
实践操作	进行自动冲床机构设备空运转试验	10				
	对自动冲床机构常见故障进行判断	10				
	对自动冲床机构常见故障进行分析	10				
安全文明	遵守操作规程	5				
	职业素质规范化养成	5				
	7S 整理	5				
学习态度	考勤情况	5				
	遵守实习纪律	5				
	团队协作	10				
	合计	100				
成果分享	收获之处					
	不足之处					
	改进措施					

任务 5　THMDZT-1 型实训装置的安装与调试

知识链接

本任务主要是对实训装置进行调整并运行，通过学习可以掌握带传动、齿轮传动带的调整方法，了解系统各个部件的运行原理和组成功能，掌握系统运行与调整的方法，掌握系统运行与调整过程中常见故障的判断、分析及处理能力。

一、调整与运行 THMDZT-1 型实训装置设备及常用工具

调整与运行 THMDZT-1 型实训装置的设备及常用工具如表 7-5-1 所示。

表 7-5-1　调整与运行 THMDZT-1 型实训装置设备及常用工具

名称	示意图	说明
THMDZT-1 型实训装置	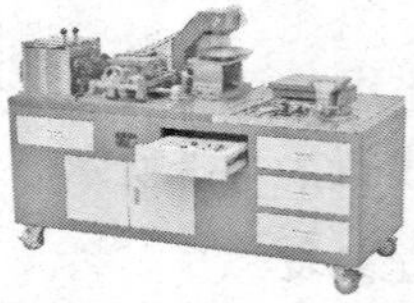	
游标卡尺	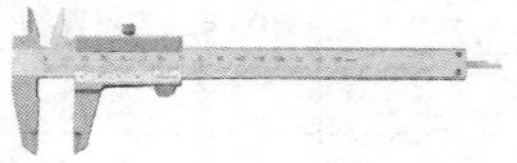	游标卡尺是带有测量卡爪并用游标读数的通用量尺，是一种测量长度、内外径、深度的量具。游标卡尺由主尺和附在主尺上能滑动的游标两部分构成

续上表

名 称	示 意 图	说 明
深度 游标卡尺	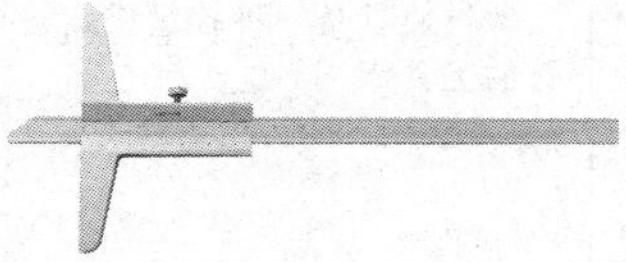	深度游标卡尺用于测量凹槽或孔的深度、梯形工件的梯层高度、长度等尺寸，平常被简称为“深度尺”
杠杆百分表（包括小磁性表座）		杠杆百分表，刻度值为0.01mm，借助杠杆、齿轮传动机构，将测杆的摆动转变为指针的回转运动的指标式测微表
磁性表座		磁性表座也称万向表座，在机器制造业用途最多，广泛适用于各类机床,也是必不可少的检测工具之一。它内部是一个圆柱体，其中间放置一条条形的永久磁铁或恒磁磁铁，外面底座位置是一块软磁材料
塞尺		塞尺是测量间隙的薄片量尺
直角尺		直角尺简称为角尺，适用于机床、机械设备及零部件的垂直度检验、安装加工定位、划线等，是机械行业中的重要测量工具，它的特点是精度高，稳定性好，便于维修
内六角 扳手		内六角扳手又称艾伦扳手，它是一种拧紧或旋松头部带内六角螺钉的工具
橡胶锤		橡胶锤是一种用橡胶制成的锤子，敲击时可以防止被敲击对象变形
垫片		垫片是薄板（通常圆型）中间有一个漏洞（通常在中间），通常是用于分配的负荷线程紧固件。其他用途是作为间隔、弹簧、耐磨垫、预显示装置、锁装置

续上表

名　称	示 意 图	说　　明
螺钉旋具		螺钉旋具是一种拧紧或旋松头部带一字或十字槽螺钉的工具
防锈油	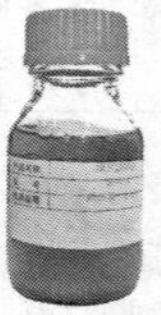	防锈油是含有缓蚀剂的石油类制剂，用于金属制品防锈或封存的油品
紫铜棒	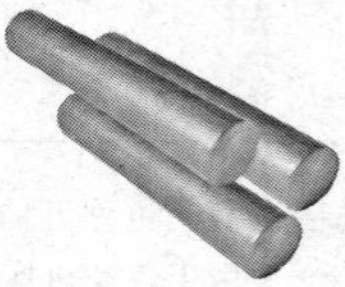	在装配过程中为防止对零件造成损伤，可垫紫铜棒，传递力不造成设备表面损坏
零件盒		零件盒也称元件盒，适合工厂、办公室各种小型零件、物料、文具用品等的存储使用。零件盒用于存放各种零件

二、调整与运行 THMDZT–1 型实训装置技能考核要点

根据“总装图”（见附图一），使用相关工、量具，进行机械系统的运行与调整，并达到以下要求：

（1）电动机与变速箱之间、减速机与自动冲床之间同步带传动的调整。

（2）变速箱与二维工作台之间直齿圆柱齿轮传动的调整。

（3）减速器与分度转盘机构之间锥齿轮的调整。

（4）链条的安装。

（5）连接好相关实训导线，完成电气部分线路连接，并通电调试，使设备运行正常。

任务实施

调整与运行 THMDZT–1 型实训装置

调整与运行 THMDZT–1 型实训装置的操作步骤如表 7–5–2 所示。

表 7–5–2　调整与运行 THMDZT–1 型实训装置的操作步骤

步　骤	示 意 图	说　　明
第一步 安装二维工作台		根据总装配图的要求，把已装配调整好的二维工作台安装在铸件底板上，并将变速箱、交流减速电动机、二维工作台、齿轮减速器、间歇回转工作台、自动冲床分别放在铸件平台上的相应位置，将相应底板螺钉装入（螺钉不要拧紧）

续上表

步　骤	示　意　图	说　　明
第二步 调整变速箱		安装与调试变速箱
		以二维工作台为基准，通过杠杆百分表测量轴的上母线和侧母线，测量和调整变速箱与二维工作台相连轴的平行度误差
	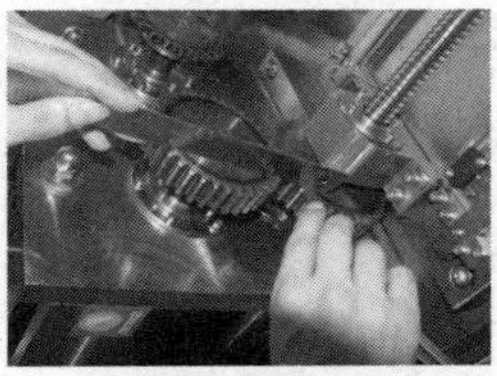	调整二维工作台与变速箱之间两直齿圆柱齿轮啮合面宽度差，选择调整垫片进行调整（调整垫片有 4 种厚度供挑选），调整变速箱输出齿轮和二维工作台输入齿轮的齿轮错位不大于齿轮厚度的 5%及两齿轮的啮合间隙，用轴端挡圈分别固定在相应轴上
	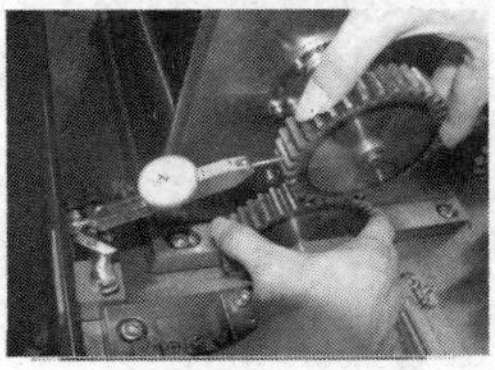	调整二维工作台与变速箱之间两直齿圆柱齿轮齿侧间隙，通过杠杆百分表，调整两齿轮的齿侧间隙
第三步 调整小锥齿轮轴部件		用杠杆百分表检测小锥齿轮轴与二维工作台下层丝杆的平行度，调整至小锥齿轮轴与二维工作台下层丝杆的平行。 小锥齿轮轴和变速箱之间为链条传动。用钢板尺靠在一个链轮的平面上，另一端用塞尺测量钢板尺和链轮之间的距离，选择不同厚度垫片，按正确方法将主、从动链轮安装到位。 小锥齿轮轴与二维工作台下层丝杆的平行度和两链轮的共面应同时进行调整
第四步 调整减速器		根据总装配图的要求，齿轮减速器输入轴与二维工作台中层丝杆的平行度，用杠杆百分表检测齿轮减速器输入轴的侧母线与二维工作台中层丝杆的平行度。通过调整保证两锥齿轮垂直啮合
	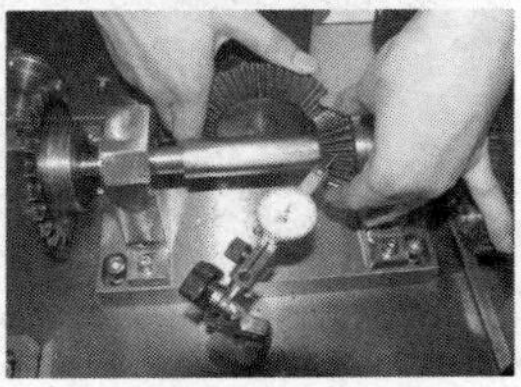	通过用杠杆百分表测量，调整两齿轮的齿侧间隙。 齿轮减速器输入轴与二维工作台中层丝杆的平行度和两齿轮的齿侧间隙应同时进行调整

续上表

步　骤	示　意　图	说　明
第五步 调整间歇回转工作台		调整齿轮啮合面宽度方向上的错位量
		调整齿轮齿侧间隙
第六步 调整自动冲床机构	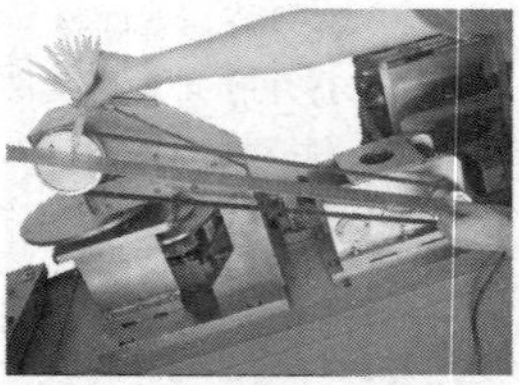	以减速器的同步带轮为基准，用钢板尺来检测两同步带轮的平面度。 以带轮的张紧力来固定冲床的位置。 实训台运行中，当滑块运行到最低处时，分度转盘应处在静止状态
第七步 调整同步带、链的张紧度	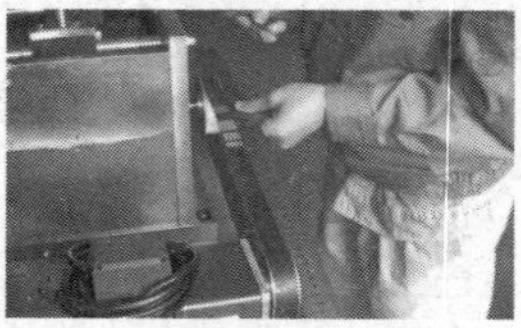	电动机与变速箱同步带共面的调整
		根据同步带张紧度调整电动机的位置
		根据链条的张紧度调整链条的节数
第八步 调整整机		在不装电动机同步带的情况下，把手柄安装在变速箱的输入轴端的齿轮上，使整个装置进行运转，感受力的大小，有无卡死现象，避免直接通电烧坏电动机

任务拓展

运行与调试电气控制部分

（1）电源控制箱面板如图 7-5-1 所示。先检查面板上“2A”熔断器是否安装好，熔断器座内的熔断丝是否和面板上标注的规格相同，不同则更换熔断丝，用万用表测量熔断丝是否完好，检查完毕后装好熔断丝，旋紧熔断丝帽。

用带三芯蓝插头的电源线接通控制屏的电源（单相三线 AC220V ± 10%，50 Hz），将带三芯开尔文插头的限位开关连接线接入“限位开关接口”上，旋紧连接螺母，保证连接可靠，并且将带五芯开尔文插头的电动机电源线接入“电动机接口”上，旋紧连接螺母，保证连接可靠。打开“电源总开关”，此时“电源指示”红灯亮，并且“调速器”的 power 指示灯也同时点亮，此时通电完毕。经指导教师确认后方可进行下一步操作。

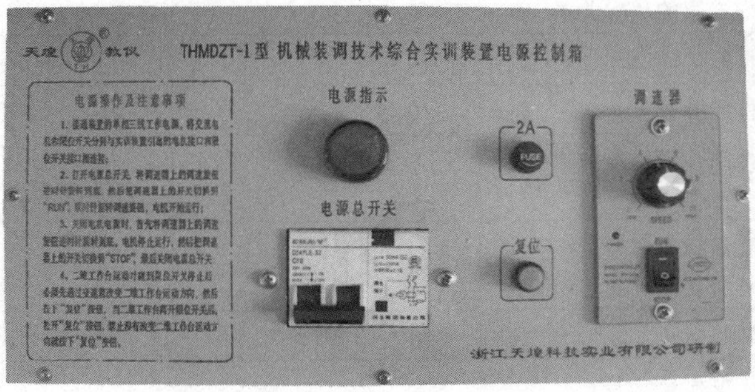

图 7-5-1　电源控制箱面板

（2）电源控制接口如图 7-5-2 所示，主要分为限位开关接口、电源接口、电动机接口。将“调速器”的小黑开关旋在 RUN 的状态，顺时针旋转调速旋钮，电动机转速逐渐增加，调到一定转速时，观察机械系统运行情况。

图 7-5-2　电源控制接口

◎小提示：

在连接上述三个接线插头时，请注意插头的小缺口方向要与插座凸出部分对应。

电源操作及注意事项:

① 接通装置的单相三线工作电源，将交流电动机和限位开关分别与实训装置引出的电动机接口和限位开关接口相连接；

② 打开电源总开关，将调速器上的调速旋钮逆时针旋转到底，然后把调速器上的开关切换到 RUN，顺时针旋转调速旋钮，电动机开始运行；

③ 关闭电动机电源时，首先将调速器上的调速旋钮逆时针旋转到底，电动机停止运行，然

后把调速器上的开关切换到 STOP，最后关闭电源总开关。

④ 二维工作台运动时碰到限位开关停止后，必须先通过变速箱改变二维工作台运动方向，然后按下面板上的“复位”按钮，当二维工作台离开限位开关后，松开“复位”按钮。

⑤ 在没有改变二维工作台运动方向的情况下，禁止按下面板上的“复位”按钮。

任务评价

理论知识主要通过学生作业形式进行个人评价、小组互评和教师评价。实践操作则通过项目任务，根据各同学的完成情况进行评价。评价表格如表 7-5-3 所示。

表 7-5-3 任务评价记录表

评价项目	评价内容	分值	个人评价	小组互评	教师评价	得分
理论知识	能对装配图进行分析	5				
	了解零件之间的装配关系	10				
	熟悉机构的运动原理及功能	10				
	熟悉零件的拆装工具	10				
实践操作	掌握带传动、齿轮传动带的调整方法	10				
	掌握系统运行与调整过程中常见故障的判断、分析及处理能力	10				
	学会零件的检测方法	10				
安全文明	遵守操作规程	5				
	职业素质规范化养成	5				
	7S 整理	5				
学习态度	考勤情况	5				
	遵守实习纪律	5				
	团队协作	10				
	合计	100				
成果分享	收获之处					
	不足之处					
	改进措施					

思考与练习

一、填空题

1. 根据规定的技术要求，将零件或部件进行配合和连接，使之成为________或________的过程，称为装配。

2. 变速箱在汽车中运用比较广泛，它分为________、________两种。

3. 齿轮减速器是________和________之间独立的闭式传动装置，用来降低转速和增大转矩，以满足工作需要，在某些场合也用来增速，称为增速器。

4. THMDZT-1 型实训装置中的自动冲床机构主要由________、________、滑块、支架、轴承等组成，与间歇回转工作台配合，实现压料功能模拟。

5. 在没有改变二维工作台运动方向的情况下，禁止按下面板上的“________”按钮。

二、简答题

1. 简述变速箱的操作步骤。
2. 简述齿轮减速器的装配步骤。
3. 简述冲床装配的操作步骤。
4. 简述调试与运行 THMDZT-1 型实训装置的操作步骤。

附　录

机械装调技术竞赛模拟题

模拟试题一　机械装调技术（装配钳工）任务书（试卷）

工位号:________　交卷时间:________　总分：________

题号	任务 1	任务 2	任务 3	任务 4	任务 5	合　计
得分						

一、说明

1. 本任务书总分为 100 分。

2. 所有考试成绩必须以 4 h（240 min）内工作完成内容进行计算。

3. 考生在考试过程中应该遵守相关的规章制度和安全守则，如有违反，则按照相关规定在考试的总成绩中扣除相应分值。

4. 任务书中需裁判确认的部分，参赛选手须先举手示意，待裁判签字确认，否则无效。

5. 记录表中数据用圆珠笔或钢笔填写，表中数据文字涂改后无效。

二、任务

任务 1：请根据分度转盘部件部装图（附图四）及提供的零件，正确使用相关工具完成分度转盘部件未装配部分的装配与调整工作，使其达到正常运转的功能。（15 分）

具体要求：

1. 装配方法及步骤正确、规范。

2. 在装配过程中应正确使用工具、量具。

3. 各零件不应错装、漏装或损坏。

4. 装调完成后，分度转盘部件运行平稳、灵活。

任务 2：假设齿轮减速器部装图（附图五）中 31（齿轮三）由于工作过程中损坏不能正常工作，需更换此齿轮，并通过组装、调试，使齿轮减速器恢复正常工作。（20 分）

具体要求：

1. 简要描述拆卸过程的整个工序步骤（在附件一中书写回答）。

2. 所拆卸的零件在零件盒内摆放整齐。

3. 零件拆卸完成后，参赛选手应举手示意，由裁判在表 1 中签字确认，方可进行装配。

4. 在拆装过程中应正确使用工具、量具。

5. 拆装过程中，不应错装、漏装零件及损坏原有好的零件。

6. 装调完成后，齿轮减速器运行平稳、灵活。

任务3：根据二维工作台部装图（附图三）及相关技术要求，正确使用相关工具和量具，完成二维工作台的装配及调整。（共35分）

具体要求：

1. 靠近基准面B侧44（直线导轨2）与基准面B的平行度允差≤0.04 mm。自检合格后，参赛选手应举手示意，并在表2中记录百分表的测量值，由裁判签字确认。

2. 50（中滑板）上直线导轨与30（底板）上直线导轨的垂直度允差≤0.04 mm。自检合格后，参赛选手应举手示意，并在表2中记录百分表的测量值，由裁判签字确认。

3. 两直线导轨2的平行度允差≤0.04 mm。自检合格后，参赛选手应举手示意，并在表2中记录百分表的测量值，由裁判签字确认。

4. 调整轴承座垫片及轴承座，使34（丝杠2）两端等高且位于两直线导轨2的对称中心。

5. 调整10（螺母支座）与上滑板之间的垫片，用32（手轮）转动丝杠，45（上滑板）移动应平稳灵活。

提示：

1. 要求1的参考测量方法：将杠杆式百分表吸在导轨的滑块上，百分表的测量头接触在基准面B上，沿导轨滑动滑块，观察杠杆式百分表示值。

2. 要求2的参考测量方法：用直角尺的一边靠紧安装好的直线导轨（用大磁性座固定），将杠杆式百分表吸在30（底板）上，用百分表测量头接触直角尺的另一条直角边，使34丝杠2运行，观察杠杆式百分表示值。

3. 要求3的参考测量方法：以靠近基准面B侧44（直线导轨2）为基准，将杠杆式百分表吸在基准导轨的滑块上，百分表的测量头接触在另一根导轨侧面，沿基准导轨滑动滑块，观察杠杆式百分表示值。

任务4：根据总装配图（附图一），通电调试运行机械系统达到预期效果（20分）

具体要求：

1. 根据赛场提供的链条，完成总装图中15（链条）的截取及装配工作。链条截取长度合适，连接处正确、可靠无松动。

2. 自动冲床机构与分度转盘部件动作配合合理。

3. 电源控制箱中调速器调速旋钮位于“4”挡，操作变速箱两手动换挡拨杆，使其处于不同挡位下，各部件及传动机构运行灵活、平稳、无卡死现象。

4. 运行过程中，二维工作台中11（滑块）不能滑出直线导轨。

5. 系统运行应符合通用安全操作规范。

任务5：职业素养和安全操作（10分）

具体要求：

1. 遵守赛场纪律，爱护赛场设备。

2. 工位环境整洁，工具摆放整齐。

3. 具体操作均符合安全操作规程。

附件一　任务2要求1

简述齿轮减速器部装图（附图四）中31（齿轮三）拆卸过程的整个工序步骤。

工序号	工序内容	拆卸工具

附件二　记录表

表1　任务2记录表

序号	项目	裁判确认
1	损坏齿轮完成拆卸	

表2　任务3记录表

序号	项目	次数	百分表测量值1 （最小示值）	百分表测量值2 （最大示值）	裁判确认
1	44（直线导轨2）与基准面B的平行度	第1次			
		第2次			
2	中滑板上直线导轨2与底板上导轨的垂直度	第1次			
		第2次			
3	两直线导轨2的平行度	第1次			
		第2次			

模拟试题一　机械装调技术（装配钳工）任务书评分表

一、任务书评价

工位号＿＿＿＿＿　得分＿＿＿＿＿

序　号	项　目	配　分	评分标准	扣　分
1	任务 1：分度转盘部件装配与调整	15 分	在装配过程中，零件损坏，每个扣 3 分 在装配过程中工具使用不正确，每次扣 2 分，最多扣 6 分 少装零件（螺钉、垫片等）、螺钉未旋紧，每处扣 2 分，最多扣 10 分 装调好后，部件转动不平稳、不灵活，扣 5 分 本项最多扣 15 分	
2	任务 2：齿轮减速器齿轮更换	20 分	拆卸工序步骤不合理，每处扣 1 分，最多扣 6 分 在拆卸过程中，零件损坏，每个扣 3 分 在拆装过程中工使用不正确，每次扣 2 分，最多扣 6 分 拆卸后零件摆放不整齐，扣 2 分 少装螺钉、垫片、螺钉未旋紧，每处扣 2 分 装调好后，部件转动不平稳、不灵活，扣 5 分 本项最多扣 20 分	
3	任务 3：二维工作台装配及调整	35 分	基准面位置 A 找错，扣 2 分 直线导轨与基准面 A 的距离超差 $\geqslant$0.1 mm，扣 2 分 在装配过程中工、量具使用不正确，每次扣 2 分，最多扣 6 分 导轨与基准面 A 的平行度每超差 0.01 mm，扣 2 分，最多扣 8 分 两直线导轨垂直度每超差 0.01 mm，扣 2 分，最多扣 8 分 2 根直线导轨 2 的平行度每超差 0.01 mm，扣 2 分，最多扣 8 分 端盖 1 和端盖 2 装反，扣 3 分 22 轴承安装方式错，扣 3 分 调节手轮转动丝杠，在全行程范围内上滑板移动不灵活，扣 4 分 少装零件（螺钉、垫片等）、螺钉未旋紧，每处扣 2 分，最多扣 10 分 本项最多扣 35 分	
4	任务 4：调试运行机械系统	20 分	不能正确使用工具截链条，扣 2 分 截取链条长度不合适，扣 2 分 链条弹簧夹开口方向和运动方向相同，扣 2 分 自动冲床机构与分度转盘部件动作配合不合理，扣 4 分 有部件未紧固，每处扣 2 分，最多扣 6 分 各部件及传动机构运行不灵活、不平稳、有卡死现象，扣 5 分 运行过程中，二维工作台中 4（滑块）滑出直线导轨，扣 3 分 系统运行部符合安全操作规范，扣 3 分 本项最多扣 20 分	
5	任务 5：职业素养和安全操作	10 分	违规操作一次，扣 5 分 违反竞赛规则一次，扣 5 分 完成任务未清理场地，扣 3 分 操作不当损坏工具一把，扣 5 分 工作台表面遗留零件一个，扣 2 分 操作结束工具未能整齐摆放，扣 5 分 工作台表面遗留工具一把（套），扣 3 分 不尊重考场工作人员行为一次，扣 5 分 本项最多扣 10 分	

二、违规扣分项

序　　号	扣　分　点	扣 分 标 准	扣　　分
1	事故或严重违纪	在完成竞赛过程中，因操作不当导致事故，视情节扣 10 ~ 20 分，情节严重者取消比赛资格	
2		因违规操作损坏赛场提供的设备，污染赛场环境等不符合职业规范的行为，视情节扣 5 ~ 10 分	
3		扰乱赛场秩序，干扰评分员工作，视情节扣 5 ~ 10 分，情节严重者取消比赛资格	
4		竞赛过程中，指导老师违规指导学生，视情节扣 5 ~ 10 分，情节严重者取消比赛资格	

评分员		日期		扣分合计	

模拟试题二　机械装调技术（装配钳工）任务书（试卷）

准考证编号：________　工位：________　交卷时间：________

一、说明

1. 本任务书总分为 100 分，考试时间为 4 h（240 min）。

2. 考生在考试过程中应该遵守竞赛规则和安全守则，如有违反，则按照相关规定在考试的总成绩中扣除相应分值。

3. 任务书中需裁判确认的部分，参赛选手须先举手示意，待裁判签字确认后有效。

4. 记录表中数据用黑色水笔填写，表中数据文字涂改后无效。

5. 应统筹全部工作任务的进行次序。

二、任务

任务 1：根据变速箱部装图（附图二）和提供的零部件及以下具体要求、检测项目，选择合理的装配工艺。正确使用相关工、量具完成变速箱部件的装配与调整工作，使变速箱达到正常运转的功能（包括变速功能）。（22 分）

具体要求及检测项目：

1. 装配前的准备工作要充分，安装面应清理。

2. 装配方法及步骤正确、规范。

3. 在装配的过程中要求按装配的一般原则进行装配。

4. 在装配及调试的过程中正确使用工、量具，读数准确，数据处理正确。

5. 在装配及调试的过程中零部件及工、量具的摆放应整齐，分类明确。

6. 用赛场提供的游标卡尺，测量输入轴上齿轮 34 的齿顶圆直径和齿根圆直径，并在附表 1 中填写测量数据，填写好数据后，参赛选手应举手示意，由裁判在附表 1 中签字确认方可有效。

7. 在装配过程中检测两啮合齿轮的啮合面宽度差，应调整为不大于两啮合齿轮厚度的 5%为宜。

8. 各零件不错装、漏装或损坏。

9. 按变速箱部装图（附图二），把变速箱装配完全，使变速箱运行平稳、换挡灵活。

任务 2：根据二维工作台部装图（附图三）和提供的零部件及以下具体要求、检测项目，选择合理的装配工艺。正确使用相关工、量具完成二维工作台的装配与调整工作，使二维工作

台的导轨、丝杠等达到一定的技术要求。（共 26 分）

具体要求及检测项目：

1. 装配前的准备工作要充分，安装面应清理。
2. 装配工艺合理，装配方法及步骤正确、规范。
3. 在装配的过程中要求按装配的一般原则进行装配。
4. 在装配及调试的过程中正确使用工、量具，读数准确，数据处理正确。
5. 在装配及调试的过程中零部件及工、量具的摆放应整齐，分类明确。
6. 粗调靠近基准面 B 侧（磨削面）直线导轨 2 与基准面 B 的平行度。
7. 细调直线导轨 2 与基准面 B 的平行度允差≤0.015 mm。自检合格后，把检测数据填写在附表 2 中，填写好数据后，参赛选手应举手示意，由裁判在附表 2 中签字确认方可有效。
8. 以“要求 7”中的直线导轨 2 为基准，粗调另一根直线导轨 2 与“要求 7”中的直线导轨 2 的平行度，再细调两根直线导轨的平行度，使两根直线导轨的平行度允差≤0.015 mm，自检合格后，把检测数据填写在附表 2 中，填写好数据后，参赛选手应举手示意，由裁判在附表 2 中签字确认方可有效。
9. 调整中滑板上直线导轨 2 与底板上直线导轨 1 的垂直度允差≤0.03 mm。自检合格后，把检测数据填写在附表 2 中，填写好数据后，参赛选手应举手示意，由裁判在附表 2 中签字确认方可有效。
10. 调整轴承座垫片及轴承座使丝杠 2 两端等高，要求丝杠 2 两端的等高允差≤0.03 mm，调整丝杠 2 轴线位于两直线导轨 2 的对称中心，并测量与其中一根直线导轨的平行度误差，要求≤0.02 mm。自检合格后，把检测数据填写在附表 2 中，填写好数据后，参赛选手应举手示意，由裁判在附表 2 中签字确认方可有效。
11. 调整螺母支座与上滑板之间的垫片，用手轮转动丝杠，上滑板移动平稳灵活。
12. 各零件不错装、漏装、损坏。
13. 按二维工作台部装图（附图三），把二维工作台装配完全，使二维工作台达到一定的技术要求。

任务 3：根据齿轮减速器部装图（附图五）和提供的零部件及以下具体要求、检测项目，选择合理的装配工艺。正确使用相关工、量具完成齿轮减速器部件的装配与调整工作，使齿轮减速器达到正常运转的功能。（18 分）

具体要求及检测项目：

1. 装配前的准备工作要充分，安装面应清理。
2. 装配工艺合理，装配方法及步骤正确、规范。
3. 在装配的过程中要求按装配的一般原则进行装配。
4. 在装配及调试的过程中正确使用工、量具，读数准确，数据处理正确。
5. 在装配及调试的过程中零部件及工、量具的摆放应整齐，分类明确。
6. 在附表 3 中简要描述齿轮减速器的整个装配过程的工序步骤。
7. 齿轮减速器装配完成后，用压熔断丝的方法检测减速器部装图中齿轮 11 和齿轮 12 的齿侧间隙，把检测数据填写在附表 4 中，填写好数据后，参赛选手应举手示意，由裁判在附表 4 中签字确认方可有效。
8. 各零件不错装、漏装或损坏。

9. 按齿轮减速器部装图（附图五），把齿轮减速器装配完全，使齿轮减速器运行平稳。

任务4：根据总装图（附图一）和提供的零部件及以下具体要求、检测项目，选择合理的装配工艺。正确使用相关工、量具完成“机械装调技术综合实训装置”的装配与调整工作，通电调试运行机械系统达到预期效果（24分）。

具体要求及检测项目：

1. 装配前的准备工作要充分，安装面应清理。
2. 装配工艺合理，装配方法及步骤正确、规范。
3. 在装配的过程中要求按装配的一般原则进行装配。
4. 在装配及调试的过程中正确使用工、量具，读数准确，数据处理正确。
5. 在装配及调试的过程中零部件及工、量具的摆放应整齐，分类明确。
6. 调整部件，使整个传动系统运行平稳轻巧，不允许有卡阻爬行现象。
7. 出题人员在设备的机械装调五个对象上设置了一个故障点（在赛前去掉一个零件），请参赛选手检测并排除此故障，使设备正常运行。
8. 利用现场提供的工、量具，调整两个啮合锥齿轮传动轴的垂直度，并调整两啮合锥齿轮大端的齿侧间隙，使两啮合锥齿轮大端的齿侧间隙调整在0.03～0.08 mm内，两啮合锥齿轮在运转过程中平稳，把检测数据填写在附表5中，填写好数据后，参赛选手应举手示意，由裁判在附表5中签字确认方可有效。
9. 各部件配合良好及同步带、传动链张紧度合适，装配方法正确，无松动、无跳动等现象。
10. 系统运行调试应符合通用安全操作规范。
11. 运行过程中，二维工作台中11（滑块）不能滑出直线导轨。
12. 调置变速箱，使输入轴与输出轴1（接二维工作台的轴）正转速比为2.4∶1，使输入轴与输出轴2（接链轮的轴）转速比为2∶1。

任务5：职业素养和安全操作（10分）

具体要求：

1. 遵守赛场纪律，爱护赛场设备。
2. 工位环境整洁，工具摆放整齐。
3. 具体操作均符合安全操作规程。

附表1　记　录　表

序　号	项　目	次　数	齿顶圆直径（mm）	齿根圆直径（mm）	裁判确认（签名）
1	输入轴上齿轮34	第1次			
		第2次			

附表2　记　录　表

序　号	项　目	次　数	测量值1（最小示值）（mm）	测量值2（最大示值）（mm）	裁判确认（签名）
1	直线导轨2与基准面B的平行度	第1次			
		第2次			
2	两根直线导轨2的平行度	第1次			
		第2次			

续上表

序　　号	项　　目	次　　数	测量值 1（最小示值）（mm）	测量值 2（最大示值）（mm）	裁判确认（签名）
3	中滑板上直线导轨 2 与底板上导轨的垂直度	第 1 次			
		第 2 次			
4	丝杠 2 的等高度	第 1 次			
		第 2 次			
5	丝杠 2 与直线导轨 2 之间平行度	第 1 次			
		第 2 次			

附表 3　简要描述齿轮减速器部装图（附图五）的整个装配过程的工序步骤

工 序 号	工 序 内 容	使 用 工 具

附表 4　记　录　表

序　　号	项　　目	次　　数	用压铅丝的方法检测的齿侧间隙（mm）	裁判确认（签名）
1	齿轮减速器中齿轮 11 和齿轮 12 之间	第 1 次		
		第 2 次		

附表 5　记　录　表

序　　号	项　　目	次　　数	测量值 1（最小示值）（mm）	测量值 2（最大示值）（mm）	裁判确认（签名）
1	两啮合锥齿轮大端的齿侧间隙	第 1 次			
		第 2 次			

模拟试题二　机械装调技术（装配钳工）任务书评分表

准考证编号：________　工位：________　交卷时间：________

一、任务书评分

序　号	项　目	单元配分	评分标准	扣　分	得　分
1	任务 1： 变速箱部件的装配及调整（22 分）	装配过程中零件、工、量具摆放配 2 分 齿轮 34 齿顶圆直径和齿根圆直径配 2 分（每项 1 分） 输入轴装配 4 分 输出轴装配每根 2.5 分（共 5 分） 滑动轴装配每根 1 分（共 2 分） 调整两啮合齿轮的啮合面宽度差不大于 5%，每对啮合齿轮 0.5 分（共 3.5 分） 变速箱完全装配调试好，能正常运转，变速灵活配 3.5 分	齿轮 34 齿顶圆、齿根圆直径测量不正确，每处扣 1 分，最多扣 2 分 装配流程不合理，方法不对，扣 2 分 零部件及轴承的装配方法不正确不合理，造成零部件及轴承的损坏，每处扣 2 分，最多扣 6 分 装配、调试过程中零件、工量具摆放不整齐不正确不合理，扣 2 分 在装配、调试过程中工、量具使用不正确，每发现一次扣 0.5 分，最多扣 2 分 在装配、调试过程中工、量具使用不正确，并造成工、量具的损坏，每个扣 2 分，最多扣 6 分 少装螺钉、垫片、螺钉未旋紧，每处扣 0.5 分，最多扣 4 分 在装配、调试过程中，零件损坏，每个扣 2 分，最多扣 6 分 零件错装、漏装，每处扣 2 分，最多扣 6 分 两啮合齿轮的啮合面宽度差大于 5%，每处扣 0.5 分，最多扣 3.5 分 变速箱完全装配好，不能正常运转有卡死现象，扣 3 分 变速箱完全装配好，变速换挡不灵活，扣 2 分 本项最多扣 22 分 注：该裁判确认，没有裁判确认签字的一律按 0 分计算		
2	任务 2： 二维工作台部件的装配及调整（26 分）	装配过程中零件、工具、量具摆放配 2 分 2 根导轨装配、调整配 6 分（每根 3 分） 丝杠装配、调整配 6 分 中滑板导轨与底板导轨垂直度装配、调整 4 分 上滑板装配检测与底板、中滑板的平行度 4 分	装配流程不合理，方法不对，扣 2 分 基准面位置 B 找错，扣 4 分 导轨 2 与基准面 B 的平行度每超差 0.01 mm，扣 1 分，最多扣 3 分 两直线导轨 2 平行度每超差 0.01 mm，扣 1 分，最多扣 3 分 丝杠 2 两端等高度每超差 0.01 mm，扣 2 分，最多扣 4 分 丝杠 2 与导轨 2 中心平行度每超差 0.01 mm，扣 2 分，最多扣 4 分 两层直线导轨之间垂直度每超差 0.01 mm，扣 2 分，最多扣 6 分 零部件及轴承的拆卸、装配方法不正确不合理，造成零部件及轴承的损坏，每处扣 2 分，扣 6 分 装配过程中零件、工量具摆放不整齐、不正确、不合理，扣 2 分 在装配过程中工、量具使用不正确，每发现一次扣 0.5 分，最多扣 2 分 在装配过程中工、量具使用不正确，并造成工、量具的损坏，每个扣 2 分，最多扣 6 分		

续上表

序　号	项　目	单元配分	评分标准	扣　分	得　分
2	任务2：二维工作台部件的装配及调整（26分）	完成二维工作台的装配4分	螺钉少装、漏装、未旋紧，每处扣0.5分，最多扣4分 装配过程中损坏零件，每个扣2分，最多扣6分 零件错装、漏装，每处扣2分，最多扣8分 调节手轮转动丝杠，在全行程范围内上滑板移动不灵活，扣5分 本项最多扣26分 注：该裁判确认，没有裁判确认签字的一律按零分计算		
3	任务3：齿轮减速器部件的装配及调整（18分）	装配过程中零件、工具、量具摆放配2分 完成中间轴的装配配2分 完成输入轴的装配配2.5分 完成输出轴的装配配2.5分 用压铅丝测量齿轮间隙配3分 齿轮减速器装配好配2分 描述齿轮减速器的整个装配过程的工序步骤正确配4分	装配流程不合理，方法不对，扣2分 零部件及轴承的装配方法不正确不合理，造成零部件及轴承的损坏，每处扣2分，装倒扣4分 装配过程中零部件、工量具摆放不整齐、不正确、不合理，扣2分 在装配过程中工、量具使用不正确，每发现一次扣0.5分，最多扣2分 在装配过程中工、量具使用不正确，并造成工、量具的损坏，每个扣2分，最多扣6分 用压熔断丝的方法测量，方法不正确，读数不正确，扣3分 少装螺钉、垫片、螺钉未旋紧，每处扣0.5分，最多扣3分 零件错装、漏装，每处扣2分，最多扣6分 齿轮减速器的整个装配过程的工序步骤描述不正确、顺序不合理，每步扣0.5分，最多扣4分 完全装配好，不能正常运转有卡死现象，扣2分 本项最多扣18分 注：该裁判确认，没有裁判确认签字的一律按0分计算		
4	任务4：调试运行机械系统（24分）	装配过程中零件、工具、量具摆放配2分 找到故障点，并排除故障点配4分 两个啮合锥齿轮传动轴的垂直度的调整和齿侧间隙的调整配5分 同步带、传动链张紧度合适，链条连接处的弹簧卡的方向与运动方向相反配5分 按要求安装调试配5分	装配流程不合理，方法不对，扣2分 装配过程中零部件、工量具摆放不整齐、不正确、不合理，扣2分 在装配过程中工、量具使用不正确，每发现一次扣0.5分，最多扣2分 在装配过程中工、量具使用不正确，并造成工、量具的损坏，每个扣2分，最多扣6分 同步带、链条的松紧不合适，链条连接处的弹簧卡方向不正确，扣5分 两连接的链轮、同步带轮未在同一平面内，每处扣1分 故障点没有找出，没排除，扣4分 两个啮合锥齿轮传动轴的垂直度调整，不做者，扣3分		

续上表

序号	项目	单元配分	评分标准	扣分	得分
4	任务4：调试运行机械系统（24分）	调变速箱的两输出轴使其达到任务书速比的要求配3分	两个啮合锥齿轮齿侧间隙调整过大或过小，扣3分 部件固定螺钉未拧紧，每处扣1分，最多扣3分 机构运行不灵活、不平稳，有卡死现象，每处扣2分，最多扣4分 系统运行调试过程不符合安全操作规范，扣3分 传动比设置不正确，每处扣2分 本项最多扣24分 注：该裁判确认，没有裁判确认签字的一律按0分计算		
5	任务5：职业素养和安全操作(10分)		违规操作一次，扣2分 违反竞赛规则一次，扣2分 操作不当损坏工具，每把扣2分，最多扣4分 工作台表面遗留工具、量具、零件，每个扣1分，最多扣4分 操作结束工具未能整齐摆放，扣3分 不尊重考场工作人员行为一次，扣5分 本项最多扣10分		
		总计			

二、违规扣分项

序号	扣分点	扣分标准	扣分
1	事故或严重违纪	在完成竞赛过程中，因操作不当导致事故，视情节扣10～20分，情节严重者取消比赛资格	
2		因违规操作损坏赛场提供的设备，污染赛场环境等不符合职业规范的行为，视情节扣5～10分	
3		扰乱赛场秩序，干扰评分员工作，视情节扣5～10分，情节严重者取消比赛资格	
4		竞赛过程中，指导老师违规指导学生，视情节扣5～10分，情节严重者取消比赛资格	
		总计	

模拟试题三　机械装调技术（装配钳工）任务书（试卷）

准考证编号：________　工位：________　交卷时间:________

一、说明

1. 本任务书总分为100分，考试时间为4 h（240 min）。

2. 考生在考试过程中应该遵守竞赛规则和安全守则，如有违反，则按照相关规定在考试的总成绩中扣除相应分值。

3. 任务书中需裁判确认的部分，参赛选手须先举手示意，待裁判签字确认后有效。

4. 记录表中数据用黑色水笔填写，表中数据文字涂改后无效。

5. 应统筹全部工作任务的进行次序。

二、任务

任务1：假设有一工厂装配车间招聘装配钳工工作人员，装配车间为应聘者出了这样一道题目：根据自己的经验和理解，要求用最快、最简单的方法，根据变速箱部装图（附图二），选择合理的拆卸和装配工艺。正确使用相关工、量具完成变速箱部件输入轴上齿轮35的拆卸，并用卡尺测量齿轮35的齿顶圆直径和齿根圆直径，然后正确使用相关工、量具完成变速箱部件的装配与调试工作，使其达到正常运转的功能（包括变速功能）（22分）。

具体要求：

1. 拆卸、装配方法及步骤正确、规范。

2. 在拆卸、装配及调试过程中正确使用工具、量具。

3. 在拆卸、装配及调试的过程中零部件及工、量具的摆放应整齐，分类明确。

4. 完成输入轴上齿轮35的拆卸后，参赛选手应举手示意，由裁判在附表1中签字确认方可有效。

5. 在附表2中填写输入轴上齿轮35的齿顶圆直径和齿根圆直径的测量数据，填写好数据后，参赛选手应举手示意，由裁判在附表2中签字确认方可有效。

6. 各零件不错装、漏装或损坏。

7. 装调完成后，变速箱运行平稳、换挡灵活。

任务2：根据分度转盘部件装配图（附图四）及提供的零件，按照合理的装配工艺，正确使用相关工、量具完成分度转盘部件的装配与调整工作，使其达到正常运转的功能（13分）。

具体要求：

1. 装配方法及步骤正确、规范。

2. 在装配过程中正确使用工具、量具。

3. 正确使用工具、量具，完成蜗轮蜗杆的调整，附表3填写完成后，参赛选手应举手示意，由裁判在附表3中签字确认方可有效。

4. 调整两啮合齿轮的齿侧间隙，齿侧间隙调整适当，使齿轮在运转过程中平稳，附表3填写完成后，参赛选手应举手示意，由裁判在附表3中签字确认方可有效。

5. 各零件不错装、漏装或损坏。

6. 装调完成后，分度转盘部件运行平稳、灵活。

任务3：设齿轮减速器部装图（附图五）中齿轮34由于工作过程中损坏不能正常工作，要求更换该齿轮，使齿轮减速器恢复正常工作（11分）。

具体要求：

1. 在附表4中简要描述拆卸过程的整个工序步骤。

2. 正确使用工具、量具。

3. 所拆卸的零件在零件盒内摆放整齐。

4. 零件拆卸完成后，参赛选手应举手示意，由裁判在附表5中签字确认方可进行装配。

5. 在更换好齿轮34后，用压铅丝的方法检测减速器部装图中齿轮11和齿轮12之间的齿侧间隙，在附表 6 中填写测量数据后，参赛选手应举手示意，由裁判在附表 6 中签字确认方可有效。

6. 拆装过程中，各零件不错装、漏装、损坏。

7. 装调完成后，齿轮减速器运行平稳、灵活。

任务 4：根据二维工作台部装图（附图三）及相关技术要求，正确使用相关工具和量具，完成二维工作台的装配及调整（共 36 分）。

具体要求：

1. 粗调靠近基准面 A 侧（磨削面）直线导轨 1 与基准面 *A* 的平行度。

2. 细调直线导轨 1 与基准面 *A* 的平行度允差≤0.02 mm。自检合格后，参赛选手应举手示意，并在附表 7 中记录杠杆式百分表的测量值，由裁判签字确认。

3. 以“要求 2”中的直线导轨 1 为基准，调整另一根直线导轨，使两根直线导轨的平行度允差≤0.02 mm。自检合格后参赛选手应举手示意，并在附表 7 中记录百分表的测量值，由裁判签字确认。

4. 调整轴承座垫片及轴承座使丝杠 1 两端等高，要求误差在 0.05 mm 以内，丝杠 1 轴线位于两直线导轨 1 的对称中心，并测量与其中一根直线导轨的平行度误差，要求在 0.04 mm 以内。自检合格后，参赛选手应举手示意，并在附表 7 中记录百分表的测量值，由裁判签字确认。

5. 调整螺母支座与中滑板之间的垫片，用手轮转动丝杠，中滑板移动平稳灵活。

6. 粗调靠近基准面 *B* 侧（磨削面）直线导轨 2 与基准面 *B* 的平行度。

7. 细调直线导轨 2 与基准面 B 的平行度允差≤0.02 mm。自检合格后，参赛选手应举手示意，并在附表 7 中记录杠杆式百分表的测量值，由裁判签字确认。

8. 以“要求 7”中的直线导轨 2 为基准，调整另一根直线导轨，使两根直线导轨的平行度允差≤0.02 mm。自检合格后参赛选手应举手示意，并在附表 7 中记录百分表的测量值，由裁判签字确认。

9. 中滑板上直线导轨 2 与底板上直线导轨 1 的垂直度允差≤0.03 mm。自检合格后，参赛选手应举手示意，并在附表 7 中记录百分表的测量值，由裁判签字确认。

10. 调整轴承座垫片及轴承座使丝杠 2 两端等高，要求误差在 0.05 mm 以内，丝杠 2 轴线位于两直线导轨 2 的对称中心，并测量与其中一根直线导轨的平行度误差，要求在 0.04 mm 以内。自检合格后，参赛选手应举手示意，并在附表 7 中记录百分表的测量值，由裁判签字确认。

11. 调整螺母支座与上滑板之间的垫片，用手轮转动丝杠，上滑板移动平稳灵活。

12. 装配方法及步骤正确、规范；工具、量具使用正确。

13. 各零件不错装、漏装、损坏。

任务 5：根据总装配图（附图一），通电调试运行机械系统达到预期效果（13 分）。

具体要求：

1. 自动冲床机构与分度转盘部件动作配合合理。

2. 各部件配合良好，无松动、无跳动等现象。

3. 电源控制箱中调速器调速旋钮位于“4”处，操作变速箱两手动换挡拨杆，使其处于不同挡位下，各部件及传动机构运行灵活、平稳、无卡死现象。

4. 运行过程中，二维工作台中 7（滑块）不能滑出直线导轨。

5. 系统运行调试应符合通用安全操作规范。

6. 调置变速箱，使输入轴与输出轴 1（接二维工作台的轴）正转速比为 2.4:1，使输入轴与输出轴 2（接链轮的轴）转速比为 2:1。

任务 6：职业素养和安全操作（5 分）

具体要求：

1. 遵守赛场纪律，爱护赛场设备。

2. 工位环境整洁，工具摆放整齐。

3. 具体操作均符合安全操作规程。

附表 1　记　录　表

序　号	任　务	项　目	裁判确认（签名）
1	任务 1	输入轴上齿轮 33 的拆卸	

附表 2　记录表

序　号	项　目	次　数	齿顶圆直径	齿根圆直径	裁判确认（签名）
1	输入轴上齿轮 35	第 1 次			
		第 2 次			

附表 3　记　录　表

序　号	项　目	次　数	杠杆式百分表测量值 1（最小示值）(mm)	杠杆式百分表测量值 2（最大示值）(mm)	裁判确认（签名）
1	蜗轮蜗杆的齿侧间隙	第 1 次			
		第 2 次			
2	蜗杆上的小齿轮与增速轴上的大齿轮的齿侧间隙	第 1 次			
		第 2 次			
3	锥齿轮轴的大齿轮与增速轴的小齿轮的齿侧间隙	第 1 次			
		第 2 次			

附表 4　记　录　表

序　号	项　目	次　数	简要说明你是用何方法及工、量具调整蜗轮蜗杆中心重合的	裁判确认（签名）
1	蜗轮蜗杆中心重合调整	第 1 次		
		第 2 次		

附表5　齿轮减速器部装图（附图五）拆卸过程的整个工序步骤

工　序　号	工 序 内 容	使 用 工 具

附表6　记　录　表

序　　号	任　　务	项　　目	裁判确认（签名）
1	任务3	齿轮减速器齿轮的拆卸	

附表7　记　录　表

序　　号	项　　目	次　　数	用压铅丝的方法检测齿侧间隙	裁判确认（签名）
1	齿轮减速器中齿轮11和齿轮12之间	第1次		
		第2次		

附表8　记　录　表

序　　号	项　　目	次　　数	杠杆式百分表测量值1（最小示值）（mm）	杠杆式百分表测量值2（最大示值）（mm）	裁判确认（签名）
1	直线导轨1与基准面A的平行度	第1次			
		第2次			
2	两根直线导轨1的平行度	第1次			
		第2次			
3	丝杠1的等高度	第1次			
		第2次			
4	丝杠1与直线导轨1之间的平行度	第1次			
		第2次			

续上表

序　号	项　目	次　数	杠杆式百分表测量值 1（最小示值）(mm)	杠杆式百分表测量值 2（最大示值）(mm)	裁判确认（签名）
5	直线导轨 2 与基准面 B 的平行度	第 1 次			
		第 2 次			
6	两根直线导轨 2 的平行度	第 1 次			
		第 2 次			
7	中滑板上直线导轨 2 与底板上导轨的垂直度	第 1 次			
		第 2 次			
8	丝杠 2 的等高度	第 1 次			
		第 2 次			
9	丝杠 2 与直线导轨 2 之间平行度	第 1 次			
		第 2 次			

模拟试题三　机械装调技术（装配钳工）任务书评分表

准考证编号：________　工位：________　交卷时间：________

一、任务书评分

序　号	项　目	单元配分	评分标准	扣　分	得　分
1	任务 1：变速箱拆卸、装配及调整（22 分）	拆卸输入轴上齿轮 35 配 6 分 齿轮35齿顶圆直径和齿根圆直径配 4 分（每项2分） 输入轴装配 2 分 输出轴装配每根 2 分（共 4 分） 滑动轴装配每根 1.5 分（共 3 分） 变速箱完全装配调试好，能正常运转，变速灵活配 5 分	齿轮 33 齿顶圆、齿根圆直径测量不正确，每处扣 2 分，最多扣 4 分 拆卸、装配流程不合理，方法不对，扣 2 分 零部件及轴承的拆卸、装配方法不正确不合理，造成零部件及轴承的损坏，每处扣 2 分，扣 6 分 拆卸、装配过程中零件、工量具摆放不整齐、不正确、不合理，扣 2 分 在装配过程中工具、量具使用不正确，扣 3 分 少装螺钉、垫片、螺钉未旋紧，每处扣 0.5 分，最多扣 4 分		
2	任务 2：分度转盘部件装配与调整（13 分）		在拆卸、装配过程中，零件损坏，每个扣 2 分，最多扣 6 分 零件错装、漏装，每处扣 2 分，最多扣 6 分 本项最多扣 22 分 注：该裁判确认，没有裁判确认签字的一律按 0 分计算		

续上表

序号	项目	单元配分	评分标准	扣分	得分
2	任务2：分度转盘部件装配与调整（13分）	蜗轮蜗杆齿侧间隙及中心重合的调整配6分（每项3分） 两啮合齿轮的齿侧间隙的调整配2分（每项1分） 槽轮装配3分 送料盘装配2分	装配流程不合理，方法不对，扣2分 零部件及轴承的拆卸、装配方法不正确、不合理，造成零部件及轴承的损坏，每处扣2分，扣4分 在装配过程中工具、量具使用不正确，扣3分 蜗轮蜗杆齿侧间隙及中心重合的调整，每处扣3分，最多扣6分 两啮合齿轮的齿侧间隙的调整，每处扣1分，最多扣2分 少装螺钉、垫片、螺钉未旋紧，每处扣0.5分，最多扣3分 零件错装、漏装，每处扣2分，最多扣4分 本项最多扣10分 注：该裁判确认，没有裁判确认签字的一律按0分计算		
3	任务3：齿轮减速器齿轮更换（11分）	完成拆卸3分 完成装配4分 用压铅丝测量齿轮间隙配1分 拆卸过程的描述3分	拆卸、装配流程不合理，方法不对，扣2分 拆卸过程描述不正确，扣2分 在装配过程中工具、量具使用不正确，扣3分 零部件及轴承的拆卸、装配方法不正确不合理，造成零部件及轴承的损坏，每处扣2分，扣4分 用压铅丝的方法测量，方法不正确，扣1分 少装螺钉、垫片、螺钉未旋紧，每处扣0.5分，最多扣3分 零件错装、漏装，每处扣2分，最多扣6分 本项最多扣11分 注：该裁判确认，没有裁判确认签字的一律按0分计算		
4	任务4：二维工作台装配及调整（36分）	4根导轨装配、调整配12分（每根3分） 2根丝杠装配、调整配10分（每根5分） 中滑板导轨与底板导轨垂直度装配、调整4分 上滑板装配检测与底板、中滑板的平行度4分	基准面位置A、B找错，扣4分 导轨1与基准面A的平行度每超差0.01 mm，扣1分，最多扣3分 两直线导轨1平行度每超差0.01 mm，扣1分，最多扣3分 丝杠1两端等高度每超差0.01 mm，扣2分，最多扣4分 丝杠1与导轨1中心平行度每超差0.01 mm，扣2分，最多扣4分 导轨2与基准面B的平行度每超差0.01 mm，扣1分，最多扣3分		

续上表

序号	项目	单元配分	评分标准	扣分	得分
4	任务 4：二维工作台装配及调整（36分）	完成二维工作台的装配6分	两直线导轨2平行度每超差0.01 mm，扣1分，最多扣3分 丝杠2两端等高度每超差0.01 mm，扣2分，最多扣4分 丝杠 2 与导轨 2 中心平行度每超差0.01 mm，扣2分，最多扣4分 两层直线导轨之间垂直度每超差0.01 mm，扣2分，最多扣6分 零部件及轴承的拆卸、装配方法不正确、不合理，造成零部件及轴承的损坏，每处扣2分，扣6分 在装配过程中工具、量具使用不正确，每次扣2分，最多扣6分 螺钉少装、漏装、未旋紧，每处扣 0.5分，最多扣4分 装配过程中损坏零件，每个扣2分，最多扣6分 零件错装、漏装，每处扣2分，最多扣8分 调节手轮转动丝杠，在全行程范围内上滑板移动不灵活，扣5分 本项最多扣36分 注：该裁判确认，没有裁判确认签字的一律按0分计算		
5	任务 5：调试运行机械系统（13分）	自动冲床机构与分度转盘之间的配合配2分 找出故障点配3分 按要求安装调试配6分 调变速箱的两输出轴使其达到任务书的要求配2分	链条的松紧不合适，扣2分 链条弹簧夹开口方向和运动方向相同，扣2分 两连接的链轮、同步带轮未在同一平面内，每处扣1分 自动冲床机构与分度转盘之间的配合不对，扣2分 同步带张紧不合适，扣2分 故障点没有找出，扣3分 有部件未紧固，每处扣1分，最多扣3分 机构运行不灵活、不平稳,有卡死现象，每处扣2分，最多扣4分 系统运行调试过程不符合安全操作规范，扣3分 传动比设置不正确，每处扣2分 本项最多扣13分		
6	任务6：职业素养和安全操作(5分)		违规操作一次，扣2分 违反竞赛规则一次，扣2分 操作不当损坏工具，每把扣2分，最多扣4分 工作台表面遗留工具、量具、零件，每个扣1分，最多扣4分 操作结束工具未能整齐摆放，扣3分 不尊重考场工作人员行为一次，扣5分 本项最多扣5分		
		总计			

二、违规扣分项

序号	扣分点	扣分标准	扣分
1	事故或严重违纪	在完成竞赛过程中，因操作不当导致事故，视情节扣 10～20 分，情节严重者取消比赛资格	
2		因违规操作损坏赛场提供的设备，污染赛场环境等不符合职业规范的行为，视情节扣 5～10 分	
3		扰乱赛场秩序，干扰评分员工作，视情节扣 5～10 分，情节严重者取消比赛资格	
4		竞赛过程中，指导老师违规指导学生，视情节扣 5～10 分，情节严重者取消比赛资格	
		总计	

模拟试题四　机械装调技术（装配钳工）任务书（试卷）

准考证编号：________　工位：________　交卷时间：________

一、说明

1. 本任务书总分为 100 分，考试时间为 4 h（240 min）。
2. 考生在考试过程中应该遵守竞赛规则和安全守则，如有违反，则按照相关规定在考试的总成绩中扣除相应分值。
3. 任务书中需裁判确认的部分，参赛选手须先举手示意，待裁判签字确认后有效。
4. 记录表中数据用黑色水笔填写，表中数据文字涂改后无效。
5. 应统筹全部工作任务进行的次序。

二、任务

任务 1：在赛场规定的区域，按以下具体要求，组织装配前的准备工作，使场地规范、有序。（7 分）

1. 场地组织要求规范。
2. 工具、量具摆放整齐，量具校正方法正确，分类明确。
3. 零部件放置有序。
4. 零部件主要配合面应清洗，清理干净。

任务 2：根据变速箱部装图（附图二）和提供的零部件及以下具体要求、检测项目，选择合理的装配工艺。正确使用相关工、量具完成变速箱部件的装配与调整工作，使变速箱达到正常运转的功能（包括变速功能）。（19 分）

具体要求及检测项目：

1. 装配前的准备工作要充分，安装面应清理。
2. 在装配的过程中要求按装配的一般原则进行装配。
3. 装配工艺合理，装配顺序和方法及装配步骤正确、规范。
4. 在装配及调试过程中正确使用工具、量具，读数准确，数据处理正确。
5. 在装配及调试的过程中零部件及工、量具的摆放应整齐，分类明确。

6. 在装配过程中，注意轴承的组合形式看清图纸，按变速箱部装图（附图二）上的组合形式进行装配，装配轴承时方法及工、量具使用正确。

7. 在装配的过程中检测两啮合齿轮的啮合面宽度差，应调整为不大于两啮合齿轮厚度的5%为宜。

8. 在装配过程中，检测装链轮花键导向轴（15）处的轴承座套（42）与轴承座套用透盖（39）之间的间隙，并选择相应的青壳纸垫在轴承座套（42）与轴承座套用透盖（39）之间。把检测数据及选择青壳纸的厚度填写在附表1中，填写好数据后，参赛选手应举手示意，由裁判在附表1中签字确认方可有效。

9. 各零件不错装、漏装或损坏。

10. 完成变速箱装配后，检测与二维工作台相连的输出轴（花键导向轴15）的轴向窜动和装齿轮轴肩处的径向跳动，测轴向窜动时用黄油把$\phi 8$的钢球粘在轴的端面，用赛场提供的检测工、量具进行检测，检测好后把数据填写在附表2中，填写好数据后，参赛选手应举手示意，由裁判在附表2中签字确认方可有效。

11. 按变速箱部装图（附图二），把变速箱装配完全，使变速箱运行平稳、换挡灵活。

任务3：根据二维工作台部装图（附图三）和提供的零部件及以下具体要求、检测项目，选择合理的装配工艺。正确使用相关工、量具完成二维工作台的装配与调整工作，使二维工作台的导轨、丝杠等达到一定的技术要求。（共27分）

具体要求及检测项目：

1. 装配前的准备工作要充分，安装面应清理。

2. 在装配的过程中要求按装配的一般原则进行装配。

3. 装配工艺合理，装配顺序和方法及装配步骤正确、规范。

4. 在装配及调试过程中正确使用工具、量具，读数准确，数据处理正确。

5. 在装配及调试的过程中零部件及工、量具的摆放应整齐，分类明确。

6. 在装配过程中，注意轴承的组合形式看清图纸，按二维工作台部装图（附图三）上的组合形式进行装配，装配轴承时方法及工、量具使用正确。

7. 粗调靠近底板基准面A（30）侧（磨削面）直线导轨1（29）与底板基准面A（30）的平行度。

8. 细调直线导轨1（29）与底板基准面A（30）的平行度允差≤0.02 mm，自检合格后，把检测数据填写在附表3中，填写好数据后，参赛选手应举手示意，由裁判在附表3中签字确认方可有效。

9. 以“要求8”中的直线导轨1（29）为基准，粗调另一根直线导轨1（29）与“要求8”中的直线导轨1（29）的平行度，再细调两根直线导轨的平行度，使两根直线导轨的平行度允差≤0.02mm，自检合格后，把检测数据填写在附表3中，填写好数据后，参赛选手应举手示意，由裁判在附表3中签字确认方可有效。

10. 调整轴承座调整垫片（38）及轴承座1（26）使丝杠1（13）两端等高，要求丝杠1（13）两端的等高允差≤0.05 mm，调整丝杠1（13）轴线位于两直线导轨1（29）的对称中心，并测量与其中一根直线导轨的平行度误差，要求≤0.04 mm。自检合格后把检测数据填写在附表3中，填写好数据后，参赛选手应举手示意，由裁判在附表3中签字确认方可有效。

11. 调整螺母支座与中滑板之间的垫片，用手轮转动丝杠，中滑板移动平稳灵活。

12. 粗调靠近中滑板基准面B（50）侧（磨削面）直线导轨2（44）与中滑板基准面B（50）

的平行度。

13. 细调直线导轨 2（44）与中滑板基准面 B（50）的平行度允差≤0.015 mm。自检合格后，把检测数据填写在附表 3 中，填写好数据后，参赛选手应举手示意，由裁判在附表 3 中签字确认方可有效。

14. 以“要求 13”中的直线导轨 2（44）为基准，粗调另一根直线导轨 2（44）与“要求 13”中的直线导轨 2（44）的平行度，再细调两根直线导轨的平行度，使两根直线导轨的平行度允差≤0.015 mm，自检合格后，把检测数据填写在附表 3 中，填写好数据后，参赛选手应举手示意，由裁判在附表 3 中签字确认方可有效。

15. 调整中滑板上直线导轨 2（44）与底板上直线导轨 1（29）的垂直度允差≤0.03 mm。自检合格后，把检测数据填写在附表 3 中，填写好数据后，参赛选手应举手示意，由裁判在附表 3 中签字确认方可有效。

16. 调整轴承座调整垫片（38）及轴承座 1（26）使丝杠 2（34）两端等高，要求丝杠 2（34）两端的等高允差≤0.03 mm，调整丝杠 2（34）轴线位于两直线导轨 2（44）的对称中心，并测量与其中一根直线导轨的平行度误差，要求在≤0.02 mm。自检合格后，把检测数据填写在附表 3 中，填写好数据后，参赛选手应举手示意，由裁判在附表 3 中签字确认方可有效。

17. 调整螺母支座与上滑板之间的垫片，用手轮转动丝杠，上滑板移动平稳灵活。

18. 各零件不错装、漏装、损坏。

19. 按二维工作台部装图（附图三），把二维工作台装配完全，使二维工作台达到一定的技术要求。

任务 4：根据分度转盘部件部装图（附图四）和提供的零部件及以下具体要求、检测项目，选择合理的装配工艺。正确使用相关工、量具完成分度转盘部件的装配与调整工作，使分度转盘部件达到正常运转的功能。（15 分）

具体要求及检测项目：

1. 装配前的准备工作要充分，安装面应清理。
2. 在装配的过程中要求按装配的一般原则进行装配。
3. 装配工艺合理，装配顺序和方法及装配步骤正确、规范。
4. 在装配及调试过程中正确使用工具、量具，读数准确，数据处理正确。
5. 在装配及调试的过程中零部件及工具、量具的摆放应整齐，分类明确。
6. 在装配过程中，注意轴承的组合形式看清图纸，按分度转盘部件部装图（附图四）上的组合形式进行装配，装配轴承时方法及工具、量具使用正确。
7. 正确使用工具、量具，用压铅丝的方法完成蜗杆轴上小齿轮（二）（67）与小齿轮（二）67 向啮合齿轮齿侧间隙及两啮合齿轮的啮合面宽度差的调整，使齿侧间隙调整在 0.03～0.08 mm 以内，两啮合齿轮的啮合面宽度差调整为不大于两啮合齿轮厚度的 5%为宜。齿轮在运转过程中平稳，附表 4 填写完成后，参赛选手应举手示意，由裁判在附表 4 中签字确认方可有效。
8. 正确使用工具、量具，完成锥齿轮轴上大齿轮（63）与增速轴小齿轮（65）齿侧间隙及两啮合齿轮的啮合面宽度差的调整，使齿侧间隙调整在 0.03～0.08 mm 以内，两啮合齿轮的啮合面宽度差调整为不大于两啮合齿轮厚度的 5%为宜。齿轮在运转过程中平稳，附表 4 填写完成后，参赛选手应举手示意，由裁判在附表 4 中签字确认方可有效。

9. 各零件不错装、漏装、损坏。

10. 按分度转盘部件部装图（附图四），把分度转盘部件装配完全，使分度转盘部件运行平稳，使料盘分度准确无晃动。

任务5：假设齿轮减速器部装图（附图五）中齿轮（二）12由于工作过程中损坏不能正常工作，根据齿轮减速器部装图（附图五）和提供的零部件及以下具体要求、检测项目，选择合理的拆卸装配工艺。正确使用相关工、量具，完成该齿轮更换，并进行调试工作，使齿轮减速器恢复正常工作。（11分）

具体要求及检测项目：

1. 装配前的准备工作要充分，安装面应清理。

2. 在装配的过程中要求按装配的一般原则进行装配。

3. 装配工艺合理，装配顺序和方法及装配步骤正确、规范。

4. 在装配及调试过程中正确使用工具、量具，读数准确，数据处理正确。

5. 在装配及调试的过程中零部件及工、量具的摆放应整齐，分类明确。

6. 在装配过程中，注意轴承的组合形式看清图纸，按齿轮减速器部装图（附图五）上的组合形式进行装配，装配轴承时方法及工、量具使用正确。

7. 在附表5中简要描述齿轮减速器整个拆卸及装配过程的工序步骤。

8. 完成齿轮（二）（12）的拆卸后，参赛选手应举手示意，由裁判在附表6中签字确认方可有效。

9. 完成齿轮减速器的装配后，用压铅丝的方法检测齿轮减速器部装图（附图五）中齿轮（一）（11）和齿轮（二）12的齿侧间隙，把检测数据填写在附表7中，填写好数据后，参赛选手应举手示意，由裁判在附表7中签字确认方可有效。

10. 拆装过程中，各零件不错装、漏装、损坏。

11. 按齿轮减速器部装图（附图五），把齿轮减速器装配完全，使齿轮减速器运行平稳、灵活，不允许有卡阻现象。

任务6：根据总装图（附图一）和提供的零部件及以下具体要求、检测项目，选择合理的装配工艺。正确使用相关工、量具完成“机械装调技术综合实训装置”的总装配与调整工作，通电调试运行机械系统达到预期效果（16分）

具体要求及检测项目：

1. 装配前的准备工作要充分，安装面应清理。

2. 装配工艺合理，装配方法及步骤正确、规范。

3. 在装配的过程中要求按装配的一般原则进行装配。

4. 在装配及调试的过程中正确使用工具、量具，读数准确，数据处理正确。

5. 在装配及调试的过程中零部件及工、量具的摆放应整齐，分类明确。

6. 调整部件，使整个传动系统运行平稳轻巧，不允许有卡阻爬行现象。

7. 出题人员在设备的机械装调五个对象上设置了一个故障点（在赛前去掉一个零件），请参赛选手检测并排除此故障，使设备正常运行。

8. 装配调整总装图（附图一）上的同步带轮（一）8和同步带轮（三）18端面共面，同步带轮（二）2和同步带轮（四）25端面共面，08B20链轮16和08B24链轮14端面共面，各部件配合良好及同步带、传动链张紧度合适，装配方法正确，无松动、无跳动等现象。

9. 检测变速箱与二维工作台相连的输出轴（花键导向轴 15）对二维工作台滑板移动的平行度误差的检测，在附表 8 中填写测量数据后，参赛选手应举手示意，由裁判在附表 8 中签字确认方可有效。

10. 检测变速箱与二维工作台之间两啮合齿轮的啮合宽度差，在附表 9 中填写测量数据后，参赛选手应举手示意，由裁判在附表 9 中签字确认方可有效。

11. 检测变速箱与二维工作台之间两啮合齿轮的齿侧间隙，在附表 10 中填写测量数据后，参赛选手应举手示意，由裁判在附表 10 中签字确认方可有效。

12. 自动冲床机构与分度转盘部件动作配合合理。

13. 整机装配、调试好后，工、量具摆放整齐。

14. 电源控制箱中调速器调速旋钮位于“4”处，操作变速箱两手动换挡拨杆，使其处于不同挡位下，各部件及传动机构运行灵活、平稳、无卡死现象。

15. 运行过程中，二维工作台中滑块（10）不能滑出直线导轨。

16. 系统运行调试应符合通用安全操作规范。

17. 调置变速箱，使输入轴与输出轴 1（接二维工作台的轴）正转速比为 2.4∶1，使输入轴与输出轴 2（接链轮的轴）转速比为 2∶1。

任务 7：职业素养和安全操作（5 分）

具体要求：

1. 遵守赛场纪律，爱护赛场设备。
2. 工位环境整洁，工具摆放整齐。
3. 具体操作均符合安全操作规程。

附表 1　记　录　表

序　号	项　目	次　数	测量值 1（最小示值）（mm）	测量值 2（最大示值）（mm）	裁判确认（签名）
1	轴承座套（42）与轴承座套用透盖（39）之间的间隙	第 1 次			
		第 2 次			
2	轴承座套（42）与轴承座套用透盖（39）之间青壳纸的厚度	第 1 次			
		第 2 次			

附表 2　记　录　表

序　号	项　目	次　数	测量值 1（最小示值）（mm）	测量值 2（最大示值）（mm）	裁判确认（签名）
1	与二维工作台相连花键导向轴（15）的轴向窜动	第 1 次			
		第 2 次			
2	与二维工作台相连花键导向轴（15）的径向跳动	第 1 次			
		第 2 次			

附表3　记　录　表

序　号	项　目	次　数	测量值1（最小示值）（mm）	测量值2（最大示值）（mm）	裁判确认（签名）
1	直线导轨1（29）与底板基准面A（30）的平行度	第1次			
		第2次			
2	两根直线导轨1（29）的平行度	第1次			
		第2次			
3	丝杠1（13）的等高度	第1次			
		第2次			
4	丝杠1（13）与直线导轨1（29）之间的平行度	第1次			
		第2次			
5	直线导轨2（44）与中滑板基准面B（50）的平行度	第1次			
		第2次			
6	两根直线导轨2（44）的平行度	第1次			
		第2次			
7	中滑板上直线导轨2（44）与底板上直线导轨1（29）的垂直度	第1次			
		第2次			
8	丝杠2（34）的等高度	第1次			
		第2次			
9	丝杠2（34）与直线导轨2（44）之间的平行度	第1次			
		第2次			

附表4　记　录　表

序　号	项　目	次　数	测量值1（最小示值）（mm）	测量值2（最大示值）（mm）	裁判确认（签名）
1	蜗杆轴上的小齿轮（二）67与小齿轮（二）67向啮合齿轮齿侧间隙	第1次			
		第2次			
2	锥齿轮轴上大齿轮（63）与增速轴小齿轮（65）的齿侧间隙	第1次			
		第2次			

附表5　记　录　表

序　号	项　目	次　数	齿轮啮合面宽度差（mm）	裁判确认（签名）
1	蜗杆轴上的小齿轮（二）67与小齿轮（二）67向啮合齿轮啮合面宽度差	第1次		
		第2次		
2	锥齿轮轴上大齿轮（63）与增速轴小齿轮（65）啮合面宽度差	第1次		
		第2次		

附表6　简要描述齿轮减速器部件的拆卸装配过程的工序步骤

工　序　号	工 序 内 容	使 用 工 具

附表7　记　录　表

序　　号	任　　务	项　　目	裁判确认（签名）
1	任务5	齿轮减速器齿轮（二）（12）的拆卸	

附表8　记　录　表

序　　号	项　　目	次　　数	用压铅丝的方法检测的齿侧间隙（mm）	裁判确认（签名）
1	齿轮减速器中齿轮（一）（11）和齿轮（二）（12）之间	第1次		
		第2次		

附表9　记　录　表

序　　号	项　　目	次　　数	测量值1（最小示值）（mm）	测量值2（最大示值）（mm）	裁判确认（签名）
1	上母线	第1次			
		第2次			
2	侧母线	第1次			
		第2次			

附表10　记　录　表

序　　号	项　　目	次　　数	齿轮啮合面宽度差（mm）	裁判确认（签名）
1	变速箱与二维工作台之间两啮合齿轮	第1次		
		第2次		

附表 11　记　录　表

序　号	项　目	次　数	测量值 1 （最小示值）（mm）	测量值 2 （最大示值）（mm）	裁判确认（签名）
1	齿轮的齿侧间隙	第 1 次			
		第 2 次			

模拟试题四　机械装调技术（装配钳工）任务书评分表

准考证编号：________　工位：　　　　　卷时间：________

一、任务书评分

序　号	项　目	单 元 配 分	评 分 标 准	扣　分	得　分
1	任务 1：装配前的准备工作（7 分）	赛场组织配 1.5 分 零部件及工、量具的摆放配 1.5 分 量具校正配 1 分 零部件的清洗配 2 分 零部件的清理风干方法配 1 分	赛场组织凌乱，无顺序，视情节扣 0.5～1.5 分 工、量具没有分开放（工具和工具、量具和量具放一起），扣 0.5～1 分 工、量具摆放不整齐，扣 0.5～1 分 量具没有校正，扣 1 分 量具校正方法不正确，扣 0.5 分 零部件清洗不正确，应清洗配合面，扣 0.5 分 不该清洗的零部件清洗了扣 1 分 风干不合理，扣 1 分 本项最多扣 7 分		
2	任务 2：变速箱部件的装配及调整（19 分）	装配过程中工具、量具摆放及使用方法配 1 分 轴承的装配方法、配对形式，轴承与图纸对应配 1 分 输入轴装配配 3 分 输出轴装配配 4 分（每根 2 分） 花键导向轴（15）轴承座套（42）与轴承座套用透盖（39）之间的间隙和青稞纸的厚度配 2 分（每处 1 分） 滑动轴装配配 2 分（每根 1 分） 变速箱完全装配调试好，能正常运转，变速灵活配 3 分 检测轴的轴向窜动和径向跳动配 3 分（每项 1.5 分）	装配流程不合理，方法不对，扣 2 分 零部件及轴承的装配方法不正确、不合理，造成零部件及轴承的损坏，每处扣 2 分，最多扣 6 分 轴承的装配方向及使用与图纸不符，扣 1 分 装配过程中零件、工量具摆放不整齐、不正确、不合理，扣 2 分 在装配过程中工、量具使用不正确，每发现一次扣 0.5 分，最多扣 1 分 在装配过程中工、量具使用不正确，并造成工、量具的损坏，每个扣 2 分，最多扣 6 分 少装螺钉、垫片、螺钉未旋紧，每处扣 0.5 分，最多扣 4 分 在装配过程中，零件损坏，每个扣 2 分，最多扣 6 分 轴承座套和轴承座套用透盖之间的间隙测量不正确，扣 1 分 选用青壳纸的厚度不正确，扣 1 分 零件错装、漏装，每处扣 2 分，最多扣 6 分 检测轴的轴向窜动和径向跳动不正确，每处扣 2 分，最多扣 4 分 变速箱完全装配好，不能正常运转有卡死现象，扣 2 分 变速箱完全装配好，变速换挡不灵活，扣 1 分		

续上表

序号	项目	单元配分	评分标准	扣分	得分
2	任务2：变速箱部件的装配及调整（19分）		本项最多扣19分 注：该裁判确认，没有裁判确认签字的一律按0分计算 装配流程不合理，方法不对，扣2分 基准面位置A、B找错，扣1分		
3	任务3：二维工作台部件的装配与调整（27分）	装配过程中工具、量具摆放及使用配1分 轴承的装配方法、配对形式，轴承与图纸对应配1分 基准面A、B配1分 4根导轨装配、调整配8分（每根2分） 2根丝杠装配、调整配10分（每根5分，等高3分、与导轨的平行度配2分） 中滑板导轨与底板导轨垂直度装配、调整配3分 使二维工作台的装配、调试完整，运动灵活配3分	导轨1与基准面A的平行度每超差0.01 mm，扣0.5分，最多扣2分 两直线导轨2平行度每超差0.01 mm，扣0.5分，最多扣2分 丝杠1两端等高度每超差0.01 mm，扣2分，最多扣4分 丝杠1与导轨1中心平行度每超差0.01 mm，扣2分，最多扣4分 导轨2与基准面B的平行度每超差0.015 mm，扣0.5分，最多扣2分 两直线导轨2平行度每超差0.015 mm，扣0.5分，最多扣2分 丝杠2两端等高度每超差0.01 mm，扣2分，最多扣4分 丝杠2与导轨2中心平行度每超差0.01 mm，扣2分，最多扣4分 两层直线导轨之间垂直度每超差0.01 mm，扣1.5分，最多扣3分 零部件及轴承的、拆卸、装配方法不正确、不合理，造成零部件及轴承的损坏，每处扣2分，扣6分 轴承的装配方向及使用与图纸不符，扣1分 装配过程中零件、工量具摆放不整齐、不正确不合理，扣2分 在装配过程中工、量具使用不正确，每发现一次扣0.5分，最多扣2分 在装配过程中工、量具使用不正确，并造成工、量具的损坏，每个扣2分，最多扣6分 螺钉少装、漏装、未旋紧，每处扣0.5分，最多扣4分 装配过程中损坏零件，每个扣2分，最多扣6分 零件错装、漏装，每处扣2分，最多扣8分 调节手轮转动丝杠，在全行程范围内上滑板移动不灵活，扣5分 本项最多扣27分 注：该裁判确认，没有裁判确认签字的一律按0分计算		
4	任务4：分度转盘部件的装配与调整（15分）	装配过程中工具、量具摆放及使用配1分	装配流程不合理，方法不对，扣2分 零部件及轴承的拆卸、装配方法不正确、不合理，造成零部件及轴承的损坏，每处扣2分，最多扣4分		

续上表

序　　号	项　　目	单 元 配 分	评 分 标 准	扣　　分	得　　分
			轴承的装配方向及使用与图纸不符，扣1分 装配过程中零件、工量具摆放不整齐、不正确不合理，扣2分 在装配过程中工、量具使用不正确，每发现一次扣0.5分，最多扣2分		
4	任务4：分度转盘部件的装配与调整（15分）	轴承的装配方法、配对形式，轴承与图纸对应配1分 蜗杆上小齿轮与增速轴上大齿轮齿侧间隙的调整和两齿轮啮合面宽度差的调整配3分（每项配1.5分） 锥齿轮轴大齿轮与增速轴小齿轮齿侧间隙的调整和两齿轮啮合面宽度差的调整配3分（每项配1.5分） 蜗轮蜗杆的装配配2分 槽轮装配3分 送料盘装配2分	在装配过程中工、量具使用不正确，并造成工、量具的损坏，每个扣2分，最多扣6分 蜗杆上小齿轮与增速轴上大齿轮齿侧间隙的调整不正确，扣1.5分 蜗杆上小齿轮与增速轴上大齿轮啮合面宽度差的调整不正确，扣15分 锥齿轮轴大齿轮与增速轴小齿轮齿侧间隙的调整不正确，扣1.5分 锥齿轮轴大齿轮与增速轴小齿轮啮合面宽度差不正确，扣1.5分 蜗轮蜗杆装配方法不正确、顺序不正确，扣2分 少装螺钉、垫片、螺钉未旋紧，每处扣0.5分，最多扣3分 零件错装、漏装，每处扣2分，最多扣4分 完全装配好，不能正常运转有卡死现象，扣3分 本项最多扣15分 注：该裁判确认，没有裁判确认签字的一律按0分计算		
5	任务5：齿轮减速器部件的装配及调整（11分）	装配过程中工具、量具摆放及使用配1分 轴承的装配方法、配对形式，轴承与图纸对应配1分 减速器部件的拆卸与装配过程的工序步骤的书写配3分 完成齿轮（二）12的拆卸配2分 用压铅丝测量齿轮间隙配2分 齿轮减速器装配、调试好配2分	装配流程不合理，方法不对，扣2分 零部件及轴承的拆卸、装配方法不正确、不合理，造成零部件及 轴承的损坏，每处扣2分，最多扣4分 轴承的装配方向及使用与图纸不符，扣1分 装配过程中零件、工量具摆放不整齐、不正确、不合理，扣1分 在装配过程中工、量具使用不正确，每发现一次扣0.5分，最多扣2分 在装配过程中工、量具使用不正确，并造成工、量具的损坏，每个扣2分，最多扣6分 减速器部件的拆卸与装配过程的工序步骤的书写不正确，不完整，扣1~3分 用压铅丝的方法测量，方法不正确，读数不正确，扣2分 少装螺钉、垫片、螺钉未旋紧，每处扣0.5分，最多扣3分 零件错装、漏装，每处扣2分，最多扣6分 完全装配好，不能正常运转有卡死现象，扣2分 本项最多扣11分 注：该裁判确认，没有裁判确认签字的一律按0分计算		
6	任务6：调试运行机械系统（16分）	装配过程中工具、量具摆放及使用配1分 装配、调试好后工、量具摆放整齐配1.5分	装配过程中零件、工量具摆放不整齐、不正确、不合理，扣1分 装配调整完成后工、量具摆放不整齐，扣1.5分 同步带和链条的松紧不合适，扣1.5分		

续上表

<table>
<tr><th>序号</th><th>项目</th><th>单元配分</th><th>评分标准</th><th>扣分</th><th>得分</th></tr>
<tr><td rowspan="8">6</td><td rowspan="8">任务6：调试运行机械系统（16分）</td><td>故障点配2分</td><td></td><td></td><td></td></tr>
<tr><td>两对同步带轮和链轮的端面共面的调整配1.5分(每对0.5分)</td><td rowspan="7">在装配过程中工、量具使用不正确，每发现一次扣0.5分，最多扣2分
在装配过程中工、量具使用不正确，并造成工、量具的损坏，每个扣2分，最多扣6分
链条弹簧夹开口方向和运动方向相同，扣0.5分
自动冲床机构与分度转盘之间的配合不对，扣2分
故障点没有找出，扣2分
有部件未紧固，每处扣1分，最多扣3分
机构运行不灵活、不平稳，有卡死现象，每处扣2分，最多扣4分
系统运行调试过程不符合安全操作规范，扣3分
传动比设置不正确，每处扣2分
本项最多扣16分
注：该裁判确认，没有裁判确认签字的一律按0分计算</td><td rowspan="7"></td><td rowspan="7"></td></tr>
<tr><td>同步带、链条的张紧及装配方法配12分(每根同步带0.5分，链条1分)</td></tr>
<tr><td>检测轴对二维工作台滑板移动的平行度误差配3分(上母线1.5分，下母线1.5分)</td></tr>
<tr><td>检测变速箱与二维工作台之间两啮合齿轮的啮合宽度差配1分</td></tr>
<tr><td>检测变速箱与二维工作台之间两啮合齿轮的齿侧间隙配1分</td></tr>
<tr><td>按要求安装调试配1.5分</td></tr>
<tr><td>调变速箱的两输出轴使其达到任务书的要求配1.5分(每处0.75)</td></tr>
<tr><td>7</td><td>任务7：职业素养和安全操作(5分)</td><td></td><td>违规操作一次，扣2分
违反竞赛规则一次，扣2分
操作不当损坏工具，每把扣2分，最多扣4分
工作台表面遗留工具、量具、零件，每个扣1分，最多扣4分
操作结束工具未能整齐摆放，扣3分
不尊重考场工作人员行为一次，扣5分
本项最多扣5分</td><td></td><td></td></tr>
<tr><td></td><td></td><td>总计</td><td></td><td></td><td></td></tr>
</table>

二、违规扣分项

<table>
<tr><th>序号</th><th>扣分点</th><th>扣分标准</th><th>扣分</th></tr>
<tr><td>1</td><td rowspan="2">事故或严重违纪</td><td>在完成竞赛过程中，因操作不当导致事故，视情节扣10～20分，情节严重者取消比赛资格</td><td></td></tr>
<tr><td>2</td><td>因违规操作损坏赛场提供的设备，污染赛场环境等不符合职业规范的行为，视情节扣5～10分</td><td></td></tr>
<tr><td>3</td><td rowspan="2">事故或严重违纪</td><td>扰乱赛场秩序，干扰评分员工作，视情节扣5～10分，情节严重者取消比赛资格</td><td></td></tr>
<tr><td>4</td><td>竞赛过程中，指导老师违规指导学生，视情节扣5～10分，情节严重者取消比赛资格</td><td></td></tr>
<tr><td></td><td></td><td>总计</td><td></td></tr>
</table>

参 考 文 献

[1] 马金光．机电设备装备安装与维修[M]．北京：北京大学出版社，2008.
[2] 汪荣青．数控考工实训[M]．北京：北京大学出版社，2008.
[3] 汪荣青．数控编程与操作[M]．北京：化学工业出版社，2009.